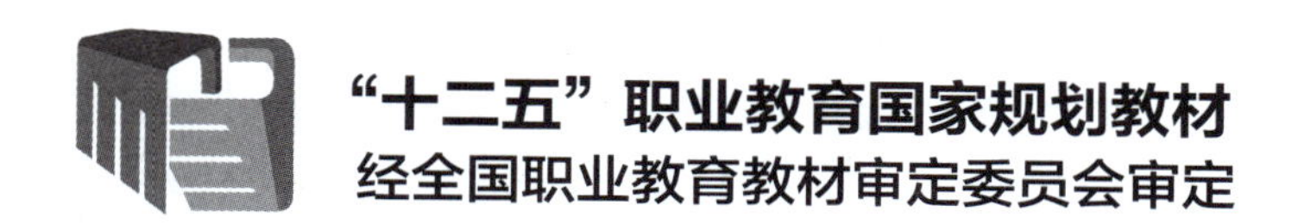

"十二五"职业教育国家规划教材

经全国职业教育教材审定委员会审定

# 土质学与土力学

第三版

刘国华　孟　亮　王玉玲　主　编

闽向林　张丹青　副主编

梁仁旺　李继明　主　审

化学工业出版社

·北京·

## 内容简介

本书根据《国家职业教育改革实施方案》和高等职业教育的要求，以现行工程技术标准为依据，在入选“十二五”职业教育国家规划教材基础上，结合编者多年的工程实践经历和教学经验编写而成。

全书共分十个单元，包括土质学和土力学两大部分。土质学部分主要介绍土的物理性质和工程分类，考虑工程实践和高职高专教材的特点，还介绍了土的水理性质和力学性质、特殊土及土的渗透性；土力学部分着重介绍土中应力计算、基础沉降计算、地基承载力计算、土压力计算和土坡稳定分析的基本方法。

本书体系新颖，知识全面，重点突出，配套了微课、图片等丰富的信息化教学资源，符合现代教育教学理念。

本书可作为高职高专道路桥梁工程技术专业及其他土建专业的教材，也可作为成人教育土建类及相关专业的教材，还可供从事土木工程勘察、设计、施工技术人员参考。

**图书在版编目（CIP）数据**

土质学与土力学/刘国华，孟亮，王玉玲主编.—3版.—北京：化学工业出版社，2020.9（2024.6重印）

“十二五”职业教育国家规划教材　经全国职业教育教材审定委员会审定

ISBN 978-7-122-37201-7

Ⅰ.①土… Ⅱ.①刘… ②孟… ③王… Ⅲ.①土质学-高等职业教育-教材②土力学-高等职业教育-教材 Ⅳ.①P642.1②TU43

中国版本图书馆CIP数据核字（2020）第097187号

责任编辑：李仙华　王文峡　　　装帧设计：史利平
责任校对：边　涛

出版发行：化学工业出版社（北京市东城区青年湖南街13号　邮政编码100011）
印　　装：三河市延风印装有限公司
787mm×1092mm　1/16　印张14½　字数359千字　2024年6月北京第3版第3次印刷

购书咨询：010-64518888　　　售后服务：010-64518899
网　　址：http：//www.cip.com.cn
凡购买本书，如有缺损质量问题，本社销售中心负责调换。

定　　价：46.00元

# 前 言

本教材是根据国务院关于教材建设的决策部署和《国家职业教育改革实施方案》有关要求，深化职业教育“三改”改革，在入选“十二五”职业教育国家规划教材基础上，结合编者多年的工程实践经历和教学经验，由无锡城市职业技术学院牵头，联合无锡市住房和城乡建设局、江苏无锡市振华建设工程质量检测有限公司，校政企合作共同编写的教材。

本教材第三版通过调研与分析，突出专业技能，推进信息技术与教育教学有机融合，强化实践环节，融“教、学、做”为一体，强化学生职业能力的培养。为高等职业教育由规模扩张转向质量提高、由参照普通高等教育办学模式转向企业社会参与的、专业特色鲜明的职业教育做出了有益探索，旨在提升新时代高等职业教育现代化水平。

本教材第三版编写的特色如下：

（1）**构建新颖课程体系。**为适应高等职业院校教学特点，将教材中传统的章节知识体系更改为单元化任务式教学，每单元前有知识目标和能力目标，增加了例题分析，每单元后有单元小结及能力训练，注重理论和工程实践的结合与延伸，提升学习兴趣。

（2）**完善更新教材内容。**结合近年来我国建设工程行业新推出的法律法规、规范规程，根据企业岗位和教育教学的新需求，以应用为目的，强化技能培养，将专业精神、职业精神和工匠精神融入教材内容，适应专业建设、课程建设、教学模式与方法改革创新等方面要求，同时淘汰陈旧内容，补充新知识，保证教材的科学性和前沿性。

（3）**紧密衔接1+X证书需求。**本教材紧密衔接1+X证书需求，把职业教育技能等级标准有关内容融入教材内容，重点突出实际应用，同时对接国家注册建造师和岩土类工程师职业资格标准，提炼知识点进行讲解，有效实现“学历教育”与“岗位资格认证”的“双证融通”。

（4）**配套优秀数字化教学资源。**围绕深化教学改革和“互联网+职业教育”发展需求，推进新形态一体化教材建设。借助“互联网+”平台，开启线上线下相结合的教学模式，开发出与教材内容紧密结合的数字化资源，资源类型以微课为主，图片和文本为辅，实现“以纸质化教材为载体，以信息化技术为支撑，两者相辅相成，为师生提供一流服务”的目的。可以扫描书中二维码获取教学资源。

参与本教材第三版编写的人员有无锡城市职业技术学院刘国华副教授，无锡市住房和城乡建设局闽向林高级工程师，无锡城市职业技术学院孟亮、王玉玲；无锡振华建设工程质量检测有限公司翁卫东高级工程师，无锡城市职业技术学院李凯文教授，山西水利职业技术学院张丹青。全书由刘国华、孟亮、王玉玲担任主编并统稿，闽向林、张丹青担任副主编。由太原理工大学梁仁旺教授和无锡城市职业技术学院李继明教授主审。

本教材在编写过程中，参考了相关书刊和资料，同时广州广电计量检测无锡有限公司阚小妹高级工程师对书稿文字的审核做了大量工作，在此一并表示衷心感谢。

本书同时配套有电子课件，可登录www.cipedu.com.cn免费下载。

由于时间紧迫，水平有限，书中难免有不妥之处，敬请读者批评指正。

编　者

2020年8月

# 第一版前言

土质学与土力学是道路与桥梁专业的主要职业技术课程之一。本书是根据高等职业院校土建类专业土质学与土力学课程教学基本要求，并结合本课程教学改革与探索的实践经验，适应高等职业教育的需要而编写的。

本教材以准确反映高职高专土建类教育为基础，以突出实用性和实践性为原则，以职业核心能力和创新能力的培养为目标，构建有利于学生综合素质的形成和科学思想方法的养成的教材内容体系。本教材在借鉴同类教材成功经验的基础上，既保持了经典理论又突出了工程应用能力的培养，在理论体系上追求必要性，内容上有较强的针对性。全书共分八章，包括土质学和土力学两大部分。土质学部分主要介绍土的物理性质及工程分类，考虑工程实践和高职高专教材的特点，介绍了土的水理性质和力学性质、特殊土及土的渗透性。土力学部分着重介绍土中应力计算、基础沉降计算、地基承载力计算、土压力计算和土坡稳定分析的基本方法。在每章后都安排了适量的思考题和习题，正文中有计算时都相应地安排了适量的例题。本书同时提供有配套电子教案，可发信到cipedu@163.com邮箱免费获取。

本教材以现行工程技术规范为依据，对不同行业技术规范进行归纳分类，使学生能灵活应用不同行业的规范，达到培养高职高专学生适应工程实践能力的目的。本教材不仅适用于高职高专的教学，也可以作为专业工程技术人员的参考书。

参与本教材编写的人员都是来自高职高专教学一线的教师。其中无锡城市职业技术学院刘国华编写绪论、第二章第四节、第四章、第五章和第八章；太原大学陈东佐教授编写第一章；河南工程学院皇民编写第二章第一节、第二节和第三节及第三章；山西建筑职业技术学院孙晋编写第六章；无锡城市职业技术学院姚燕雅编写第七章。全书由刘国华统稿。

全书由太原理工大学博士生导师梁仁旺教授主审，提出了许多中肯的意见；在编写统稿过程中，南京师范大学刘晶雯协助主编做了大量的图文录入工作，编者在此一并致谢。

限于时间仓促和编者水平，书中不足和疏漏之处在所难免，欢迎读者批评指正。

编　者

2009年5月

# 第二版前言

本教材第一版自2009年出版以来，许多院校在教学中使用它，并提出了许多建设性的意见，笔者在此深表谢意。近几年来，随着国家颁布的《建筑地基基础设计规范》等规范和相关法律法规的更新，以及新材料、新技术、新工艺和新设备的使用，教材中部分内容已不能满足规范、相关法律法规的要求和工程实际的需要。为了使教材内容符合要求，且更加贴近工程实际，更好地满足高职高专课程教学的需要，笔者根据社会发展和当前建筑市场的需要，结合近年来的教学工作和工程实践经验，并依据新规范、新规程，对原教材的部分内容进行了调整和完善，积极推行工学结合，融“教、学、做”为一体，强化学生职业能力的培养。2014年本教材入选“十二五”职业教育国家规划教材。

本教材第二版的编写，力求内容翔实、精练，概念清楚，文字叙述简明，注意由浅入深、循序渐进，注重理论联系实际。全书共分十章，主要内容包括土的成因、物质组成和结构构造，土的工程性质和工程分类，特殊土，土的渗透性，土中应力，土的压缩性和土体变形，土的抗剪强度与地基承载力，土压力与挡土墙，土坡稳定分析，土的动力特性和土的压实性等。为了便于读者掌握重点内容，各章均附有知识目标、能力目标、小结、思考题与习题。

参与本教材第二版编写的人员有的来自高职高专教学一线的教师，也有来自生产现场的工程技术人员，其中有无锡城市职业技术学院刘国华副教授；山西运城职业技术学院陈东佐教授；山西水利职业技术学院张丹青副教授；无锡汽车工程高等职业技术学校杨正俊副教授；无锡振华建设工程质量检测有限公司翁卫东高级工程师；无锡城市职业技术学院李凯文研究员级高级工程师；无锡城市职业技术学院王波、刘飞、万鑫。全书由刘国华任主编并统稿，陈东佐、张丹青、万鑫、李凯文、刘飞任副主编，由太原理工大学梁仁旺教授主审。

本书在编写中参考了相关著作，并得到了有关专家的帮助，广州广电计量检测无锡有限公司阚小妹对书稿文字的审核等做了大量工作，在此一并表示感谢。

本书提供有PPT电子课件、电子教案，可登录www.cipedu.com.cn免费获取。

由于笔者水平有限，书中疏漏之处难免，我们将在实践中不断加以改进和完善，对书中不足之处恳请读者给予批评指正。

编　者

2014年8月

# 目　录

## 单元三 特殊土 046



## 单元四 土的渗透性 061



## 单元五 土中应力 077

## 单元六 土的压缩性和土体变形 101



## 单元七 土的抗剪强度与地基承载力 129

## 单元八　土压力与挡土墙　161



## 单元九　土坡稳定分析　191



## 单元十　土的动力特性和土的压实性　203

# 资源目录

# 绪 论

土质学与土力学是一门实用性很强的学科，其研究的内容涉及土质学、土力学、基础工程学、结构设计、施工技术以及与工程建设相关的各种技术问题。随着我国国民经济的飞速发展，国家兴建了许多特大规模的基础工程，例如三峡工程、青藏铁路工程、西气东输工程、南水北调工程、神舟飞船上天工程等。土质学与土力学的相关理论和方法在这些工程建设中得到了应用和验证，同时也促进了它们的发展。

## 一、土质学与土力学的概念

所谓土就是地球表面一层松散矿物颗粒堆积体，它是地壳岩体经过强烈的自然界风化、剥蚀、搬运、沉积作用后形成的。在土木工程中，土可以作为建筑的地基，也可以把土作为工程材料，用于路堤、土坝等工程。然而，由于土的生成年代、生成环境以及矿物成分不同，所以其性质也是复杂多样的。例如，沿海地区的软土，西北、华北地区的黄土，以及分布在全国各地区的黏土、膨胀土和杂填土等，都具有不同的性质。特别是在承载能力、抵抗变形方面，土与其他建筑材料有着较大的差异。因此，研究土的力学性质对于保证工程安全运行是非常重要的，直接关系到工程的经济合理和安全使用。

土质学与土力学是一门专门研究土的学科，主要解决工程中有关土的问题。

土质学是地质科学的一个分科，是研究土的组成、化学 - 物理 - 力学性质，以及它们之间的相互关系，并进一步探讨在自然或人为的因素下，土的成分与性质的变化趋势以及如何利用这种趋势。土质学可分为普通土质学、区域地质学和土质改良学三个分支，其中普通土质学研究广泛分布的各种典型土类的成因、成分、结构、构造及其工程性质的形成规律，也是整个土质学的理论基础。本教材主要介绍普通土质学的内容。

土力学是利用力学的一般原理和土工试验技术来研究土的特性及其受力后强度和体积形状变化规律的一门学科。换句话说，它是以力学为基础，研究土的应力应变、强度和渗流等特性及其随时间变化的学科。一般认为土力学是力学的一个分支，但是由于土力学研究的对象——土，是由矿物颗粒组成的松散体，具有特殊的力学特性，与一般的弹性体、塑性体、弹塑性体、流体有较大区别，因此把一般连续介质力学的规律运用到土力学时，还要结合土体本身的特殊性，运用专门的土工试验技术来研究土的物理力学性质，以及土的强度、变形和渗透等特殊的力学特性。在与生产实践的结合过程中，土力学又产生了许多不同的分支，如冻土力学、环境土力学、海洋土力学、土动力学等，对区域性土和特殊类土（如湿陷性黄土、红黏土、膨胀土、盐渍土、填土等）的研究也不断地深入。

土质学与土力学是两门关系非常密切的学科，一方面它们都是学习“基础工程”“地基处理”等专业课程的理论基础；另一方面准确划分土类，评价与改善土的性状是两门学科的共同任务。现代土木工程的发展对土质学与土力学不断提出新的要求，并促使其理论的发展和完善，使其研究方法和手段更精确先进；而土木工程实践又是检验这些理论方法正确性的唯一标准。在发展过程中，两门学科互相渗透，互相结合，相互推动，土质学的研究成果为土力学研究土的物理力学性质提供了解释和指导，土力学研究中的现代测试技术和方法又推动了土质学的发展。从工程的要求出发，将土质学和土力学紧密结合起来学习，将更有助于学生从总体上把握土的工程性质和土工问题的分析计算方法，有利于定性分析和定量计算的结合，从而更全面地理解和掌握土的工程特点。

## 二、本课程在道路、桥梁工程中的重要性

在道路和桥梁建设与养护工程中，施工技术人员都会遇到许多与土有关的工程技术问题。

在道路工程中，路堤一般是用土填筑而成。土作为构筑材料，同时它又是支承路堤的地基，为了满足路面上荷载的要求，保证路堤与地基的强度及稳定性，必须进行压实。因此，需要研究土的压实性，包括土的压实机理、压实方法和压缩指标；路堤的临界高度和边坡的取值都与土的抗剪强度指标及土体的稳定性有关；挡土墙设计中取用的水平土压力，需借助土压力理论计算。21 世纪以来，我国建设了大量的高速公路，对路基沉降的计算与控制提出了严格的技术要求，而解决沉降问题需要对土的压缩特性进行深入的研究。

在路面工程中，我国北方地区道路常常发生冻胀及翻浆冒泥现象，防治冻害的有效措施也是以土质学的原理为基础的。道路在车辆的反复荷载作用下会变得凹凸不平，因此就需要研究土在反复荷载作用下的变形特性。

在桥梁工程中，桥梁墩台基础设计时，需要确定地基容许承载力，以及计算基础的沉降量，这些都需要应用土力学的方法进行计算。

综上所述，土质学与土力学这门课程与道路及桥梁工程有着非常密切的关系，学习本课程是为了更好地学习其他相关专业课程，也是为了更好地解决有关的工程技术问题打下良好的基础。

## 三、本学科的发展概况

我国是一个有着悠久历史的文明古国，在工程技术上有着辉煌的成就，如秦朝所修筑的万里长城和隋唐时期修通的南北大运河，穿越了各种复杂的地质条件，成为亘古奇观。又例如，隋朝石匠李春修建的赵州石桥闻名世界，它不仅在建筑和结构设计方面十分精巧，在地基基础处理上也堪称完美。其桥台砌置于密实粗砂层上，1400 多年以来其沉降量仅有几厘米，桥台的基底压力为 500～600kPa，与现代土力学理论给出的该土层的承载力非常接近。

土质学与土力学作为一门工程技术，有着悠久的历史。但作为一门学科，其发展历史远不如其他经典力学学科。它的主要发展特点是伴随生产实践的发展而发展，其发展水平与社会生产力和科技发展水平相适应。

18 世纪西方掀起了工业革命热潮，在大规模的城市建设和水利、铁路的兴建中，遇到了大量与土有关的工程技术问题，积累了许多经验教训，促使人们寻找理论上的解释。下面几个古典理论奠定了土力学的基础。

1773 年，法国的库仑（Coulomb）根据试验提出了砂土的抗剪强度公式和挡土墙土压力的滑动土楔原理。

1855 年，法国的达西（Darcy）创立了土层的层流渗透定律。

1857 年，英国的朗肯（Rankine）提出了建立在土体的极限平衡条件分析基础上的土压力理论。

1885 年，法国的布辛奈斯克（Boussinesq）提出了均匀的、各向同性的半无限体表面在竖直集中力和线荷载作用下的位移和应力分布理论。

20 世纪 20 年代后，土力学的研究有了较快的发展，其重要理论如下。

1915 年，由瑞典的彼得森（Petterson）首先提出，后由费兰纽斯（Fellenius）等人进一步发展的土坡整体稳定分析的圆弧滑动面法。

1920 年，法国普朗德尔（Prandtl）提出地基剪切破坏时的滑动面形状和极限承载力公式等。

1925 年，奥裔美国学者太沙基（Terzaghi）出版了第一部土力学专著《土力学》，比较系统地阐述了土的工程性质和有关的土工试验结果，其提出的饱和土有效应力原理和一维固结理论将土的应力、变形、强度、时间等因素有机联系起来，有效地解决了许多有关土的工程技术问题。太沙基的《土力学》的问世，标志着土力学成为一门独立的学科，也标志着近代土力学的开端。

20 世纪中叶，太沙基的《理论土力学》以及太沙基和派克（Peck）合著的《工程实用土力学》对土力学作了全面的总结。

1936 年，在美国召开了第一届国际土力学及基础工程会议，之后陆续召开了 16 届。

1949 年，我国的土力学研究进入发展阶段。1957 年，陈宗基教授提出的土流变学和黏土结构模式，已被电子显微镜证实；同年，黄文熙教授提出非均质地基考虑侧向变形影响的沉降计算方法和砂土液化理论。1962 年开始定期召开全国性土力学与地基基础工程学术会议，交流和总结科研人员在该学科取得的新进展和科研成果。

土质学作为一门独立学科，始于 20 世纪。早期土质学的著作如 Приклонский 的《土质学》和 Денисов 的《黏性土的工程性质》，系统地论述了土质学的基本原理。对我国有很大的影响，近代的著作如黄文熙的《土的工程性质》和 Mitchell 的“Fundamentals of Soil Behavior”代表了从两个不同角度深入研究土的工程性质所达到的新水平。

将土质学和土力学结合在一起的教材，有 20 世纪 50 年代 Бабков 的“Основы грунтоведе-ний имеханики”与 60 年代俞调梅的《土质学及土力学》。在土力学的教材中，强调对土的基本性质的认识和土工试验的重要性，并将黏性土的物理化学性质的内容列入教材，从而形成了土力学的教学与土质学的教学紧密结合的教材体系。

随着现代科技成就向土力学基础工程领域的逐步渗透，试验技术和计算手段有了长足的进步，由此推动了该学科的发展。然而，由于土的性质较为复杂，到目前为止，土质学与土力学的理论虽然有了很大的发展，但仍然很不完善，在假定条件下的理论，应用于实际工程中时带有近似性，有待人们开展实践和研究，以取得新的进展。

## 四、本课程的特点与学习方法

土质学与土力学是一门实践性与理论性很强的学科。因其研究对象的复杂多变性，研究内容的广泛性，研究方法的特殊性，学习时应抓住重点，兼顾全面。从道路与桥梁专业的要求出发，必须牢固掌握土的应力、变形、强度和地基计算等土力学的基本概念和原理。

我国土地幅员辽阔，由于自然环境不同，分布着多种不同的土类。天然土层的性质和分布，不但因地而异，即使在较小的范围内，也可能有很大的变化。因此，每一建筑场地都必须进行地基勘察，采取原状试样进行土工试验，以试验结果作为地基基础设计的依据。

本课程的另一特点是知识的更新周期越来越短，随着科学技术的发展，一些大而复杂工程的兴建，如青藏铁路、三峡工程等，使土质学与土力学不断面临新的问题，从而导致新技术、新设计方法的不断涌现，而且往往是实践领先于理论，并促使理论不断臻于完善。

根据上述特点，土质学与土力学的学习内容包括理论、试验和经验，学习中既要重点掌握理论公式的意义和应用条件，明确理论的假定条件，掌握理论的使用范围，又要重点掌握基本的土工试验技术，尽可能多动手操作，从实践中获取知识、积累经验，并把重点落实到如何学会结合工程实际加以应用。

本课程与水力学、建筑力学、弹性力学、工程地质、建筑材料、施工技术等学科有着较为密切的联系，又涉及高等数学、物理、化学等方面的知识。因此，要学好土质学与土力学课程，还应熟练掌握上述相关课程的知识。除此之外，还必须认真学习国家颁发的相关工程技术规范，如《公路桥涵地基与基础设计规范》《公路土工试验规程》等。这些规范是国家的技术标准，是我国土工技术和经验的结晶，也是全国土工技术人员应共同遵守的准则。

# 单元一

# 土的成因、物质组成和结构构造

## 知识目标

了解土的概念，熟悉土的生成条件，掌握土的主要成因类型。
掌握土的三相组成。
了解土的粒度、粒组、粒度成分的概念，掌握粒度成分的分析与表示方法。
掌握土中水的类型和性质，掌握土中气的类型和性质。
掌握土的结构类型，熟悉土的构造，掌握土的特点。

## 能力目标

能够绘制土的三相草图。
能够绘制土的颗粒级配曲线，并利用土的颗粒级配曲线计算土的不均匀系数，判定土的级配优劣。

土是岩石经风化、搬运、沉积形成的产物。不同的土其矿物成分和颗粒大小存在着很大差异，土颗粒、土中水和土中气的相对比例也各不相同。所以，要研究土体所具有的工程性质，就必须了解土的三相组成以及在自然界中土的结构和构造等特征。

土体的物理性质，如轻重、软硬、干湿、松密等在一定程度上决定了土的力学性质，它是土的最基本的特征。土的物理性质由三相物质、相对含量以及土的结构构造等因素决定。在工程设计中，需要掌握这些物理性质的测定方法和指标间存在的换算关系，熟悉按有关特征及指标对地基土进行工程分类及初步判定土体的工程性质。

## 任务一　土的成因类型与工程特性

### 一、土的生成

构成天然地基的物质是地壳外表的土和岩石。地壳厚度一般为30～80km，地壳以下存在着高温、高压的硅酸盐熔融体，即通常所说的岩浆。岩浆活动可使岩浆沿着地壳薄弱地带侵入地壳或喷出地表，岩浆冷凝后生成的岩石称为岩浆岩。

在地壳运动和岩浆活动的过程中，原来生成的各种岩石在高温、高压及挥发性物质的变质作用下，生成另外一种新的岩石，称为变质岩。原来岩石受气温变化，风雪、山洪、河流、湖泊、海浪、冰川、生物等的作用，产生风化，风化后的岩石不断剥蚀，产生新的产物——碎屑。这些风化产物在山洪、河流、海浪、冰川或风力作用下，被搬运到大陆低洼处或海洋底部沉积下来。在漫长的地质年代中，沉积物越来越厚。在上覆压力和胶结物质的共同作用下，最初沉积下来的松散碎屑逐渐被压密、脱水、胶结、硬化生成一种新的岩石，称为沉积岩。而上述过程中，没有经过成岩过程的沉积物，即通常所说的土。

风化作用与气温变化、雨雪、山洪、风、空气、生物活动等（也称为外力地质作用）密切相关，一般分为物理风化、化学风化和生物风化三种。

（1）物理风化　长期暴露在大气中的岩石，受到温度、湿度变化的影响，体积经常在膨胀、收缩，从而逐渐崩解、破裂为大小和形状各异的碎块，这个过程叫物理风化。物理风化的过程仅限于体积大小和形状改变，而不改变颗粒的矿物成分。其产物保留了原来岩石的性质和成分，称为原生矿物，自然界中粗颗粒土如无黏性土就是物理风化的产物。

（2）化学风化　如果原生矿物与周围的氧气、二氧化碳、水等接触，并受到有机物、微生物的作用，发生化学变化，产生出与原来岩石矿物成分不同的次生矿物，这个过程叫作化学风化。化学风化所形成的细粒土，颗粒之间具有黏结能力，通常称为黏性土。自然界中物理风化与化学风化过程是同时或交替进行的，所以，原生矿物与次生矿物是堆积在一起的，这就是人们所见到的性质复杂的土。

（3）生物风化　由于动、植物的生长使岩石破碎属于生物风化，这种风化具有物理风化和化学风化的双重作用。

## 二、土的成因类型

土由于成因不同而具有不同的工程地质特征，下面介绍土的几种主要成因类型。

在地质学中，把地质年代划分为五大代（太古代、元古代、古生代、中生代和新生代），代又分若干纪，纪又分若干世。上述“沉积土”基本是在离人们最近的新生代第四纪（Q）形成的，因此也把土称为第四纪沉积物。由于沉积的历史不长（表 1-1），尚未胶结岩化，通常是松散软弱的多孔体，与岩石的性质有很大的差别。第四纪沉积物在地表分布极广，成因类型也很复杂。不同成因类型的沉积土，各具有一定的分布规律、地形形态及工程性质。根据地质成因类型，可将第四纪沉积物的土体划分为残积土、坡积土、洪积土、冲积土、湖积土、海积土、风积土、冰积土等。

表1-1　第四纪地质年代

| 纪 | 世 | | 距今年代 / 万年 |
|---|---|---|---|
| 第四纪 Q | 全新世 $Q_4$ | | 2.5 |
| | 更新世 | 晚更新世 $Q_3$ | 15 |
| | | 中更新世 $Q_2$ | 50 |
| | | 早更新世 $Q_1$ | 100 |

### 1. 残积土

残积土是指由岩石经风化后未被搬运而残留于原地的碎屑物质所组成的土体，如图 1-1 所示，它处于岩石风化壳的上部，向下则逐渐变为强风化或中等风化的半坚硬岩石，与新鲜岩石之间没有明显的界线，是渐变的过渡关系。残积土的分布受地形控制。在宽广的分水岭上，由于地表水流速度很小，风化产物能够留在原地，形成一定的厚度。在平缓的山坡或低洼地带也常有残积土分布。

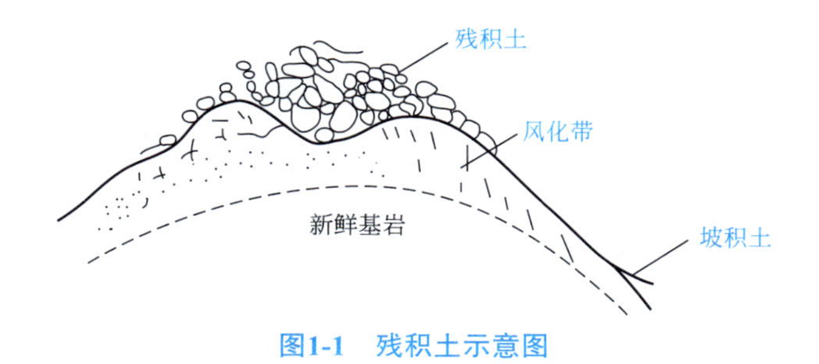


图1-1　残积土示意图

残积土中残留碎屑的矿物成分，在很大程度上与下卧母岩一致，这是它区别于其他沉积土的主要特征。例如，砂岩风化剥蚀后生成的残积土多为砂岩碎块。由于残积土未经搬运，其颗粒大小未经分选和磨圆，颗粒大小混杂，没有层理构造，均质性差，土的物理力学性质各处不一，且其厚度变化大。同时多为棱角状的粗颗粒土，孔隙率较大，作为建筑物地基容易引起不均匀沉降。因此，在进行工程建设时，要注意残积土地基的不均匀性。我国南部地区的某些残积层，还具有一些特殊的工程性质。如由石灰岩风化而成的残积红黏土，虽然孔隙比较大，含水量高，但因结构性较强故而承载力高。又如，由花岗岩风化而成的残积土，虽然室内测定的压缩模量较低，孔隙也比较大，但是其承载力并不低。

**2. 坡积土**

坡积土是雨雪水流将高处的岩石风化产物，顺坡向下搬运，或由于重力的作用而沉积在较平缓的山坡或坡角处的土，如图 1-2 所示。它一般分布在坡腰或坡脚，其上部与残积土相接。

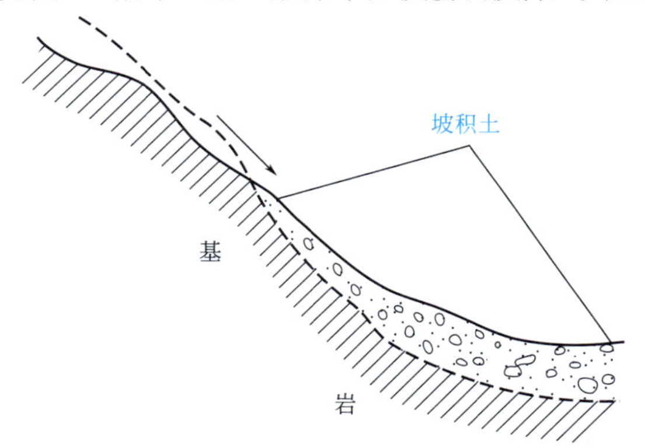


图1-2　坡积土示意图

坡积土随斜坡自上而下逐渐变缓，呈现由粗而细的分选作用，但层理不明显。其矿物成分与下卧基岩没有直接关系，这是它与残积土明显区别之处。

坡积土底部的倾斜度取决于下卧基岩面的倾斜程度，而其表面倾斜度则与生成的时间有关。时间越长，搬运、沉积在山坡下部的物质越厚，表面倾斜度也越小。坡积土的厚度变化较大，在斜坡较陡地段的厚度通常较薄，而在坡脚地段则较厚。坡积物中一般见不到层理，但有时也具有局部的不清晰的层理。

新近堆积的坡积物经常具有垂直的孔隙，结构比较疏松，一般具有较高的压缩性。由于坡积土形成于山坡，故较易沿下卧基岩倾斜面发生滑动。因此，在坡积土上进行工程建设时，要考虑坡积土本身的稳定性和施工开挖后边坡的稳定性。

**3. 洪积土**

洪积土是由暴雨或大量融雪骤然集聚而成的暂时性山洪急流，将大量的基岩风化产物或将基岩剥蚀、搬运、堆积于山谷冲沟出口或山前倾斜平原而形成的堆积物，如图 1-3 所示。由于山洪流出沟谷口后，流速骤减，被搬运的粗碎屑物质先堆积下来，离山渐远，颗粒随之变细，其分布范围也逐渐扩大。洪积土地貌特征，离山近处窄而陡，离山较远处宽而缓，形似扇形或锥体，故称为洪积扇（锥）。

洪积物质离山区由近渐远颗粒呈现由粗到细的分选作用，碎屑颗粒的磨圆度由于搬运距离短而仍然不佳。又由于山洪大小交替和分选作用，常呈现不规则交错层理构造，并有夹层或透镜体（在某一土层中存在着形状似透镜的局部其他沉积土）等，如图 1-4 所示。

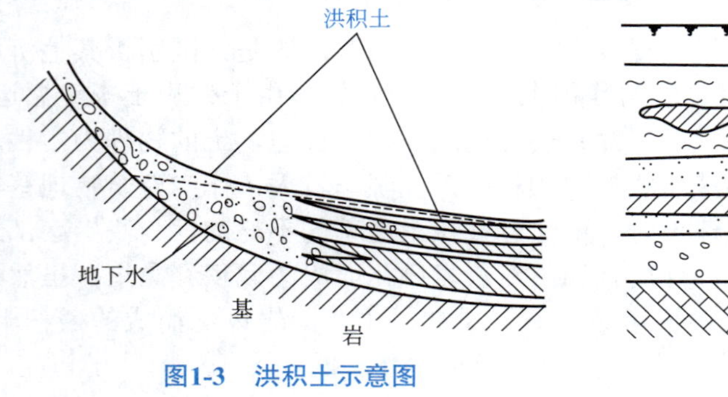

图1-3 洪积土示意图

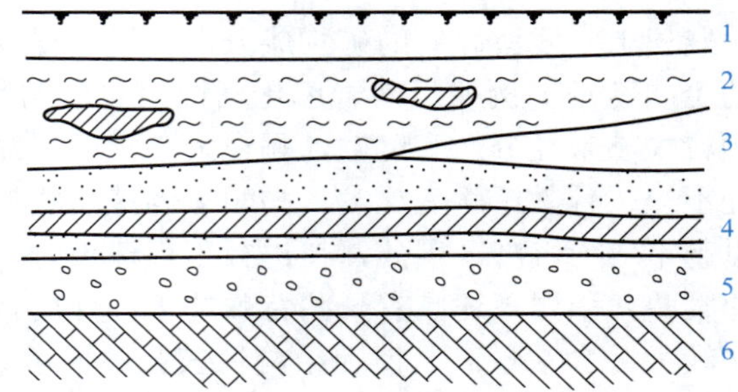

图1-4 土的层理构造

1—表层土；2—淤泥夹黏土透镜体；3—黏土尖灭层；4—砂土夹黏土层；5—砾石层；6—石灰岩层

洪积土的颗粒虽因搬运工程中的分选作用而呈现由粗到细的变化，但由于搬运距离短，颗粒棱角仍较明显。由于靠近山区的洪积土颗粒较粗，所处的地势较高，而地下水位低，且地基承载力较高，常为良好的天然地基。离山区较远地段的洪积土多由较细颗粒组成，厚度较大，这部分土分为两种情况：一种由于形成过程受到周期性干旱作用，土体被析出的可溶盐类固结，土质较坚硬密实，承载力较高；另一种由于场地环境影响，地下水溢出地表而造成宽广的沼泽地，土质较弱而承载力较低。

**4. 冲积土**

冲积土是河流两岸的基岩及其上部覆盖的松散物质被河流流水剥蚀后，经搬运、沉积于河流坡降平缓地带而形成的沉积土。冲积土的特点是具有明显的层理构造。经过搬运过程的作用，颗粒的磨圆度好。随着从上游到下游的流速逐渐减小，冲积土具有明显的分选现象。上游沉积物多为粗大颗粒，中下游沉积物大多由砂粒逐渐过渡到粉粒（粒径为 0.075～0.005mm）和黏粒（粒径小于 0.005mm）。典型的冲积土是形成于河谷内的沉积物，冲积土可分为平原河谷冲积土、山区河谷冲积土、三角洲冲积土等类型。

（1）平原河谷冲积土　平原河谷除河床外，大多有河漫滩及阶地等地貌单元，如图 1-5 所示。平原河谷的冲积土比较复杂，它包括河床沉积土、河漫滩沉积土、河流阶地沉积土及古河道沉积土等。河床沉积土大多为中密砂砾，承载力较高，但必须注意河流冲刷作用可能导致建筑物地基的毁坏及凹岸边坡的稳定问题。河漫滩沉积土其下层为砂砾、卵石等粗粒物质，上部则为河水泛滥时沉积的较细颗粒的土，局部夹有淤泥和泥炭层。河漫滩地段地下水埋藏很浅，当沉积土为淤泥和泥炭土时，其压缩性高，强度低。河流阶地沉积土是由河床沉积土和河漫滩沉积土演变而来的，其形成时间较长，又受周期性干燥作用，故土的强度较高。

（2）山区河谷冲积土　在山区，河谷两岸陡峭，大多仅有河谷阶地，如图 1-6 所示。山区河流流速很大，故沉积土较粗，大多为砂粒所填充的卵石、圆砾等。山间盆地和宽谷中有

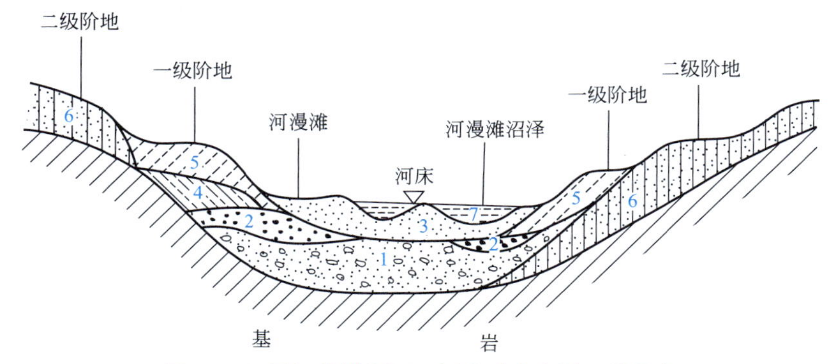


图1-5　平原河谷横断面示例（垂直比例尺放大）

1—砾卵石；2—中粗砂；3—粉细砂；4—粉质黏土；5—粉土；6—黄土；7—淤泥

河漫滩冲积土，其分选性较差，具有透镜体和倾斜层理构造，但厚度不大，在高阶地往往是岩石或坚硬土层，作为地基或路基，其工程地质条件很好。

（3）三角洲冲积土　三角洲冲积土是由河流所搬运的物质在入海或入湖的地方沉积而成的。三角洲的分布范围较广，其中水系密布且地下水位较高，沉积物厚度也较大。

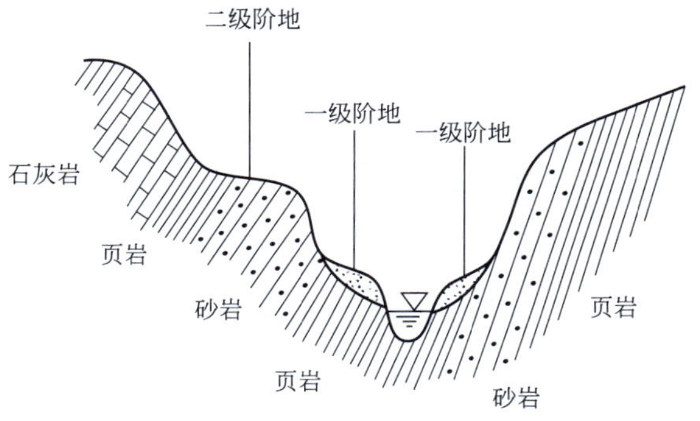


图1-6　山区河谷横断面示例

三角洲冲积土的颗粒较细，含水量大且呈饱和状态。在三角洲沉积土的上层，由于经过长期的干燥和压实，已形成一层所谓“硬壳”层，硬壳层的承载力常较下面土层高，在工程建设中应该加以利用。另外，在三角洲进行工程建设时，应注意查明有无被冲积土所掩盖的暗浜或暗沟存在。

**5. 其他沉积土**

除了上述四种成因类型的沉积土外，还有海洋沉积土、湖泊沉积土、冰川沉积土及风积土等，它们分别是由海洋、湖泊、冰川及风等的地质作用形成的。

总之，土的成因类型决定了土的工程地质特性。一般来说，处于相似的地质环境中形成的第四纪沉积物，工程地质特征具有很大一致性。

## 三、土的工程特性

土与其他具有连续固体介质的工程材料相比，具有压缩性高、强度低、透水性大三个显著的工程特性。

二维码 1.1

（1）土的压缩性高　土的压缩主要是在压力作用下，土颗粒位置发生重新排列，导致土孔隙体积减小和孔隙中水和气体排出的结果。反映材料压缩性高低的指标为弹性模量 $E$（土称为变形模量），随着材料性质不同而有很大差别。例如：HPB300 钢筋 $E=2.1\times10^5$MPa；C20 混凝土 $E=2.55\times10^4$MPa；卵石 $E=40\sim50$MPa；饱和细砂 $E=8\sim16$MPa。当应力数值和材料厚度相同时，卵石和饱和细砂的压缩性比钢筋或混凝土的压缩性高许多倍，而软塑或流塑状态的黏性土往往比饱和细砂的压缩性还要高，足以说明土的压缩性很高。

（2）土的强度低　土的强度是指土的抗剪强度。无黏性土的强度来源于土粒表面粗糙不平产生的摩擦力，黏性土的强度除摩擦力外还有黏聚力。无论摩擦力和黏聚力，其强度均小于建筑材料本身强度，因此土的强度比其他工程材料要低得多。

（3）土的透水性大　材料的透水性可以用实验来说明：将一杯水倒在木桌面上可以保留较长时间，说明木材透水性小；若将水倒在混凝土地板上，也可保留一段时间；若将水倒在室外土地上，则发现水即刻不见。这是由于土体中固体矿物颗粒之间有无数孔隙，这些孔隙是透水的。因此土的透水性大，尤其是卵石或粗砂，其透水性更大。

土的工程特性与土的生成条件有着密切的关系，通常流水搬运沉积的土优于风力搬运沉积的土。土的沉积年代越长，则土的工程性质越好。土的工程特性的优劣与工程设计和施工关系密切，需高度重视。

# 任务二　土的三相组成

土的三相组成是指土由固相（土粒）、液相（液体水）和气相（气体）三部分组成。土中的固体矿物构成土的骨架，骨架之间贯穿着大量孔隙，孔隙中充填着水和气体。

随着环境的变化，土的三相比例也发生相应的变化，土体三相比例不同，土的状态和工程性质也随之各异。研究土的各项工程性质首先必须研究土的三相组成。

## 一、土的固体颗粒

### 1. 土粒的矿物组成

土中的固体颗粒的形状、大小、矿物成分及组成情况是决定土的物理力学性质的主要因素。粗大颗粒往往是岩石经物理风化后形成的碎屑，即原生矿物；而细粒土主要是化学风化作用形成的次生矿物和生成过程中混入的有机物质。粗大颗粒均成块状或粒状，而细小颗粒主要呈片状。土粒的组合情况就是大大小小的土粒含量的相对数量关系。

### 2. 土的颗粒级配

自然界中的土，都是由大小不同的颗粒组成，土颗粒的大小与土的性质有密切的关系。土粒由粗到细逐渐变化时，土的性质相应发生变化，由无黏性变为有黏性，渗透性由大变小。粒径大小在一定范围内的土粒，其性质也比较接近，因此，可将土中不同的土粒，按适当的粒径范围，分成若干小组，即粒组。划分粒组的分界尺寸称界限粒径。表1-2是常用的土粒组划分方法，表中根据界限粒径200mm、20mm、2mm、0.075mm和0.005mm把土粒分成六大组，即漂石（块石）颗粒、卵石（碎石）颗粒、圆砾（角砾）颗粒、砂粒、粉粒和黏粒。表1-3是《公路土工试验规程》（JTGE 40—2007）的划分方法。

二维码 1.2

表1-2　土粒的粒组划分

| 粒组名称 | | 粒径范围 /mm | 一般特征 |
|---|---|---|---|
| 漂石或块石颗粒<br>卵石或碎石颗粒 | | ＞200<br>200～60 | 透水性很大，无黏性 |
| 圆砾或角砾颗粒 | 粗<br>中<br>细 | 60～20<br>20～5<br>5～2 | 透水性大，无黏性，毛细水上升高度不超过粒径大小 |

续表

| 粒组名称 | | 粒径范围 /mm | 一般特征 |
|---|---|---|---|
| 砂粒 | 粗<br>中<br>细<br>极细 | 2 ～ 0.5<br>0.5 ～ 0.25<br>0.25 ～ 0.1<br>0.1 ～ 0.075 | 易透水，当混入云母等杂质时透水性减小，而压缩性增加；无黏性，遇水不膨胀，干燥时松散；毛细水上升高度不大，随粒径变小而增大 |
| 粉粒 | 粗<br>细 | 0.075 ～ 0.01<br>0.01 ～ 0.005 | 透水性小；湿时稍有黏性，遇水膨胀小，干时稍有收缩；毛细水上升高度较大较快，极易出现冻胀现象 |
| 黏粒 | | ＜0.005 | 透水性很小；湿时有黏性、可塑性，遇水膨胀大，干时收缩显著；毛细水上升高度大，但速度较慢 |

注：1.漂石、卵石和圆砾颗粒均呈一定的磨圆形状（圆形或亚圆形）；块石、碎石和角砾颗粒都带有棱角。
2.黏粒或称黏土粒；粉粒或称粉土粒。

表1-3 土粒的粒组划分

| 粒组统称 | 粒组名称 | | 粒径范围 /mm |
|---|---|---|---|
| 巨粒 | 漂石（块石）<br>卵石（小块石） | | ＞200<br>200 ～ 60 |
| 粗粒 | 砾（角砾） | 粗砾<br>中砾<br>细砾 | 60 ～ 20<br>20 ～ 5<br>5 ～ 2 |
| | 砂 | 粗砂<br>中砂<br>细砂 | 2 ～ 0.5<br>0.5 ～ 0.25<br>0.25 ～ 0.075 |
| 细粒 | 粉粒<br>黏粒 | | 0.075 ～ 0.002<br>＜0.002 |

土粒的大小及其组成情况，通常以土中各个粒组的相对含量（是指土样各粒组的质量占土粒总质量的百分数）的百分数来表示，称为土的颗粒级配或粒度成分。

土的颗粒级配或粒度成分是通过土的颗粒分析试验测定的，常用的测定方法有筛分法和密度计法。两类分析方法可联合使用。

（1）筛分法 筛分法是将土样风干、分散之后，取具有代表性的土样倒入一套按孔径大小排列的标准筛（例如孔径为200mm、20mm、2mm、0.5mm、0.25mm、0.075mm的筛及底盘），经振摇后，分别称出留在各个筛及底盘上土的质量，即可求出各粒组相对含量的百分数。小于0.075mm的土颗粒不能采用筛分的方法分析，可采用密度计法测定其级配。

（2）密度计法 密度计法适用于土颗粒直径小于0.075mm的土。密度计法的主要仪器为土壤密度计和容积为1000mL的量筒。根据土粒直径大小不同，在水中沉降速度也不同的特性，将密度计放入悬液中，测出0.5min、1min、2min、5min、15min、30min、60min、120min和1440min的密度计读数，然后计算出各粒组相对含量的百分数。

根据颗粒大小分析试验结果，在半对数坐标纸上，以纵坐标表示小于某粒径颗粒含量占总质量的百分数，横坐标表示颗粒直径，绘出颗粒级配曲线（图1-7）。

由曲线的陡缓大致可判断土的均匀程度。如曲线较陡，则表示颗粒大小相差不多，土粒均匀；反之曲线平缓，则表示粒径大小相差悬殊，土粒不均匀。图1-7中曲线a最陡，曲线c较陡，曲线b较平缓，故土样b的级配最好，土样a的级配最差，土样c的级配居中。

在工程中，采用定量分析的方法判断土的级配，常以不均匀系数$C_u$表示颗粒的不均匀程度，即：

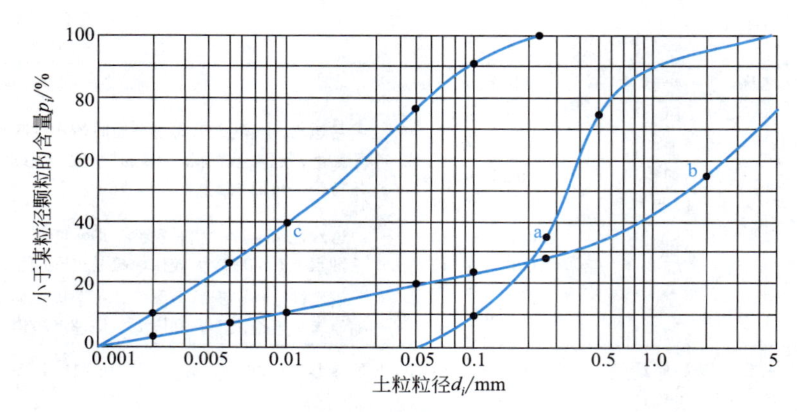


图1-7　土的颗粒级配曲线

$$C_u=\frac{d_{60}}{d_{10}} \tag{1-1}$$

式中　$d_{60}$——小于某粒径颗粒含量占总土质量的60%时的粒径，该粒径称为限定粒径；

$d_{10}$——小于某粒径颗粒含量占总土质量的10%时的粒径，该粒径称为有效粒径。

不均匀系数反映颗粒的分布情况，$C_u$越大，表示颗粒分布范围越广，越不均匀，其级配越好，作为填方工程的土料时，比较容易获得较大的干密度；$C_u$越小，颗粒越均匀，级配不良，土的密实性差。工程中将$C_u<5$的土称为级配不良的土，$C_u>10$的土称为级配良好的土。

颗粒级配可以在一定程度上反映土的某些性质。对于级配良好的土，较粗颗粒间的孔隙被较细的颗粒填充，因而土的密实度较好，相应地，土的强度和稳定性也较好，透水性和压缩性较小，可用作路基、堤坝或其他土建工程的填方土料。

## 二、土中水

一般情况下，土中总是含有水的。土中细粒越多，水对土的性质影响越大，对水的研究，包括其存在的状态和与土的相互作用。存在于土粒晶格之间的水称为结晶水，它只有在较高的温度（>105℃）下才能成为气态水与土粒分开。从工程性质分析，结晶水作为矿物的一部分。建筑工程中所讨论的土中水，主要是以液态形式存在着的结合水与自由水。

### 1. 结合水

结合水是指在电分子引力作用下吸附于土粒表面的水。这种电分子引力高达几千到几万个大气压（1atm=101325Pa），使部分水分子和土粒表面牢固地黏结在一起。

由于土粒表面一般带有负电荷，围绕土粒形成电场，在土粒电场范围内的水分子和水溶液中的阳离子被吸附在土粒表面。原来不规则排列的极性分子，被吸附后呈定向排列。在靠近土粒表面处，由于静电引力较强，能把水化离子和极性分子牢固地吸附在颗粒表面而形成固定层。在固定层外围，静电引力比较小，水化离子和极性分子活动性比在固定层中大些，形成扩散层。由此可将结合水分成强结合水和弱结合水两种。

（1）强结合水　强结合水是指紧靠土粒表面的结合水。它的特征是：没有溶解盐类的能力，不能传递静水压力，只有吸热变成蒸汽时才能移动。这种水分子极牢固地结合在土颗粒表面上，其性质接近固体，密度为1.2～2.4g/cm$^3$，冰点为−78℃，具有极大的黏滞性、弹性和抗剪强度。将干燥的土放在天然温度的空间，土的质量增加，土中强结合水直到达到最大吸着度为止。土越细，吸着度越大。黏性土只含有强结合水时，才呈固体状态。

（2）弱结合水　弱结合水紧靠于强结合水的外围形成一层结合水膜。它仍不能传递静压力，但水膜较厚的弱结合水能向邻近较薄的水膜缓慢移动。当土中含有较多的弱结合水时，土则具有一定的可塑性。因砂粒比表面积较小，几乎不具有可塑性。而黏性土比表面积较大，含薄膜水较多，其可塑范围较大，这就是黏性土具有黏性的原因（图 1-8）。

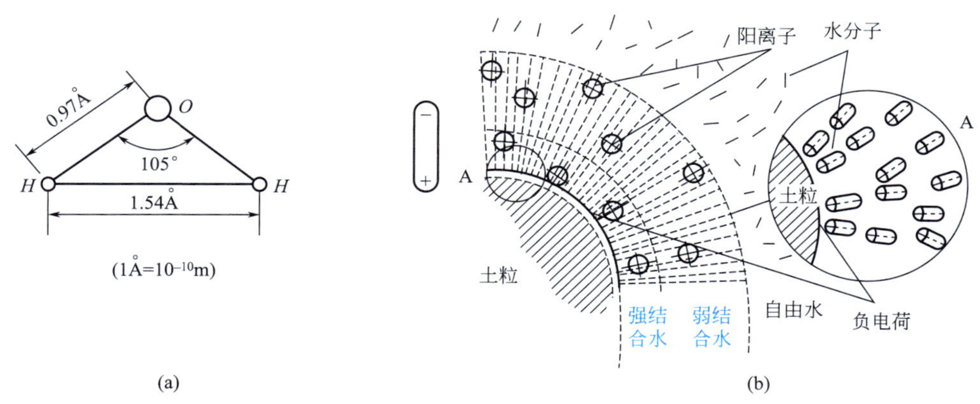


图1-8　结合水示意图

若与土粒表面距离增大，吸附力减小，弱结合水会逐渐过渡为自由水。

## 2. 自由水

存在于土颗粒表面电场影响范围以外的水称为自由水。它的性质和普通水一样，能传递静水压力和溶解盐类，冰点 0℃。自由水按其移动所受作用力的不同分为重力水和毛细水。

（1）重力水　重力水是在土孔隙中受重力作用能自由流动的水，一般存在于地下水位以下的透水层中。重力水在土的孔隙中流动时，能产生动水压力，带走土中细颗粒，而且还能溶解土中的盐类。这两种作用会使土的孔隙增大，压缩性提高，抗剪强度降低。

地下水位以下的土粒受水的浮力作用，使应力状态发生变化。重力水对开挖基坑、排水等方面均产生较大影响。

（2）毛细水　毛细水是受到水与空气界面处表面张力作用的自由水。毛细水存在于地下水位以上的透水层中。毛细水与地下水位无直接联系的称为毛细悬挂水。与地下水位相连的称为毛细上升水。

土孔隙中局部存在毛细水时，毛细水的弯液面和土粒接触处的表面引力反作用于土粒上，使土粒之间由于这种毛细压力而挤紧，土呈现出黏聚现象，这种力称为毛细黏聚力，也称假黏聚力（图 1-9）。在施工现场可见到稍湿状态的砂性地基可开挖成一定深度的直立坑壁，就是因为砂粒间存在着假黏聚力的缘故。当地基饱和或特别干燥时，不存在水与空气的界面，假黏聚力消失，坑壁就会塌落。

在工程中，应特别注意毛细水上升的高度和速度。因为毛细水的上升对建筑物地下部分的防潮措施和地基土的浸湿与冻胀有重要影响。

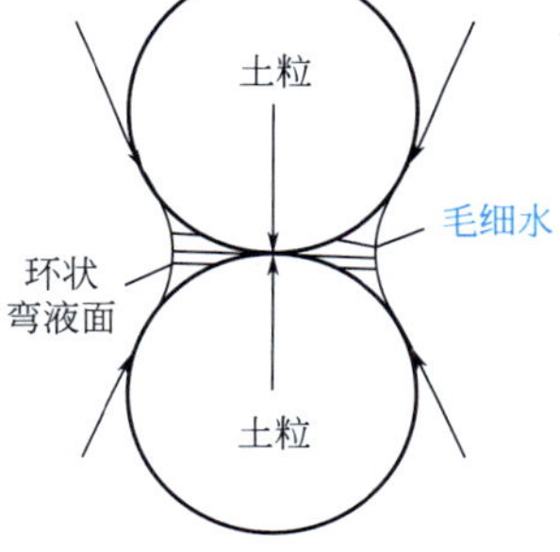

地基土的土温随大气温度变化而变化。当土温降到 0℃以下，土体便因土中水冻结而形成冻土。细粒土在冻结时，往往发生膨胀，即所谓冻胀。冻胀的机理是由于土层冻结时，下部未冻区土中的水分向冻结区迁移、集聚所致。弱结合水的外层已接近自由水，在 −0.5℃时冻结，越

土粒
毛细水
环状弯液面
土粒

图1-9　毛细压力示意图

靠近土粒表面，冰点越低，在大约 -30℃以下才能全部冻结。当低温传入土中时，土中的自由水首先冻结成冰，弱结合水的外层开始冻结，使冰晶体逐渐扩大，冰晶体周围土粒的水膜变薄，土粒产生剩余的电分子引力；另外，由于结合水膜变薄，使水膜中的离子浓度增加，产生渗附压力。在这两种力的作用下，下部未冻结区的自由水便被吸到冻结区维持平衡，受温度影响而冻结，水晶体增大，不平衡引力继续形成。若下卧层中未冻结区能不断地给予水源补充，则水晶体不断扩大，在土层中形成夹冰层，地面随之隆起，出现冻胀现象。当土层解冻时，冰层融化，地面下陷，即出现融陷现象。对此，在道路、房屋设计中均应给予足够的重视。

### 三、土中气体

土中气体存在于土孔隙中未被水所占据的部位。土中气体有两种存在形式，即自由气体和封闭气泡。

（1）自由气体　土的孔隙中的气体与大气连通的部分为自由气体。自由气体存在于接近地表的土孔隙中，其含量与孔隙体积大小及孔隙被填充的程度有关，它对土的工程性质影响不大。

（2）封闭气泡　在细粒土中常存在着与大气隔绝的封闭气泡。在外力作用下，土中封闭气体易溶解于水，外力解除后，溶解的气体又重新释放出来。由于气泡的栓塞作用，降低了土的透水性，增大了土的弹性和压缩性。

## 任务三　土的结构和构造

### 一、土的结构

试验资料表明，同一种土，原状土样和重塑土样的力学性质有很大差别。这就是说，土的组成不是决定土的性质的全部因素，土的结构和构造对土的性质也有很大影响。

土的结构是指土粒的原位集合体特征，是由土粒单元的大小、形状、相互排列及其联结关系等因素形成的综合特征。土粒的形状、大小、位置和矿物成分，以及土中水的性质与组成对土的结构有直接影响。土的结构按其颗粒的排列及联结，一般分为单粒结构、蜂窝结构和絮凝结构三种基本类型。

#### 1. 单粒结构

单粒结构是由粗大土粒在水或空气中下沉而形成的，土颗粒相互间有稳定的空间位置，为碎石土和砂土的结构特征。在单粒结构中，因颗粒较大，土粒间的分子吸引力相对很小，颗粒间几乎没有联结。只是在浸润条件下（潮湿而不饱和），粒间会有微弱的毛细压力。单粒结构可以是疏松的，也可以是紧密的，如图 1-10（a）、（b）所示。呈紧密状态单粒结构的土，由于其土粒排列紧密，在动、静荷载作用下都不会产生较大的沉降，所以强度较大，压缩性较小，一般是良好的天然地基。但是，具有疏松单粒结构的土，其骨架是不稳定的，当受到震动及其他外力作用时，土粒易发生移动，土中孔隙急剧减少，引起土的很大变形。因此，这种土层如未经处理一般不宜作为建筑物的地基或路基。

#### 2. 蜂窝结构

蜂窝结构主要是由粉粒或细砂组成的土的结构形式。据研究，粒径为 0.075～0.005mm（粉粒粒组）的土粒在水中沉积时，基本上是以单个土粒下沉，当碰上已沉积的土粒时，由于它们之间的相互引力大于其重力，因此土粒就停留在最初的接触点上不再下沉，逐渐形成土粒链。土粒链组成弓架结构，形成具有很大孔隙的蜂窝状结构，如图 1-10（c）所示。

(a) 单粒结构(疏松)

(b) 单粒结构(紧密)

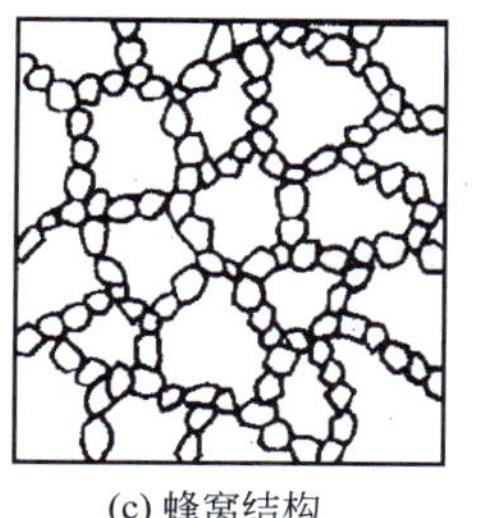
(c) 蜂窝结构

(d) 絮凝结构

图1-10 土的结构

具有蜂窝结构的土有很大孔隙，但由于弓架作用和一定程度的粒间联结，使得其可以承担一般水平的静载荷。但是，当其承受高应力水平荷载或动力荷载时，结构将被破坏，并可导致严重的地基沉降。

### 3. 絮凝结构

对细小的黏粒（其粒径小于 0.005mm）或胶粒（其粒径小于 0.002mm），重力作用很小，能够在水中长期悬浮，不因自重而下沉。在高含盐量的水中沉积的黏性土，在粒间较大的净吸力作用下，黏土颗粒容易絮凝成集合体下沉，形成盐液中的絮凝结构，如图 1-10(d) 所示。浑浊的河水流入海中，由于海水的高盐度，很容易絮凝沉积为淤泥。在无盐的溶液中，有时也可能产生絮凝。

具有絮凝结构的黏性土，一般不稳定，在很小的外力作用下（如施工扰动）就可能破坏。但其土粒之间的联结强度（结构强度），往往由于长期的固结作用和胶结作用而得到加强。因此，土粒间的联结特征是影响这一类土工程性质的主要因素之一。

## 二、土的构造

在同一土层中的物质成分和颗粒大小等都相近的各部分之间的相互关系的特征称为土的构造。常见的有下列几种。

（1）层状构造　土层由不同的颜色或不同的粒径的土组成层理，一层一层相互平行。平原地区的层理通常呈水平方向。这种层状构造反映不同年代、不同搬运条件形成的土层，层状构造为细粒土的一个重要特征。

（2）分散构造　土层中土粒分布均匀，性质相近，如砂与卵石层为分散构造。通常分散构造的工程性质最好。

（3）结核状构造　在细粒土中混有粗颗粒或各种结核，如含姜石的粉质黏土、含砾石的冰碛黏土等，均属结核状构造。结核状构造工程性质好坏取决于细粒土部分。

（4）裂隙状构造　土层中有很多不连续的小裂隙，如黄土的柱状裂隙。裂隙的存在大大降低土体的强度和稳定性，增大透水性，对工程不利。

**小　结**

本单元讲述了土的生成条件，土的主要成因类型，土的三相组成，土的结构和构造。

土是岩石经风化、剥蚀、搬运、沉积形成的产物。根据地质成因类型，可将土划分为残积土、坡积土、洪积土、冲积土、湖积土、海积土、风积土、冰积土等。

土的三相组成是指土由固相（土粒）、液相（液体水）和气相（气体）三部分组成。土中的固体矿物构成土的骨架，骨架之间贯穿着大量孔隙，孔隙中充填着水和气体。

土中的固体颗粒的形状、大小、矿物成分及组成情况是决定土的物理力学性质的主要因素。土粒的大小及其组成情况，通常以颗粒级配的方式表示。级配良好的土，密实度较好，相应地，强度和稳定性也较好，透水性和压缩性较小，可用作路基、堤坝或其他土建工程的填方土料。

建筑工程中所讨论的土中水，主要是以液态形式存在着的结合水与自由水。结合水又分成强结合水和弱结合水；自由水又分成毛细水和重力水。

土中气体有两种存在形式，即自由气体和封闭气泡。

土的结构和构造对土的性质也有很大影响。土的结构按其颗粒的排列及联结，一般分为单粒结构、蜂窝结构和絮凝结构三种基本类型。土的构造一般分为层状构造、分散构造、结核状构造和裂隙状构造四种类型。

## 能力训练

1. 土是怎样形成的？什么是残积土、坡积土、洪积土和冲积土？其工程性质各有什么特征？
2. 与其他具有连续固体介质的工程材料相比，土具有哪些特性？
3. 如何运用土的颗粒级配曲线及不均匀系数来判断土的级配状况？
4. 土中液态水有哪些类型？它们对土的性质有哪些影响？
5. 土中气有哪些类型？它们对土的性质有哪些影响？
6. 何谓土的结构？土的结构有哪些类型？何谓土的构造？土的构造有哪些类型？

# 单元二

# 土的工程性质和工程分类

## 知识目标

熟悉土的基本物理性质指标、水理性质和力学性质。
理解土的可塑性、压缩性、抗剪性、击实性、灵敏度、触变性的含义。
掌握土的基本物理性质指标的换算、黏性土的液塑限的计算。
了解土的工程分类原则和基本的分类方法，熟悉土的类别与其工程特性的关系。

## 能力目标

会用土的三相图对土的基本物理性质指标进行分析与计算。

在掌握土的基本物理性质、水理性质和力学性质的基础上，能在工程中对土的性质作科学准确的评价，对土进行分类和定名，并具有一定土工试验操作的能力。

土是由固体颗粒以及颗粒间的水和气体组成的，是一个多相、分散、多孔的系统，一般为三相体系，即固态相、液态相与气态相，有时是二相的（干燥或饱和状态）。土的基本物理性质指标其实就是表示土中三相比例关系的一些物理量。

随着含水量的改变，黏性土将经历不同的物理状态。当含水量很大时，土是一种黏滞流动的液体即泥浆，称为流动状态；随着含水量逐渐减少，黏滞流动的特点渐渐消失而显示出塑性，称为可塑状态；当含水量继续减少时，则土的可塑性逐渐消失，变为半固态。

土的力学性质是指土在外力作用下所表现的性质，在外力作用下，土体的孔隙会被压缩，体积会缩小，这就是土的压缩性；同时在土体中会产生剪切应力，当剪切应力达到一定程度时，土体就会发生剪切破坏，而土体抵抗这种剪切破坏的性质就是抗剪性，其极限能力称为抗剪强度；土的压实性就是指土体在受到重复施加的机械功时土体能逐渐变得密实。此外，黏性土还有灵敏度和触变性两个特点，灵敏度就是在不排水条件下，原状土的无侧限抗压强度与重塑土的无侧限抗压强度之比；触变性是指黏性土被扰动后强度随时间推移而逐渐恢复的胶体化学性质。土的力学性质具有重要的工程意义，是进行土木工程设计的基础。

## 任务一　土的物理性质

土是由固相、液相和气相三相组成的松散颗粒集合体。固相部分即为土粒，由矿物颗粒或有机质组成，构成土的骨架，是最稳定、变化最小的部分。骨架之间有许多孔隙，而孔隙可以被液体或气体或两者共同填充；水及其溶解物为土中的液相；气体为土中的气相。如果土中的孔隙全部被水所充满时，称为饱和土；如果孔隙全部被气体所充满时，称为干土；如孔隙中同时存在水和空气时，称为湿土。饱和土和干土都是二相系，湿土为三相系。这些组成部分的相互作用和它们在数量上的比例关系，将决定土的基本物理力学性质。

土中的三相分布本来是交错分布的，为了形象地分析土的三相组成的比例关系，通常把土体中的三相分开，以三相图表示，如图 2-1 所示。

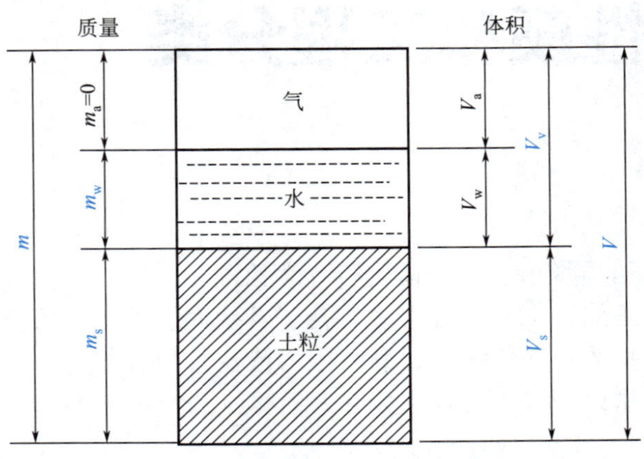


图2-1　土的三相组成比例图

$m_s$为土粒质量；$m_w$为土中水的质量；$m_a$为气体的质量，一般假定为零；$m$为土的总质量；$m=m_s+m_w$；$V_s$为土粒体积；$V_w$为土中水的体积；$V_a$为土中气体的体积；$V_v$为土中孔隙的体积，$V_v=V_w+V_a$；$V$为土的总体积，$V=V_v+V_s$

## 一、土的基本物理性质指标及其测定

土的密度、土粒相对密度和含水率可直接通过土工试验测定，称为土的基本物理性质指标，亦称直接测定指标。

### 1. 土的密度$\rho$

单位体积土体的质量（包含土体颗粒和孔隙水的质量，气体质量一般忽略不计）称为土的密度，其单位为 g/cm$^3$，即：

$$\rho=\frac{m}{V}=\frac{m_s+m_w}{V_s+V_w+V_a} \tag{2-1}$$

土的密度可用环刀法测定，将环刀刀刃向下放在削平的原状土样上面，徐徐削去环刀外围的土。边削边压，使保持天然状态的土样压满环刀内，称得环刀内土样的质量。求得它与环刀容积之比值即为其密度。

天然状态下土的密度变化范围较大，其参考值为：一般黏性土$\rho$为 1.8～2.0g/cm$^3$，砂土$\rho$为 1.6～2.0g/cm$^3$，腐殖土$\rho$为 1.5～1.7g/cm$^3$。

工程上常用重度$\gamma$来表示单位体积土的重力，又称土的重力密度，单位为 kN/m$^3$，其数值为：

$$\gamma=\rho g \tag{2-2}$$

式中　$g$——重力加速度，土力学计算中一般近似取为10m/s$^2$。

### 2. 土粒相对密度$d_s$

土粒的质量与同体积纯蒸馏水在 4℃时质量的比值称为土粒的相对密度，也称为土粒比重，其值为：

$$d_s=\frac{m_s}{V_s\rho_w}=\frac{\rho_s}{\rho_w} \tag{2-3}$$

式中　$\rho_s$——土粒的密度，即单位体积土粒的质量，$g/cm^3$；

$\rho_w$——4℃时纯蒸馏水的密度，一般取 $\rho_w=1.0g/cm^3$。

由于 $\rho_w=1.0g/cm^3$，所以实际上土粒相对密度在数值上即等于土粒的密度，但它是一个无量纲量。

土粒相对密度的测定一般采取以下原则：对于土粒粒径小于 5mm 的土，可采用比重瓶法；对于土粒粒径大于 5mm 的土，则依据其含粒径大于 20mm 颗粒的含量分别采用浮称法或虹吸筒法测定，一般土中粒径大于 20mm 的颗粒含量小于 10%，用浮称法，否则用虹吸筒法。

由于天然土体是由不同的矿物颗粒所组成，而这些矿物的相对密度各不相同，因此试验测定的是试验土样所含的土粒的平均相对密度。

土粒相对密度一般在 2.60～2.80 之间，但当土中含有较多的有机质时，土粒相对密度会明显减小。工程实践中，由于各类土的相对密度变化幅度不大，除重大建筑物及特殊情况外，可按经验值选用。一般土粒的相对密度见表 2-1。

表 2-1　土粒相对密度经验值

| 土名 | 砂土 | 粉土 | 粉质黏土 | 黏土 |
|---|---|---|---|---|
| 相对密度 | 2.65 ～ 2.69 | 2.70 ～ 2.71 | 2.72 ～ 2.73 | 2.74 ～ 2.76 |

### 3. 土的含水率 $w$

土中水的质量与土颗粒质量之比，以百分数表示，称为土的含水率（含水量），即：

二维码 2.1

$$w=\frac{m_w}{m_s}\times100\%=\frac{m-m_s}{m_s}\times100\% \tag{2-4}$$

土的含水率通常用烘干法测定，先称小块原状土样的湿土质量。然后置于烘箱内维持 100～105℃烘至恒重，再称干土质量，湿土、干土质量之差与干土质量的比值，就是土的含水率。此外含水率测定也可近似采用酒精燃烧法、比重法等快速方法。

土的含水率是标志土的湿度的一个重要指标。天然土层的含水率变化范围较大，与土的类别、埋藏条件、水的补给环境等有关，一般在 10%～60%。对于干的粗砂土，其值可以接近于零，而饱和砂土，可达 40%；坚硬的黏性土的含水率一般小于 30%，而饱和状态的软黏性土（如淤泥），则可达 60% 或更大。同一类土的含水率较小，则表明土较干，一般说来强度也会较高。

## 二、土的其他物理性质指标

测出上述三个基本试验指标后，就可根据图 2-1 所示的三相图，分别计算出三相各自的体积和质量，并由此确定土体的其他物理性质指标。

### 1. 土的孔隙比 $e$ 和孔隙率 $n$

土的孔隙比是土中孔隙体积与土粒体积之比，即：

$$e=\frac{V_v}{V_s} \tag{2-5}$$

孔隙比用小数表示，它是一个重要的物理性质指标，可以用来评价天然土层的密实程度，一般 $e<0.6$ 的土是密实的低压缩性土；$e>1.0$ 的土是疏松的高压缩性土。

土的孔隙率是土中孔隙所占体积与土的总体积之比，以百分数表示，即：

$$n=\frac{V_v}{V}\times 100\%=\frac{V_v}{V_s+V_v}\times 100\% \tag{2-6}$$

孔隙率也是表示土的密实程度的重要物理指标，其值不仅与土形成过程中所受到的压力有关，而且与土体的粒径与颗粒级配有关。一般粗粒土的孔隙率小，细粒土的孔隙率大，砂类土的孔隙率一般为28%～35%，黏性土的孔隙率可高达60%～70%。

**2. 土的干密度 $\rho_d$、饱和密度 $\rho_{sat}$ 和有效密度 $\rho'$**

单位体积土体中固体颗粒部分的质量，称为土的干密度 $\rho_d$。

$$\rho_d=\frac{m_s}{V} \tag{2-7}$$

在工程上常用干密度来评定土体的密实程度，以控制填土工程的施工质量。

土体孔隙中充满水时的单位体积土体的质量，称为土的饱和密度 $\rho_{sat}$。

$$\rho_{sat}=\frac{m_s+V_v\rho_w}{V} \tag{2-8}$$

式中　$\rho_w$——水的密度，一般取 $\rho_w=1.0\text{g/cm}^3$。

在地下水位以下，单位体积土体中土粒的质量扣除同体积水的质量后，即为单位体积土体中土粒的有效质量，称为土的有效密度（亦称浮密度）$\rho'$，即：

$$\rho'=\frac{m_s-V_s\rho_w}{V} \tag{2-9}$$

土体的几种密度在数值上有如下关系：

$$\rho_{sat}>\rho>\rho_d>\rho'$$

与上述三种指标相对应，工程上常用干重度、饱和重度、有效重度（亦称浮重度）来表示相应含水状态下单位体积土的重力，其数值为相应的密度乘以重力加速度，即：

$$\gamma_d=\rho_d g \tag{2-10}$$

$$\gamma_{sat}=\rho_{sat} g \tag{2-11}$$

$$\gamma'=\rho' g \tag{2-12}$$

**3. 土的饱和度 $s_r$**

土中被水充满的孔隙体积与孔隙总体积之比，称为土的饱和度，以百分数表示，其数值介于0～1。

$$s_r=\frac{V_w}{V_v}\times 100\% \tag{2-13}$$

饱和度用来描述土中水充满孔隙的程度，也就是土的干湿程度，若 $s_r=0$，说明土体为完全干燥状态；$s_r=100\%$，说明土体孔隙已经被水充满。土的干湿程度对于细砂或粉砂的强度影响很大，因为饱和粉、细砂在振动或渗流作用下，比较容易丧失其稳定性。

《建筑地基基础设计规范》（GB 50007—2011）规定砂类土的湿度按饱和度可划分为三种状态：

$s_r\leqslant 50\%$，稍湿；$50\%<s_r\leqslant 80\%$，很湿；$s_r>80\%$，饱和。

## 三、土的物理性质指标的换算

通过试验直接测定土的三个基本物理指标，根据土的三相图便可推算出其他指标。首先，由前述已知：

$$V=\frac{m}{\rho}$$

$$m_s=\frac{m}{1+w}$$

$$V_s=\frac{m_s}{d_s\ \rho_w}=\frac{m}{(1+w)d_s\rho_w}$$

则由孔隙比的定义可得：

$$e=\frac{V_v}{V_s}=\frac{V-V_s}{V_s}=\frac{V}{V_s}-1=\frac{(1+w)d_s\rho_w}{\rho}-1$$

同理可推得其他相应的指标换算公式如下：

$$n=\frac{V_v}{V}=\frac{V_v}{V_v+V_s}=\frac{e}{1+e}$$

$$\rho_d=\frac{m_s}{V}=\frac{m\rho}{(1+w)m}=\frac{\rho}{1+w}$$

$$\rho_{sat}=\frac{m_s+V_v\ \rho_w}{V}=\frac{V_sd_s\ \rho_w+V_v\rho_w}{V_s+V_v}=\frac{(d_s+e)\rho_w}{1+e}$$

$$\rho'=\frac{m_s-V_s\rho_w}{V}=\frac{V_sd_s\rho_w-V_s\rho_w}{V_s+V_v}=\frac{(d_s-1)\ \rho_w}{1+e}$$

$$s_r=\frac{V_w}{V_v}\times100\%=\frac{m_w}{\rho_wV_v}\times100\%=\frac{m_sw}{\rho_weV_s}\times100\%=\frac{V_sd_s\ \rho_ww}{\rho_weV_s}\times100\%=\frac{d_sw}{e}\times100\%$$

表 2-2 列出了常用土的三相比例换算公式。

表2-2　土的三相比例指标常用换算公式

| 名　称 | 符　号 | 三相比例表达式 | 常用换算公式 | 单　位 | 常见的数值范围 |
|---|---|---|---|---|---|
| 密度 | $\rho$ | $\rho=\frac{m}{V}$ | $\rho=\frac{d_s(1+w)}{1+e}\rho_w$<br>$\rho=\rho_d(1+w)$ | g/cm$^3$ | 1.6 ～ 2.0 |
| 土粒相对密度 | $d_s$ | $d_s=\frac{m_s}{V_s\ \rho_w}$ | $d_s=\frac{s_re}{w}$ | | 黏性土：2.72～2.75<br>粉土：2.70～2.71<br>砂土：2.65～2.69 |
| 含水率 | $w$ | $w=\frac{m_w}{m_s}\times100\%$ | $w=\frac{\rho}{\rho_d}-1$<br>$w=\frac{s_re}{d_s}$ | | |
| 干密度 | $\rho_d$ | $\rho_d=\frac{m_s}{V}$ | $\rho_d=\frac{\rho}{1+w}$<br>$\rho_d=\frac{d_s\ \rho_w}{1+e}$ | g/cm$^3$ | 1.3 ～ 1.8 |

续表

| 名称 | 符号 | 三相比例表达式 | 常用换算公式 | 单位 | 常见的数值范围 |
|---|---|---|---|---|---|
| 饱和密度 | $\rho_{sat}$ | $\rho_{sat}=\dfrac{m_s+V_v\rho_w}{V}$ | $\rho_{sat}=\dfrac{(d_s+e)\rho_w}{1+e}$ | g/cm³ | 1.8～2.3 |
| 有效密度 | $\rho'$ | $\rho'=\dfrac{m_s-V_s\rho_w}{V}$ | $\rho'=\dfrac{(d_s-1)\rho_w}{1+e}$ | g/cm³ | 0.8～1.3 |
| 重度 | $\gamma$ | $\gamma=\dfrac{m}{V}g=\rho g$ | $\gamma=\dfrac{d_s(1+w)}{1+e}\gamma_w$ | kN/m³ | 16～20 |
| 干重度 | $\gamma_d$ | $\gamma_d=\dfrac{m_s}{V}g=\rho_d g$ | $\gamma_d=\dfrac{d_s\gamma_w}{1+e}$ | kN/m³ | 13～18 |
| 饱和重度 | $\gamma_{sat}$ | $\gamma_{sat}=\dfrac{m_s+V_v\rho_w}{V}g=\rho_{sat}g$ | $\gamma_{sat}=\dfrac{(d_s+e)\gamma_w}{1+e}$ | kN/m³ | 18～23 |
| 有效重度 | $\gamma'$ | $\gamma'=\dfrac{m_s-V_s\rho_w}{V}g$ | $\gamma'=\dfrac{(d_s-1)\gamma_w}{1+e}$ | kN/m³ | 8～13 |
| 孔隙比 | $e$ | $e=\dfrac{V_v}{V_s}$ | $e=\dfrac{(1+w)d_s\rho_w}{\rho}-1$<br>$e=\dfrac{d_s\rho_w}{\rho_d}-1$ |  | 黏性土和粉土：0.40～1.20<br>砂土：0.30～0.90 |
| 孔隙率 | $n$ | $n=\dfrac{V_v}{V}\times100\%$ | $n=\dfrac{e}{1+e}$ |  | 黏性土和粉土：30%～60%<br>砂土：25%～45% |
| 饱和度 | $s_r$ | $s_r=\dfrac{V_w}{V_v}\times100\%$ | $s_r=\dfrac{d_s w}{e}$ |  | 0～100% |

【例2-1】 某天然土样经试验测得体积为100cm³，湿土质量为190g，干土质量为172g，土粒的相对密度为2.70，试求该土样的密度、含水率、孔隙比、饱和度、干密度、干重度、饱和密度、饱和重度、有效重度。

解

$$\rho=\frac{m}{V}=\frac{190}{100}=1.90\ (\text{g/cm}^3)$$

$$w=\frac{m_w}{m_s}\times100\%=\frac{m-m_s}{m_s}\times100\%=\frac{190-172}{172}\times100\%=10.47\%$$

$$e=\frac{(1+w)d_s\rho_w}{\rho}-1=\frac{(1+10.47\%)\times2.70\times1.0}{1.90}-1=0.57$$

$$s_r=\frac{d_s w}{e}\times100\%=\frac{2.70\times10.47\%}{0.57}\times100\%=49.59\%$$

$$\rho_d=\frac{\rho}{1+w}=\frac{1.90}{1+10.47\%}=1.72\ (\text{g/cm}^3)$$

$$\gamma_d=\rho_d g=1.72\times10=17.2\ (\text{kN/m}^3)$$

$$\rho_{sat}=\frac{(d_s+e)\rho_w}{1+e}=\frac{(2.70+0.57)\times1.0}{1+0.57}=2.08\ (\text{g/cm}^3)$$

$$\gamma_{sat}=\rho_{sat}g=2.08\times10=20.8\ (\text{kN/m}^3)$$

$$\gamma'=\frac{(d_s-1)\gamma_w}{1+e}=\frac{(2.70-1)\times10}{1+0.57}=10.8\ (\text{kN/m}^3)$$

土的基本指标换算公式为计算土的物理指标带来了很大的方便，但由于其公式表达形式比较复杂，难以准确记忆，如果理解土的三相分布原理，也可以按照定义来求得土的各项基本指标，无需死记硬背换算公式。比如在上述例题中，对孔隙比和饱和度可以按定义计算。

土粒体积：

$$V_s=\frac{m_s}{\rho_s}=\frac{172}{2.70\times1.0}=63.70\ (\text{cm}^3)$$

则土中孔隙体积：

$$V_v=V-V_s=100-63.70=36.30\ (\text{cm}^3)$$

土中水的体积：

$$V_w=\frac{m_w}{\rho_w}=\frac{190-172}{1.0}=18\ (\text{cm}^3)$$

所以可得：

孔隙比
$$e=\frac{V_v}{V_s}=\frac{36.30}{63.70}=0.57$$

饱和度
$$s_r=\frac{V_w}{V_v}\times100\%=\frac{18}{36.30}\times100\%=49.59\%$$

【例2-2】 已知某完全干燥的砂土样的重度为16.5kN/m³，土粒相对密度为2.70，现向该土样加水，使其饱和度增至40%，而体积保持不变。求加水后土样的重度和含水率。

解一 利用物理指标换算公式

$$\rho_d=\frac{\gamma_d}{g}=\frac{16.5}{10}=1.65\ (\text{g/cm}^3)$$

$$e=\frac{d_s\ \rho_w}{\rho_d}-1=\frac{2.70\times1.0}{1.65}-1=0.6364$$

$$w=\frac{s_r e}{d_s}=\frac{0.4\times0.6364}{2.70}=9.43\%$$

$$\rho=\rho_d(1+w)=1.65\times(1+9.43\%)=1.81\ (\text{g/cm}^3)$$

$$\gamma=\rho g=1.81\times10=18.1\ (\text{kN/m}^3)$$

解二 利用土的三相组成和定义计算

为了计算方便，假设取土样 100g 计算。

则土样体积：

$$V=\frac{m}{\rho}=\frac{100}{1.65}=60.61\ (\text{cm}^3)$$

土粒体积：

$$V_s=\frac{m_s}{\rho_s}=\frac{100}{2.70}=37.04\ (\text{cm}^3)$$

孔隙体积：

$$V_v=V-V_s=60.61-37.04=23.57\ (\text{cm}^3)$$

添加水的体积为：

$$V_w=s_rV_v=23.57\times0.40=9.43\ (\text{cm}^3),\ m_w=V_w\rho_w=9.43\times1.0=9.43\ (\text{g})$$

$$\rho=\frac{m_s+m_w}{V}=\frac{100+9.43}{60.61}=1.81\ (\text{g/cm}^3),\ \gamma=\rho g=1.81\times10=18.1\ (\text{kN/m}^3)$$

$$w=\frac{m_w}{m_s}=\frac{9.43}{100}=9.43\%$$

# 任务二 土的水理性质

土体在水的作用及其含量变化的条件下，产生的土的物理、力学性质及状态的变化以及对工程的影响称为土的水理性质。土的水理性质主要包括：毛细水现象、黏性土的稠度与可塑性、黄土的湿陷性、膨胀土特征、饱和松砂的震动液化、流土和管涌现象、黏性土的含水率与压实、土的收缩与膨胀、土的冻结、水质不良对土质的污染等。土的水理性质涉及土质学、水力学以及水化学等多种学科，涉及面广，内容也比较复杂，因此本书对此不作过多探讨，本任务主要针对土的常见的几种重要水理现象予以介绍。

## 一、土的毛细性、冻胀性

### 1. 土的毛细性

土的毛细现象是指土中水在表面张力作用下，沿着细的孔隙向上及向其他方向移动的现象。这种细微孔隙中的水被称为毛细水。土能够产生毛细现象的性质称为土的毛细性。土的毛细现象在以下几个方面对工程有着重要影响：

① 毛细水的上升是引起路基冻害的因素之一；

② 对于房屋建筑，毛细水的上升会引起地下室过分潮湿；

③ 毛细水的上升可能引起土的沼泽化和盐渍化，对工程及农业都有很大影响。

为了更好地认识土的毛细现象，下面分别讨论土层中的毛细水带、毛细水上升高度和上升速度以及毛细压力。

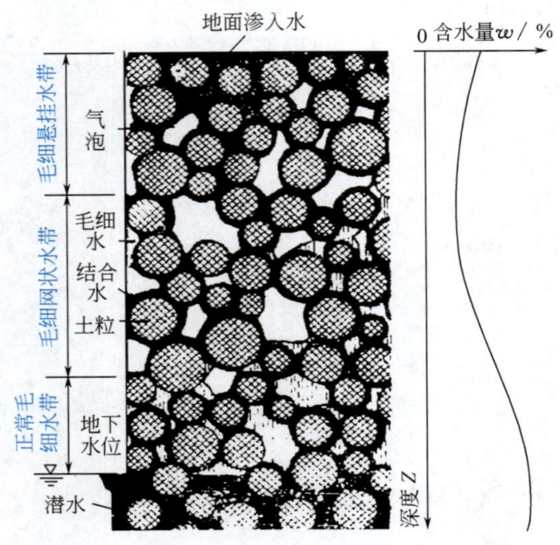

图2-2 土中毛细水分布图

（1）土层中的毛细水带 土层中由于毛细现象所润湿的范围称为毛细水带，毛细水带根据形成条件和分布状况，可分为三种：正常毛细水带、毛细网状水带和毛细悬挂水带。如图2-2所示。

① 正常毛细水带（又称毛细饱和带）。位于毛细水带的下部，与地下潜水连通。这一部分的毛细水主要是由潜水面直接上升而形成的，毛细水几乎充满了全部孔隙。正常毛细水带会随着地下水位的升降而作相应的移动。

② 毛细网状水带。位于毛细水带的中部，当地下水位急剧下降时，它也随之急速下降，这时在较细的毛细孔隙中有一部分毛细水来不

及移动，仍残留在孔隙中，而在较粗的孔隙中因毛细水下降、孔隙中留下空气泡，这样使毛细水呈网状分布。毛细网状水带中的水，可以在表面张力和重力的作用下移动。

③ 毛细悬挂水带。位于毛细水带的上部，这一带的毛细水是由地表水渗入形成的，水悬挂在土颗粒之间，它不与中部或下部的毛细水相连。当地表有大气降水时，毛细悬挂水在重力的作用下向下移动。

上述三种毛细水带不一定同时存在，其存在取决于当地的水文地质条件。如地下水位很高时，可能就只有正常毛细水带，而没有毛细悬挂水带和毛细网状水带；反之，当地下水位较低时，则可能同时出现三种毛细水带。在毛细水带内，土的含水量是随深度而变化的，自地下水位向上含水量逐渐减小，但到毛细悬挂水带后，含水量可能有所增加。

（2）毛细水上升高度　为了了解土中毛细水上升高度，可借助于水在毛细管内上升的现象来说明。将一根毛细管插入水中，就可看到水会沿毛细管上升。其原因是：第一，水与空气的分界面上存在着表面张力，而液体总是力图缩小自己的表面积，以使表面自由能变得最小，这也就是一滴水珠总是成为球状的原因；第二，毛细管管壁的分子和水分子之间有引力作用，这个引力使与管壁接触部分的水面呈向上的弯曲形状，这种现象称为浸润现象。由于毛细管的直径较细，浸润现象使毛细管内水面的弯液面互相连接，形成内凹的弯液面状，如图 2-3 所示，这时，水柱的表面积增加了。由于管壁与水分子之间的引力很大，它又会促使管内的水柱升高，从而改变弯液面形状，缩小表面积，降低表面自由能。但当水柱升高而改变了弯液面的形状时，管壁与水之间的浸润现象又会使水柱面恢复为内凹的弯液面状。这样周而复始，使毛细管内的水柱上升，一直到升高的水柱所受重力和管壁与水分子间的引力所产生的上举力平衡为止。

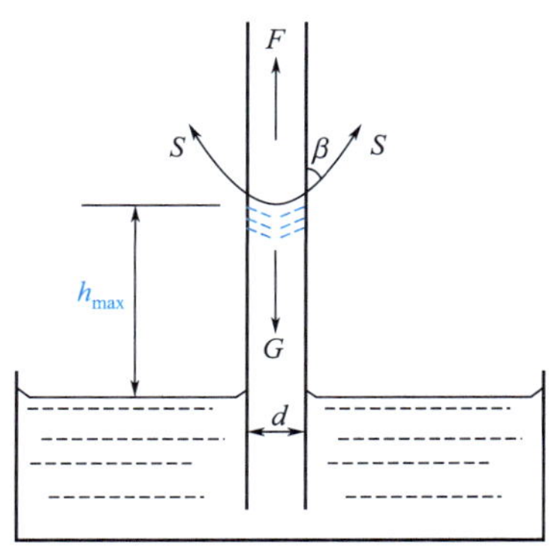

图2-3　毛细管中的水柱

若毛细管内水柱上升到最大高度 $h_{max}$，根据平衡条件知道管壁与弯液面水分子间引力的合力 $S$ 等于水的表面张力 $\sigma$，若 $S$ 与管壁间的夹角为 $\beta$（亦称浸润角），则作用在毛细水柱上的上举力 $F$ 为：

$$F=2r\pi S\cos\beta=2r\pi\sigma\cos\beta \tag{2-14}$$

式中　$\sigma$——水的表面张力，单位为N/m，在表2-3中给出了不同温度时，水与空气间的表面张力值；

$r$——毛细管的半径；

$\beta$——浸润角，它的大小取决于管壁材料及液体性质，对于毛细管内的水柱，可以认为 $\beta=0$，即认为是完全浸润的。

毛细管内上升水柱的重力 $G$ 为：

$$G=\gamma_w\pi r^2h_{max} \tag{2-15}$$

当毛细水上升到最大高度时，毛细水柱受到的上举力和水柱重力平衡，由此得：

$$F=G \tag{2-16}$$

及

$$2r\pi\sigma\cos\beta=\gamma_w\pi r^2h_{max} \tag{2-17}$$

表2-3 水与空气间的表面张力值

| 温度/℃ | -5 | 0 | 5 | 10 | 15 | 20 | 30 | 40 |
|---|---|---|---|---|---|---|---|---|
| 表面张力 $\sigma$/(N/m) | 0.0764 | 0.0756 | 0.0749 | 0.0742 | 0.0735 | 0.0728 | 0.0712 | 0.0696 |

若令 $\beta$=0，可求得毛细水上升最大高度的计算公式为：

$$h_{\max}=\frac{2\sigma}{r\gamma_{w}}=\frac{4\sigma}{d\gamma_{w}} \tag{2-18}$$

式中 $d$——毛细管的直径，$d=2r$。

从式（2-18）可以看出，毛细水上升高度是与毛细管直径成反比的，毛细管直径越细毛细水上升高度越大。

在天然土层中毛细水的上升高度不能简单地直接引用式（2-18）计算。这是因为土中的孔隙不规则，与实验室圆柱状的毛细管有着根本不同，特别是土颗粒与水之间还存在复杂的物理化学作用，使得天然土层中的毛细现象比毛细管的情况要复杂得多。例如，假定黏土颗粒为直径等于0.0005mm的圆球，那么这种假想土粒堆置起来的孔隙直径 $d$=1×10$^{-4}$mm，取5℃时水的 $\sigma$=0.749N/m，$\gamma_{w}$=10kN/m$^{3}$，代入式（2-18）中将得到毛细水上升高度 $h_{\max}$=300m，这在实际土层中是不可能观测到的。天然土层中，毛细水上升的实际高度一般不超过数米。

在实践中，可以采用成熟的经验公式来估算毛细水上升高度，如海森公式：

$$h_{c}=\frac{C}{ed_{10}} \tag{2-19}$$

式中 $h_{c}$——毛细水上升高度，m；

$e$——土的孔隙比；

$d_{10}$——土的有效粒径，m；

$C$——系数，与土粒形状及表面洁净情况有关，一般取 $C$=1×10$^{-5}$～5×10$^{-5}$m$^{2}$。

一般来说，粒径大于2mm的颗粒可不考虑毛细现象；极细小的孔隙中，土粒周围有可能被结合水充满，亦无毛细现象。

经验认为：碎石类土，无毛细作用；砂类土，$h_{\max}$为0.2～0.3m；粉类土，$h_{\max}$为0.9～1.5m；而黏性土的 $h_{\max}$ 不及粉土，上升速度也较慢，这是由于在其颗粒周围吸附着一层结合水膜，这层水膜将影响毛细水弯液面的形成。当土粒间的孔隙被结合水完全充满时，毛细水的上升也就停止了。

（3）毛细压力 毛细压力可用图2-4来说明，图中两个土粒的接触面上有一些毛细水，由于土粒表面的湿润作用，使毛细水形成弯液面。在水和空气的分界面上产生的表面张力总是沿着弯液面切线方向作用的，它促使两个土粒互相靠拢，在土粒的接触面上产生一个压

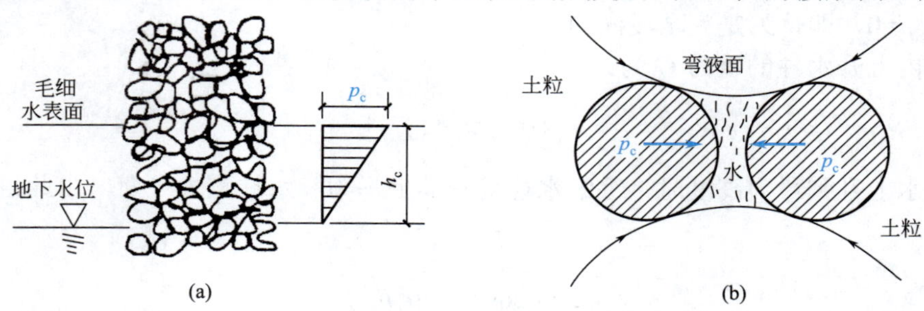


图2-4 土中水的毛细压力示意图

力，这个压力称为毛细压力。

若以大气压力为基准，毛细压力会按静水压力的规律，从 $-\gamma_w h_c$ 增大到 0。故毛细压力 $p_c=-\gamma_w h_c$ 也称为负孔隙水压力，它可使土粒相互挤紧，可使无黏性土表现出一定的黏聚力，因此，毛细压力也称为毛细内聚力（假黏聚力）。

### 2. 土的冻胀性

二维码 2.2

在寒冷天气，受大气负温影响，土中的自由水首先冻结成冰晶体，随着气温继续下降，弱结合水的最外层也开始冻结，使冰晶体逐渐扩大。这样使冰晶体周围土粒的结合水膜减薄，土粒就会产生剩余的分子引力；另外，由于结合水膜的减薄，使得水膜中的离子浓度增加，产生了渗透压力，即当两种水溶液的浓度不同时，会在它们之间产生一种压力差，使浓度较小的溶液中的水向浓度较大的溶液渗入，在这两种引力作用下，下卧层未冻结区水膜较厚处的弱结合水，被吸引到水膜较薄的冻结区，并参与冻结，使冰晶体增大，而不平衡引力却继续存在。假使下卧层冻结区存在着水源（如地下水距冻结区很近）及适当的水源补给通道（如毛细通道），水能够源源不断地补充到冻结区来，那么，未冻结区的水分（包括弱结合水和自由水）就会不断地向冻结区迁移和积聚，使冰晶体不断扩大，在土层中形成冰夹层，土体随之发生隆起，即冻胀现象。这种冰晶体的不断增大，一直要到水源的补给断绝后才停止。当土层解冻时，土中积聚的冰晶体融化，土体含水量突然增加，使地基土体软化并下陷，即出现融陷现象。土的冻胀现象和融陷现象是季节性冻土的特性，亦即土的冻融特性。

冻胀和融陷对工程都有很不利的影响。发生冻胀时，路基隆起，柔性路面鼓包、开裂、刚性路面错缝或折断；若在冻土上修建了建筑物的话，冻胀引起建筑物的开裂、倾斜甚至使轻型构筑物倒塌。而发生融陷后，路基土在车辆反复辗压下，轻者路面变得松软，重者路面断裂翻浆；也会使房屋、桥梁、涵管发生大量下沉或不均匀下沉，引起建筑物的开裂破坏。

从上述土冻胀的机理分析中可以看到，土的冻胀规律有下列三个。

① 土的毛细现象显著则冻胀性较强。粉土的毛细水上升高度大，速度快，具有较通畅的水源补给通道，同时，其颗粒较细，表面能大，土粒矿物成分亲水性强，能持有较多结合水，能使大量结合水迁移和积聚，因此其冻胀性最强；黏土有较厚的结合水膜，毛细孔隙很小，对水分迁移的阻力很大，没有通畅的水源补给通道，所以其冻胀性较粉土为小；砂砾等粗颗粒土，没有或具有很少量的结合水，孔隙中自由水冻结后，不会发生水分的迁移积聚，同时由于砂砾的毛细现象不明显，因而不会发生冻胀。

② 地下水位较高，水源补给充足，冻胀性也较强。毛细水上升高度能够达到或接近冻结线，使冻结区能得到外部水源的补给时，将发生比较强烈的冻胀现象。这样，可以区分开敞型冻胀和封闭型冻胀两种冻胀类型。前者是在冻结过程中有外来水源补给的；后者是冻结过程中没有外来水源补给的。开敞型冻胀往往在土层中形成很厚的冰夹层，产生强烈冻胀，而封闭型冻胀，土中冰夹层较薄，冻胀量也小。

③ 气温缓慢下降而负温持续时间越长，冻胀性越强。当气温骤降且冷却强度很大时，冻结速度很快。如气温缓慢下降，冷却强度小，但负温持续的时间较长，就能促使未冻结区水分不断地向冻结区迁移积聚，在土中形成冰夹层，出现明显的冻胀现象。这时，土中弱结合水及毛细水还来不及向冻结区迁移就在原地冻结成冰，毛细通道也被冰晶体所堵塞。这样，水分的迁移和积聚不会发生，在土层中看不到冰夹层，只有散布于土孔隙中的冰晶体，这时形成的冻土一般无明显的冻胀。

可以根据影响冻胀的三个因素，采取相应的防治冻胀的工程措施。

① 把不良土层用冻害轻的土置换。例如，可以用砂性土来置换粉土。

② 降低地下水位，切断水的补给。

③ 在路基下面铺设数十厘米的粗砂砾层，从而截断毛细管作用。

④ 在土中埋入隔热材料，阻止冻结向地基深处延伸。

## 二、黏性土的稠度和可塑性

黏性土的稠度与可塑性是土粒与水相互作用后所表现出来的物理性质。

### 1. 黏性土的稠度

（1）黏性土的稠度状态　黏性土因含水多少而表现出的稀稠软硬程度或在外力作用下引起变形或破坏的抵抗能力，称为稠度，这是黏性土最主要的物理状态特征。因含水多少而呈现出的不同的物理状态称为黏性土的稠度状态。土的稠度状态因含水量的不同，可表现为固态、塑态与流态三种，其中固态又可细分为固态和半固态两种。

① 流态　含水量较高，粒间主要为液态水占据，连接极微弱，几乎丧失抵抗外力的能力，强度极低，不能维持一定的形状，土体呈泥浆状，受重力作用即可流动。

② 塑态　含水量较流态小，粒间主要为弱结合水连接，在外力作用下容易产生变形，可揉塑成任意形状，不破裂、无裂纹，去掉外力后不能恢复原状。

③ 半固态　含水量较低，粒间主要为强结合水连接，连接牢固，土质坚硬，力学强度较高，具有固定的形状，土体积随着含水量的降低而减小。

④ 固态　含水量继续降低，粒间主要为强结合水连接，连接牢固，土质坚硬，力学强度高，不能揉塑变形，形状大小固定，土体积不会随着含水量的降低而继续减小。

黏性土的稠度状态的变化是由于土中含水量的变化而引起的。黏性土由一种稠度状态转变为另一种稠度状态时，所对应的转变点（临界点）的含水量称为稠度界限（界限含水量）。目前世界各国普遍应用的是由瑞典土壤学家阿太堡制定的稠度状态与相应的稠度界限标准。稠度界限中常用的有：由固态转变到半固态的界限含水量，称为缩限（$w_s$）；半固态转变到可塑状态的界限含水量，称为塑限（$w_p$）；由可塑状态转变到流动状态的界限含水量，称为液限（$w_L$），如图 2-5 所示。黏性土随含水量的变化而表现出不同的稠度状态，是一种复杂的物理化学过程，其实质与黏性土周围水化膜的变化有直接关系。

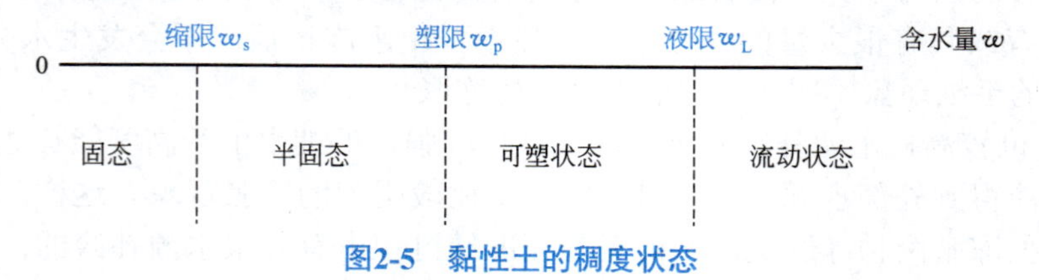


图2-5　黏性土的稠度状态

液塑限的测定可以采用“联合测定法”，见《土工试验方法标准》（GB/T 50123—2019），如图 2-6 所示即为光电式液塑限联合测定仪，如图 2-7 所示为液塑限测定时的圆锥下沉深度与含水率关系图。

试验时取代表性土样三份，分别加入适量的纯水拌和均匀，调成三种稠度不同的试样，装入试样杯，将杯面刮平，放于仪器底座上，然后用电磁落锥法分别测定圆锥在自重下沉入试样 5s 时的下沉深度。以含水率为横坐标，圆锥沉入深度为纵坐标，在双对数坐标纸上绘制关系直线。三点连一直线，如图 2-7 中的 $A$ 线。当三点不在一直线上，通过高含水率的一点与其他两点连成两条直线，在圆锥下沉深度为 2mm 处查得相应的含水率，当两个含水率的

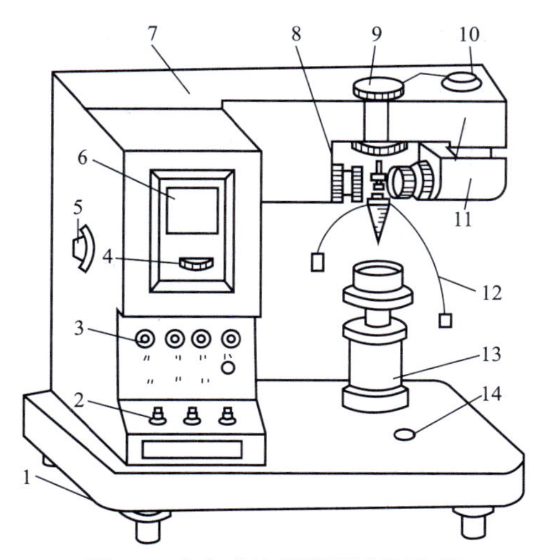


图2-6　光电式液塑限联合测定仪

1—水平调节螺钉；2—控制开关；3—指示灯；4—零线调节螺钉；5—反光镜调节螺钉；
6—屏幕；7—机壳；8—物镜调节螺钉；9—电磁装置；10—光源调节螺钉；
11—光源；12—圆锥仪；13—升降台；14—水平泡

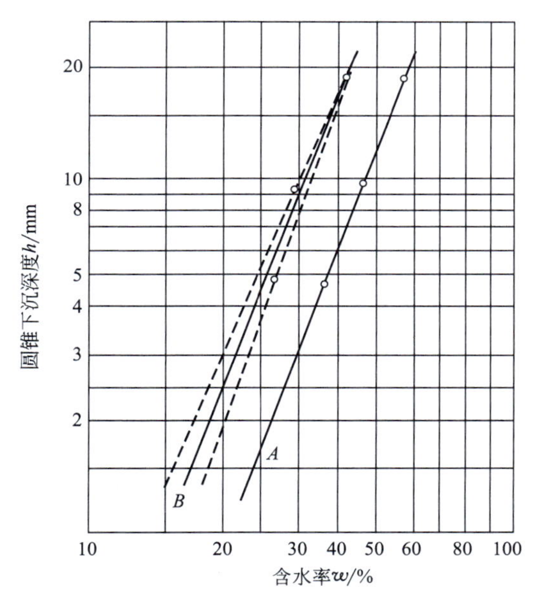


图2-7　圆锥下沉深度与含水率关系图

差值小于 2% 时，应以该两点含水率的平均值与高含水率的点连成一条线，如图 2-7 中的 *B* 线，当两个含水率的差值大于或等于 2% 时，应补做试验。在圆锥下沉深度与含水率关系图上，查得下沉深度为 10mm 所对应的含水率为液限，下沉深度为 2mm 所对应的含水率为塑限，以百分数表示。

黏性土的塑限也可采用“搓滚法”测定，即用手掌在毛玻璃上搓滚土条，当土条直径为 3mm 时产生裂缝并断裂，该时的含水率即为塑限。试验时取含水量接近塑限的试样一小块，先用手搓成橄榄形，然后再用手掌在毛玻璃板上轻轻搓滚（搓滚时须以手掌均匀施压力于土条上）直至土条直径达 3mm 时，产生裂缝并开始断裂为止。若土条搓成 3mm 时仍未产生裂缝及断裂，表示这时试样的含水率高于塑限；如土条直径大于 3mm 时即行断裂，表示试样含水率小于塑限，应弃去，重新取土加适量水调匀后再搓，直至合格。若土条在任何含水量下始终搓不到 3mm 即开始断裂，则认为该土无塑性。

在欧美等国家大都采用碟式液限仪（图 2-8）测定液限。试验时将土碟中的土膏，刮平表面，用切槽器在土中划一条槽，槽底宽 2mm，以每秒 2 次的速度转动摇柄使碟底抬高 10mm，再使其自由下落在橡皮垫板上。连续下落 25 次后，如土槽合拢长度刚好为 13mm，该试样的含水量就是液限。

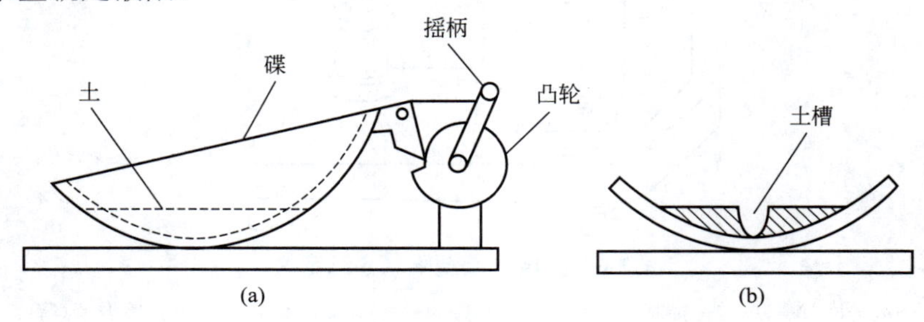


图2-8　碟式液限仪

（2）黏性土的液性指数　土的天然含水率在一定程度上可反映土中水量的多少，但并不能说明土处于何种物理状态。因此，需要一个表示天然含水率与界限含水率相对关系的指标，即液性指数 $\boldsymbol{I_L}$，其表达式为：

$$I_L=\frac{w-w_p}{w_L-w_p} \tag{2-20}$$

可塑状态的土的液性指数为 0～1，液性指数越大，表示土越软；液性指数大于 1 时，$w>w_L$，表示土处于流动状态；液性指数小于或等于 0 时，即 $w\leqslant w_p$，表示土处于固体或半固体状态。黏性土的状态可根据液性指数 $I_L$ 分为坚硬、硬塑、可塑、软塑和流塑，见表 2-4。

表2-4　黏性土状态的划分

| $I_L$ 值 | $I_L\leqslant 0$ | $0<I_L\leqslant 0.25$ | $0.25<I_L\leqslant 0.75$ | $0.75<I_L\leqslant 1.0$ | $1.0<I_L$ |
|---|---|---|---|---|---|
| 稠度状态 | 坚硬 | 硬塑 | 可塑 | 软塑 | 流塑 |

值得注意的是，用液性指数判别黏性土稠度状态时，测得的液限用的是天然结构已经破坏的扰动土样，忽视了自然界原始土层的结构影响。因而有时在天然含水量大于液限情况下，原始土层并不表现出流塑状态或者天然含水量大于塑限时不显示塑态而呈固态。

**2. 黏性土的可塑性**

黏性土中含水量在液限与塑限两个稠度界限之间时，土处于可塑状态，具有可塑性，这是黏性土的独特性能。由于黏性土的可塑性是含水量介于液限与塑限之间表现出来的，故可塑性的强弱可由这两个稠度界限的差值大小来反映，这个差值称为塑性指数 $I_p$，即：

$$I_p=w_L-w_p \tag{2-21}$$

实际应用中，常将界限含水量的百分号省去。

塑性指数表示土处于可塑状态的含水量变化范围，其值的大小取决于土颗粒吸附结合水的能力，亦即与土中黏粒含量有关。土中黏粒含量越高，土的比表面积越大，塑性指数就越高，其塑性就越强；反之亦然。所以在工程实际中直接按塑性指数大小对一般黏性土进行分类，详细内容见本单元任务四。

在以往的分类方案中，很多部门对黏性土多采用按颗粒级配进行分类。经研究表明，黏性土按塑性指数分类比按颗粒级配分类更能反映实际土体的工程特性。因为对黏性土，其性质不仅与颗粒级配有关，而且还与黏粒的形状、黏粒的亲水性强弱有关，而塑性指数综合反映了黏粒的含量及其亲水性。因此，目前规范要求主要按塑性指数对黏性土进行分类。

# 任务三　土的力学性质

土的力学性质是指土在外力作用下所表现的性质，它是建立土的强度和结构理论的基础，主要包括压应力作用下体积缩小的压缩性和在剪应力作用下抵抗剪切破坏的抗剪性，以及土体在受到重复施加的机械功时，逐渐变得密实的压实性。

## 一、土的压缩性、抗剪性和压实性

### 1. 土的压缩性

土的压缩性指土在压力作用下体积压缩变小的性能。土的压缩通常有三部分：①固体土颗粒被压缩；②土中水及封闭气体被压缩；③水和气体从孔隙中挤出。研究表明，固体颗粒和水的压缩量是极小的，在一般压力下（100～600kPa），土颗粒和水的压缩量可以忽略不计，所以土的压缩主要是孔隙中一部分水和气体被挤出，封闭气泡被压缩。与此同时，土颗粒相应发生移动，重新排列，靠拢挤紧，从而使土中孔隙减小。

对于透水性较大的无黏性土，由于水容易排出，压缩过程很快就可完成；而对于饱和黏性土，由于透水性小，排水缓慢，故要达到压缩稳定需要很长时间。土的压缩表现为竖向变形和横向变形，一般情况下以前者为主。

土是由三相组成的复杂结构，其在外力作用下的变形特征不是简单的线性关系，而是呈现出非线性弹塑性的特征。具体来说，土的变形以塑性变形为主，弹性变形比例较小，尤其对于可塑状态的黏土来说，主要就是塑性变形。为了与材料力学中材料的杨氏弹性模量区分，土力学中用变形模量来表示土在侧向自由变形条件下竖向压应力与竖向总应变的比值，两者的物理意义相同，只是前者只考虑弹性应变，后者则包含了弹性应变和塑性应变，其值可由现场静载荷试验测定。

### 2. 土的抗剪性

土的抗剪性是指土抵抗剪切破坏的性质。它是研究土体稳定性的一个重要的工程性质。

土是由固体颗粒组成的，土粒间的连接强度远远小于土粒本身的强度，故在剪应力作用下，多数土体（如砂类土、细粒土）发生的剪切破坏，并不是土粒本身的破坏，而是土粒间发生相对错动，引起土的一部分相对另一部分沿着某个面发生与剪切方向一致的滑动。

目前，研究土的抗剪强度的途径，主要是模拟土剪切破坏时的应力和工作条件，在室内或现场进行土的剪切试验。

土的抗剪性详细内容见单元七任务一、任务二。

### 3. 土的压实性

（1）土的压实性的工程意义　在土木工程中，经常遇到填土或软弱地基，为改善这些土的工程性质，采用压实的方法使土变得密实，往往是改善土的工程性质的一种经济、合理的方法。它采用人工或机械对土施以夯压能量（如夯、碾、振动等方式），使土颗粒重新排列并压实变密，外部的机械功使土在短时间内得到新的结构强度，土的这种性质就是压实性。

工程实践表明，由于土的基本性质复杂多变，同一压实功对于不同土所产生的压实效果差别是很大的。而为了达到一定的压实效果，对于有些种类的土可能需要花费相当大的代价。因此，为了做到技术上可靠和经济上合理，需要了解土的压实性与变化规律，以利于工程实践。

填土不同于天然土层，因为经过挖掘搬运之后，原状结构已被破坏，含水率也已经变化，堆填时必然会在土团之间留下许多大的孔隙。显然，未经压实的填土强度低，压缩性大且不均匀，遇水容易塌陷、崩解。为使填土满足工程要求，必须按照一定的标准对其进行压实。特别是对于道路路堤这样的土工构筑物，在车辆的频繁运行和动荷载的反复作用下，可能产生不均匀或过大的沉陷或塌陷甚至失稳滑动，从而使运营条件恶化并增加维修工作量，所以路堤填土必须具有足够的压实度以保证行车安全。

工程实践中常用压实度表示压实效果的好坏，压实度 $K_c$ 是指填土压实后的干密度 $\rho_d$ 与该土料的标准最大干密度 $\rho_{dmax}$ 之比，用百分数表示：

$$K_c=\frac{\rho_d}{\rho_{dmax}}\times 100\% \tag{2-22}$$

压实度是检测路基压实效果的重要指标，路面等级越高，对路基强度和压实度的要求也越高。按照我国《公路路基设计规范》（JTG D30—2015），不同等级的路面对路基压实度的要求具体见表 2-5、表 2-6。

表2-5　路床压实度要求

| 路基部位 | | 路面底面以下深度/m | 路床压实度/% | | |
|---|---|---|---|---|---|
| | | | 高速公路、一级公路 | 二级公路 | 三、四级公路 |
| 上路床 | | 0~0.3 | ≥ 96 | ≥ 95 | ≥ 94 |
| 下路床 | 轻、中等及重交通 | 0.3~0.8 | ≥ 96 | ≥ 95 | ≥ 94 |
| | 特重、极重交通 | 0.3~1.2 | ≥ 96 | ≥ 95 | — |

注：1.表列压实度系按现行《公路土工试验规程》（JTG E40）重型击实试验所得最大干密度求得的压实度。

2.当三、四级公路铺筑沥青混凝土和水泥混凝土路面时，其压实度应采用二级公路压实度标准。

表2-6　路堤压实度

| 路基部位 | | 路面底面以下深度/m | 压实度/% | | |
|---|---|---|---|---|---|
| | | | 高速公路、一级公路 | 二级公路 | 三、四级公路 |
| 上路堤 | 轻、中等及重交通 | 0.8~1.5 | ≥ 94 | ≥ 94 | ≥ 93 |
| | 特重、极重交通 | 1.2~1.9 | ≥ 94 | ≥ 94 | — |
| 下路堤 | 轻、中等及重交通 | 1.5 以下 | ≥ 93 | ≥ 92 | ≥ 90 |
| | 特重、极重交通 | 1.9 以下 | | | |

注：1.表列压实度系按现行《公路土工试验规程》（JTG E40）重型击实试验所得最大干密度求得的压实度。

2.当三、四级公路铺筑沥青混凝土和水泥混凝土路面时，应采用二级公路的规定值。

3.路堤采用粉煤灰、工业废渣等特殊填料，或处于特殊干旱或特殊潮湿地区时，在保证路基强度和回弹模量要求的前提下，通过试验论证，压实度标准可降低1%～2%。

（2）击实试验　确定标准最大干密度的常用方法为击实试验法。在实验室内，用于研究土的击实性的实验称为击实试验，即用击实仪测定土的密度和含水率的关系，从而确定土的最大干密度和最佳含水率。目前我国通用的击实仪有两种，即轻型击实仪和重型击实仪，根据击实土的最大粒径，分别采用两种不同规格的击实仪。轻型击实仪适用于粒径小于 5mm 的黏性土；重型击实仪适用于粒径小于 20mm 的土。

击实试验时，将不同含水率的土样（不少于 5 个）分层装入击实筒内，按要求摊铺击实，测定土样的密度和含水率，即可换算出土的干密度。这样便得到一组对应于不同含水率的干密度数据，以干密度为纵坐标，含水率为横坐标绘制土的击实曲线，如图 2-9 所示，这是研究土的压实特性的基本关系图。

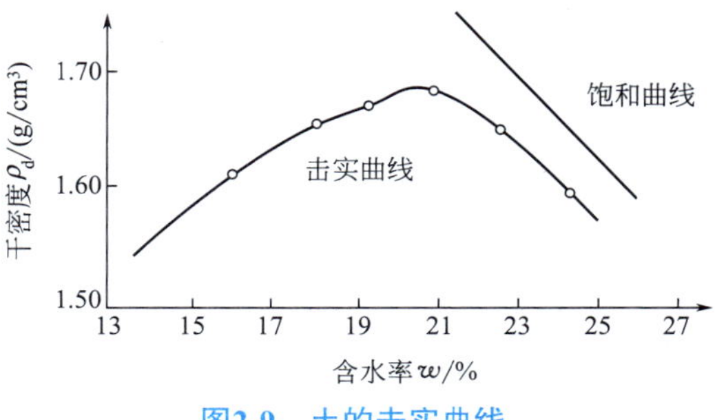


图2-9　土的击实曲线

击实曲线具有如下特点。

① 击实曲线有一个峰值，此处的干密度最大，称为最大干密度，与之对应的含水率为最佳含水率（最优含水率）。在一定的击实功作用下，只有土样处于最佳含水率时，土才能被击实至最大干密度，这时候的压实效果也最好。最佳含水率与土的塑限接近。

② 击实曲线与饱和曲线的位置关系。理论饱和曲线表示当土处于饱和状态时的 $\rho_d$-$w$ 的关系。击实曲线位于饱和曲线的左侧，表明击实土不可能被击实到完全饱和状态。试验证明，黏性土在最佳击实情况下（击实曲线峰值），其饱和度通常约为 80% 左右。这表明当土的含水率接近和大于最佳值时，土孔隙中的气体越来越处于与大气不连通的状态，击实作用已不能将其排出土体外。

（3）土的压实特性的机理　土的压实特性与土的组成与结构、土颗粒的表面情况、毛细管压力、孔隙水和孔隙气压力等均有关系，其机理十分复杂，但可以按以下思路作简单理解。压实的作用是使土块变形和结构调整以致密实，在松散湿土的含水率处于偏干状态时，由于粒间引力使土保持比较疏松的凝聚结构，土中孔隙大都相互连通，水少而气多，在一定的外部压实功能作用下，虽然土孔隙中气体易被排出，密度可以增大，但由于较薄的强结合水膜润滑作用不明显以及外部压实功不足以克服粒间引力，土粒相对移动便不显著，因此压实效果比较差；含水量逐渐加大时，水膜变厚、土块变软，粒间引力减弱，施以外部压实功能使土粒移动，加上水膜的润滑作用，压实效果较好；在最佳含水率附近时，土中所含的水量最有利于土粒受击时发生相对移动，以致能达到最大干容重；当含水率再增加到偏湿状态时，孔隙中出现了自由水，击实时不能使土中多余的水和气体排出，从而孔隙压力升高，抵消了部分击实功，击实效率反而下降，这便出现了如图 2-9 击实曲线右段所示的干密度下降的趋势。在排水不畅的情况下，过多次数的反复击实，有时会导致土体密度不加大而土体结构被破坏的后果，出现工程上所谓的“橡皮土”现象，应注意加以避免。

（4）影响压实效果的因素　大量的工程实践和试验研究表明，影响土的压实效果的主要因素有：土的含水率、压实功能、土的类别和颗粒级配。

① 含水率。含水率的大小对土的压实效果影响极大，土的压实机理表明，不同的含水率使土中颗粒间的作用力发生了变化，改变了土的结构与状态，从而在一定的压实功能下，改变着土的压实效果。

② 压实功能。压实功能是除含水率之外的另一个影响土的压实效果的重要因素。压实功能是指压实工具的重量、碾压的次数或落锤高度、作用时间等。

一般来说，压实功能越大，土的干密度越大，土也就越密实，但增加压实功能应有一定的限度和条件，因为压实功能增加到一定限度以上，压实效果提高得十分缓慢。另外，当土偏干时，增加压实功能效果显著，土偏湿时则收效不大，甚至适得其反。

③ 土的类别和颗粒级配。在同一击实功能作用下，不同土类的击实特性差别很大，土的颗粒大小、级配、矿物成分和添加材料也对压实效果有影响。

颗粒较粗的土容易在低含水率时获得较大的干密度；同一击实功作用下，颗粒级配良好的土比颗粒均匀的土的干密度要大；在土中添加少量的木质素和铁基材料可改善土的压实效果。

干燥砂土在压力与振动作用下，容易密实；稍湿的砂土，因为有毛细压力作用使砂土互相靠紧，阻止颗粒移动，击实效果不好；饱和砂土由于没有毛细压力，击实效果较好。

## 二、黏性土的灵敏度和触变性

天然状态的黏性土都具有一定的结构性，由结构性形成的强度称结构强度，即土的内聚力作用，这种结构强度在土的强度组成中占有很重要的地位。当土体受到扰动时，如开挖、震动、打桩等，结构强度很容易受到破坏，而使土的强度显著降低，压缩性大大增加，这种变化用土的灵敏度表示。土的灵敏度就是在不排水条件下，原状土的无侧限抗压强度与重塑土的无侧限抗压强度之比，用 $S_t$ 表示。

重塑是指在含水率不变的前提下将土体完全扰动（搅成粉末状）后，又将其压实成和原状土同等密实的状态。土的灵敏度越大，则表示原状土受扰动后强度降低越严重。工程上对灵敏度高低的判断标准见表 2-7。

表 2-7　黏性土灵敏度判断标准

| 灵敏度值 | $S_t \leqslant 1$ | $1 < S_t \leqslant 2$ | $2 < S_t \leqslant 4$ | $4 < S_t \leqslant 8$ | $8 < S_t \leqslant 16$ | $S_t > 16$ |
|---|---|---|---|---|---|---|
| 灵敏度判断 | 不灵敏 | 低灵敏 | 中等灵敏 | 灵敏 | 高灵敏 | 流动 |

黏性土与灵敏度密切相关的另一个特性称触变性。饱和及近饱和的黏性土、粉土，本来处于可塑状态，当受到扰动如震动、打桩等，土的结构受到破坏，强度显著降低，物理状态会变成流动状态。其中的自由水产生流动，部分弱结合水在震动作用下也会脱离土颗粒而成为自由水析出。但在扰动作用停止后，经过一段时间，土颗粒和水分子及离子会重新组合排列，形成新的结构，又可以逐步恢复原来的强度和物理状态。被扰动黏性土的这种强度随时间推移而逐渐恢复的胶体化学性质称为土的触变性。

在施工中应注意触变性带来的破坏作用，如基坑坍塌、道路翻浆等。采用深层挤密类的方法进行地基处理时，在下道工序进行之前，应注意让地基静置一段时间以便恢复强度。

## 三、影响土的力学性质的因素

不同土的力学性质相差很大，其主要因素如下。

（1）土质与颗粒级配　砂类土由于孔隙较大，排水较快，因此其压缩过程即可完成，而对于黏性土和粉土来说，要达到压缩稳定就需要较长的时间。

对黏性土来说，其黏粒含量越高，抗剪性就越好；对于砂性土，如果粗颗粒较多、颗粒形状不规则、表面粗糙，则其内摩擦角就越大，抗剪性越好。同一种土的颗粒级配越好，其强度就越高，其抗剪性与压实性也就较好。

（2）含水率　土的含水率越高，土就越软，其抗剪性就越差；对于土的压实性来说，存在一个最佳含水率，低于或高于这个含水率，土的压实性都会变差。

灵敏度和触变性是黏性土特有的力学性质，一般说来，随着土体含水率的增大，灵敏度和触变性也会增强。饱和软黏性土的灵敏度很高，沿海新近沉积的淤泥和淤泥质土的灵敏度可达几十甚至更高。对于高灵敏度的黏性土，施工时要特别注意尽量避免扰动土体，否则，土的物理、力学性质指标变化很大，对工程影响不利。

（3）土的应力状态　对于超固结土和正常固结土来说，其内部应力较高，颗粒排列比较紧密，相应的抗剪性就较好而压缩性较差；对于欠固结土，则是压缩性较大而抗剪性较差。

# 任务四　土的工程分类

土在形成的过程中，由于受到内外界各种因素的影响，它的成分、结构和性质千变万化，与其对应的工程性质也千差万别。土的工程分类就是根据土的工程性质的特征将土划分成一定的类别，其目的在于：

① 人们有可能根据同类土已知的工程性质去评价某类土的性质；

② 根据土的类别，可以合理确定分析研究的侧重面；

③ 当土的工程性质不能满足实际要求时，也需根据土的类别提出相应的改良方法和处理措施。

20 世纪初期，瑞典土壤学家阿太堡（A. Atterberg）提出了土的粒组划分方法和土的液限、塑限的测定方法，为近代土分类系统的形成奠定了基础。到 20 世纪 40 年代末 50 年代初，土的工程分类已逐步成熟，形成了不同的分类体系。我国在 20 世纪 80 年代到 90 年代制定的一批规范，发展和丰富了土的分类系统，使我国的岩土分类学达到了一个新水平。

由于各部门对土的工程性质的着眼点不完全相同，因而目前国内外还没有统一的土分类标准，但一般应遵循下列原则：

① 粗粒土按粒度成分及级配特征划分；

② 细粒土按塑限指数和液限划分；

③ 有机土和特殊土则分别单独各列为一类；

④ 对定出的土名以明确含义的文字符号。

本任务主要介绍常用的土的工程分类方法。

## 一、建筑工程中地基土的分类法

建筑工程中，土是作为地基来承受建筑物的荷载的，其分类侧重于土的工程性质，特别是强度和变形与地质成因的关系。

《建筑地基基础设计规范》（GB 50007—2011）将地基土（岩）分为岩石、碎石土、砂土、粉土、黏性土和人工填土。

### 1. 岩石分类

岩石是指颗粒间牢固黏结，呈整体或具有节理裂隙的岩体。

（1）岩石按坚硬程度分类　岩石按坚硬程度分为坚硬岩、软硬岩、较软岩、软岩和极软岩，见表 2-8。

岩石按风化程度可分为未风化、微风化、中风化、强风化和全风化。

（2）岩石按完整程度分类　岩石的完整程度按表 2-9 划分为完整、较完整、较破碎、破碎和极破碎。

### 2. 碎石土分类

碎石土是指粒径大于 2mm 的颗粒含量超过全重 50% 的土。碎石土根据粒组含量和颗粒形状分为漂石或块石、卵石或碎石、圆砾或角砾，其划分标准见表 2-10。

表2-8　岩石坚硬程度的划分

| 名称 | | 饱和单轴抗压强度标准值$f_{rk}$/MPa | 定性鉴定 | 代表性岩石 |
|---|---|---|---|---|
| 硬质岩 | 坚硬岩 | ＞60 | 锤击声清脆，有回弹，难击碎，基本无吸水反应 | 未风化至微风化的花岗岩、闪长岩、辉绿岩、玄武岩、安山岩、片麻岩、石英岩、硅质砾岩、石英砂岩、硅质石灰岩等 |
| | 软硬岩 | $60 \geqslant f_{rk} > 30$ | 锤击声较清脆，有轻微回弹，稍震手，较难击碎，有轻微吸水反应 | （1）微风化的坚硬岩<br>（2）未风化至微风化的大理岩、板岩、石灰岩、钙质砂岩等 |
| 软质岩 | 较软岩 | $30 \geqslant f_{rk} > 15$ | 锤击声不清脆，无回弹；指甲可刻出印痕 | （1）中风化的坚硬岩和较硬岩<br>（2）未风化至微风化的凝灰岩、千枚岩、砂质岩、泥灰岩等 |
| | 软岩 | $15 \geqslant f_{rk} > 5$ | 锤击声哑，无回弹，有凹痕，易击碎；浸水后可捏成团 | （1）强风化的坚硬岩和较硬岩<br>（2）中风化的较软岩<br>（3）未风化至微风化的泥质砂岩、泥岩等 |
| 极软岩 | | $f_{rk} \leqslant 5$ | 锤击声哑，无回弹，有较深凹痕，手可捏碎；浸水后可捏成团 | （1）风化的软岩<br>（2）全风化的各种岩石<br>（3）各种半成岩石 |

表2-9　岩石完整程度的划分

| 名称 | 完整性指数 | 控制性结构面平均间距 /m | 相应结构类型 |
|---|---|---|---|
| 完整 | ＞0.75 | ＞1.0 | 整体状或巨厚层状结构 |
| 较完整 | 0.75 ~ 0.55 | 0.4 ~ 1.0 | 块状或厚层状结构 |
| 较破碎 | 0.55 ~ 0.35 | 0.2 ~ 0.4 | 裂隙块状、镶嵌状、中薄层状结构 |
| 破碎 | 0.35 ~ 0.15 | ＜0.2 | 碎裂状结构、页状结构 |
| 极破碎 | ＜0.15 | 无序 | 散体状结构 |

注：完整性指数为岩石纵波波速与岩块纵波波速之比的平方。选定岩石、岩块测定波速时应注意其代表性。

表2-10　碎石土的分类

| 土的名称 | 颗粒形状 | 粒组含量 |
|---|---|---|
| 漂石<br>块石 | 圆形及亚圆形为主<br>棱角形为主 | 粒径大于 200mm 的颗粒含量超过全重的 50% |
| 卵石<br>碎石 | 圆形及亚圆形为主<br>棱角形为主 | 粒径大于 20mm 的颗粒含量超过全重的 50% |
| 圆砾<br>角砾 | 圆形及亚圆形为主<br>棱角形为主 | 粒径大于 2mm 的颗粒含量超过全重的 50% |

注：分类时应根据粒组含量由大到小以最先符合者确定。

### 3. 砂土分类

砂土是指粒径大于 2mm 的颗粒含量不超过全重的 50%，且粒径大于 0.075mm 的颗粒含量超过全重的 50% 的土。按粒组含量砂土分为砾砂、粗砂、中砂、细砂和粉砂，其划分标准见表 2-11。

### 4. 粉土分类

粉土是指粒径大于 0.075mm 的颗粒含量不超过全重的 50%，且塑性指数 $I_p \leqslant 10$ 的土。粉土是介于砂土和黏性土之间的过渡性土类，必要时可根据黏粒含量将粉土划分为砂质粉土和黏质粉土，见表 2-12。

表2-11　砂土的分类

| 土的名称 | 粒组含量 | 土的名称 | 粒组含量 |
|---|---|---|---|
| 砾　砂 | 粒径大于2mm的颗粒含量占全重的25%～50% | 细　砂 | 粒径大于0.075mm的颗粒含量超过全重的85% |
| 粗　砂 | 粒径大于0.5mm的颗粒含量超过全重的50% | 粉　砂 | 粒径大于0.075mm的颗粒含量超过全重的50% |
| 中　砂 | 粒径大于0.25mm的颗粒含量超过全重的50% | | |

注：分类时应根据粒组含量由大到小以最先符合者确定。

表2-12　粉土的分类

| 土的名称 | 粒组含量 |
|---|---|
| 砂质粉土 | 粒径小于0.005mm的颗粒不超过全重的10% |
| 黏质粉土 | 粒径小于0.005mm的颗粒超过全重的10% |

### 5. 黏性土分类

黏性土是指塑性指数$I_p>10$的土，按塑性指数$I_p$的大小，黏性土可分为黏土和粉质黏土两类，见表2-13。

表2-13　黏性土的分类

| 土的名称 | 塑性指数$I_p$ |
|---|---|
| 黏土 | $I_p>17$ |
| 粉质黏土 | $10<I_p\leqslant17$ |

注：塑性指数由相应于76g圆锥体沉入土样中深度为10mm时测定的液限计算而得。

黏性土按形成年代分类，分为老黏性土、一般黏性土和新沉积的黏性土。

（1）老黏性土　距今约15万年第四纪晚更新世（$Q_3$）及以前沉积的黏性土。因沉积年代久远，在自重应力作用下，具有较低的压缩性和较高的强度。

（2）一般黏性土　距今约2.5万年第四纪全新世（$Q_4$）（文化期以前）以前沉积的黏性土，分布最广，工程性质变化大，是常见的地基土。

（3）新近沉积的黏性土　距今约2.5万年文化期以来沉积的黏性土，这类土体一般在自重应力作用下，还未完全固结，因此，其强度较低，压缩性较大。该类土野外鉴别方法见表2-14。

表2-14　新近沉积的黏性土野外鉴别方法

| 沉积环境 | 颜色 | 结构性 | 包含物 |
|---|---|---|---|
| 河漫滩和山前洪、冲积扇（锥）的表层；古河道；已填塞的湖塘、沟谷；河道泛滥区 | 颜色较深而暗，呈褐色、暗黄色或灰色，含有机质较多时带灰黑色 | 结构性差，用手扰动原状土时，极易变软，塑性较低的土还有振动水析现象 | 在完整的剖面中无原生的粒状结核体，但可能含有圆形及亚圆形的钙质结核体（如姜结石）或贝壳等，在城镇附近可能含有少量碎砖、瓦片、陶瓷、铜币或朽木等人类活动的遗物 |

### 6. 人工填土分类

人工填土是指由于人类活动而形成的堆积物，其物质成分复杂，均匀性差。根据其物质组成和成因，可分为素填土、杂填土和冲填土。

（1）素填土　素填土指的是由碎石、砂土、粉土、黏性土等组成的填土，不含杂质或含杂质很少。按组成主要成分又可分为：碎石素填土、砂性素填土、粉性素填土和黏性素填土。经分层压实或夯实的素填土称为压实填土。

（2）杂填土　杂填土为含有建筑垃圾、工业废料、生活垃圾等杂物的填土。按主要成分可分为建筑垃圾土、工业废料土和生活垃圾土。

（3）冲填土　冲填土是由水力冲填泥砂形成的填土。

人工填土的工程性质与天然沉积土比较起来有很大的不同，主要体现如下。

① 物质成分十分复杂，有天然土成分，也有人类活动产生的垃圾。

② 工程性质很不均匀，分布与厚度无规律性。

③ 具有较大的孔隙比，压缩性很高，是一种欠固结土。

④ 具有湿陷性。

除了上述几种土类以外，还有一些特殊土，包含淤泥和淤泥质土、红黏土、膨胀土和湿陷性黄土等。此类土具有特殊的工程性质，在单元三将做详细介绍。

## 二、公路桥涵地基土的分类法

在《公路桥涵地基与基础设计规范》（JTG 3363—2019）中，把土作为建筑物场地和建筑地基进行分类。首先按颗粒级配或塑性指数划分为岩石、碎石土、砂土、粉土、黏性土和特殊性岩土。各类土的划分标准如下。

### 1. 岩石

岩石指颗粒间连接牢固、呈整体或具有节理裂隙的地质体。

### 2. 碎石土

碎石土指粒径大于 2mm 的颗粒含量超过总质量 50% 的土。再根据颗粒级配及形状按表 2-15 细分为漂石、块石、卵石、碎石、圆砾和角砾。

表 2-15　碎石土的分类

| 名称 | 颗粒形状 | 粒组含量 |
|---|---|---|
| 漂石 | 圆形及亚圆形为主 | 粒径大于 200mm 的颗粒含量超过总质量的 50% |
| 块石 | 棱角形为主 | |
| 卵石 | 圆形及亚圆形为主 | 粒径大于 20mm 的颗粒含量超过总质量的 50% |
| 碎石 | 棱角形为主 | |
| 圆砾 | 圆形及亚圆形为主 | 粒径大于 2mm 的颗粒含量超过总质量的 50% |
| 角砾 | 棱角形为主 | |

注：分类时应根据粒组含量由大到小，以最先符合者确定。

### 3. 砂土

砂土指粒径大于 2mm 的颗粒含量不超过总质量的 50%，且粒径大于 0.075mm 的颗粒超过总质量 50% 的土。再根据颗粒级配按表 2-16 分为砾砂、粗砂、中砂、细砂和粉砂。

表 2-16　砂土的分类

| 土的名称 | 颗粒级配 |
|---|---|
| 砾砂 | 粒径大于 2mm 的颗粒含量占总质量的 25%～50% |
| 粗砂 | 粒径大于 0.5mm 的颗粒含量超过总质量的 50% |
| 中砂 | 粒径大于 0.25mm 的颗粒含量超过总质量的 50% |
| 细砂 | 粒径大于 0.075mm 的颗粒含量超过总质量的 85% |
| 粉砂 | 粒径大于 0.075mm 的颗粒含量超过总质量的 50% |

注：分类时应根据粒组含量由大到小，以最先符合者确定。

### 4. 黏性土

黏性土指塑性指数 $I_p$＞10 且粒径大于 0.075mm 的颗粒含量不超过总质量 50% 的土。再根据塑性指数 $I_p$ 的大小按表 2-13 细分为黏土和粉质黏土。

另外，对于黏性土，按其沉积年代可分以下几类。

① 老黏性土　第四纪晚更新世（$Q_3$）以及 $Q_3$ 以前的沉积黏性土。

② 一般黏性土　第四纪全新世（$Q_4$）（文化期以前）沉积的黏性土。

③ 新近沉积黏性土　文化期以后沉积的黏性土。

### 5. 特殊性岩土

特殊性岩土指具有一些特殊成分、结构和性质的区域性地基土，包括软土、膨胀土、湿陷性土、红黏土、冻土、盐渍土和填土等。

人工填土指由于人类活动而形成的填积物。根据物质组成，堆积方式又分为如下几类。

① 素填土　由碎石土、砂土、黏性土等组成的填土，经过压实或夯实的称为压实填土。

② 杂填土　由含有建筑垃圾、工业废料、生活垃圾等杂物形成的填土。

③ 冲填土　由水力充填泥砂形成的填土。

包括淤泥和淤泥质土、红黏土等特殊性土将在下一单元中做详细介绍。

## 三、公路路基土的分类法

在道路工程中，土作为建筑材料，用于路堤、土坝和填土地基等方面。对土的分类侧重于土的组成方面，不考虑土的天然结构性。

《公路土工试验规程》（JTG E40—2007）中提出了公路工程用土的分类标准，将土分为巨粒土、粗粒土、细粒土和特殊土，如图 2-10 所示。

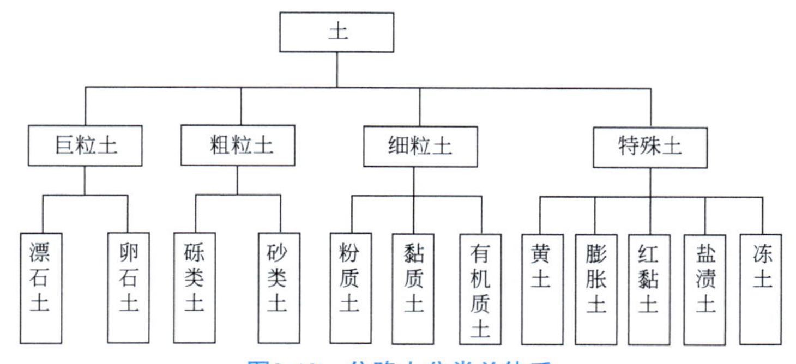


图2-10　公路土分类总体系

土的粒组划分见表 2-17。

表2-17　粒组划分　　单位：mm

| 巨粒组 | | 粗粒组 | | | | | | 细粒组 | |
|---|---|---|---|---|---|---|---|---|---|
| 漂石（块石） | 卵石（小块石） | 砾（角砾） | | | 砂 | | | 粉粒 | 黏粒 |
| | | 粗 | 中 | 细 | 粗 | 中 | 细 | | |
| ≤200 | 60～200 | 20～60 | 5～20 | 2～5 | 0.5～2 | 0.25～0.5 | 0.075～0.25 | 0.002～0.075 | ＜0.002 |

现将《公路土工试验规程》中的分类标准简介如下。

### 1. 分类符号

公路土的分类符号见表 2-18。

表2-18　公路土的分类符号

| 特征＼符号＼土类 | 巨粒土 | 粗粒土 | 细粒土 | 特殊土 |
|---|---|---|---|---|
| 成分 | B——漂石<br>Ba——块石<br>Cb——卵石<br>Cba——小块石 | G——砾<br>Ga——角砾<br>S——砂 | F——细粒土（C和M合称）<br>C——黏土<br>M——粉土<br>O——有机质土<br>Sl——混合土（粗、细土合称） | Y——黄土<br>E——膨胀土<br>R——红黏土<br>St——盐渍土<br>Ft——冻土 |
| 级配或土性 | | W——良好级配<br>P——不良好级配 | H——高液限<br>L——低液限 | |

## 2. 分类总体系

公路土分类总体系如图 2-10 所示。土类名称可用一个基本代号表示：当由两个基本代号构成时，第一个代号表示土的主成分，第二个代号表示副成分（土的液限或土的级配）。当由三个基本代号构成时，第一个代号表示土的主成分，第二个代号表示液限的高低（或级配的好坏），第三个代号表示土中所含次要成分。

土类的名称和代号见表 2-19。

表2-19　土类的名称和代号

| 名称 | 代号 | 名称 | 代号 | 名称 | 代号 |
|---|---|---|---|---|---|
| 漂石 | B | 级配良好砂 | SW | 含砾低液限黏土 | CLG |
| 块石 | Ba | 级配不良砂 | SP | 含砂高液限黏土 | CHS |
| 卵石 | Cb | 粉土质砂 | SM | 含砂低液限黏土 | CLS |
| 小块石 | Cba | 黏土质砂 | SC | 有机质高液限黏土 | CHO |
| 漂石夹土 | BSl | 高液限粉土 | MH | 有机质低液限黏土 | CLO |
| 卵石夹土 | CbSl | 低液限粉土 | ML | 有机质高液限粉土 | MHO |
| 漂石质土 | SlB | 含砾高液限粉土 | MHG | 有机质低液限粉土 | MLO |
| 卵石质土 | SlCb | 含砾低液限粉土 | MLG | 黄土（低液限黏土） | CLY |
| 级配良好砾 | GW | 含砂高液限粉土 | MHS | 膨胀土（高液限黏土） | CHE |
| 级配不良砾 | GP | 含砂低液限粉土 | MLS | 红土（高液限粉土） | MHR |
| 细粒质砾 | GF | 高液限黏土 | CH | 红黏土 | R |
| 粉土质砾 | GM | 低液限黏土 | CL | 盐渍土 | St |
| 黏土质砾 | GC | 含砾高液限黏土 | CHG | 冻土 | Ft |

## 3. 巨粒土分类

① 巨粒土应按图 2-11 定名和分类。

a. 巨粒组质量大于总质量 75% 的土称漂（卵）石。

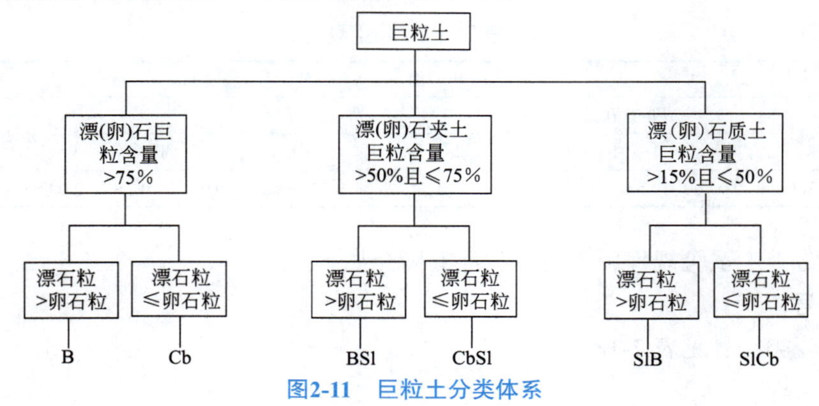


图2-11　巨粒土分类体系

b. 巨粒组质量为总质量 50%～75%（含 75%）的土称漂（卵）石夹土。

c. 巨粒组质量为总质量 15%～50%（含 50%）的土称漂（卵）石质土。

d. 巨粒组质量小于或等于总质量 15% 的土，可扣除巨粒，按粗粒土或细粒土的相应规定分类定名。

② 漂（卵）石按下列规定定名。

a. 漂石粒组质量大于卵石粒组质量的土称漂石，记为 B。

b. 漂石粒组质量小于或等于卵石粒组质量的土称卵石，记为 Cb。

③ 漂（卵）石夹土按下列规定定名。

a. 漂石粒组质量大于卵石粒组质量的土称漂石夹土，记为 BSl。

b. 漂石粒组质量小于或等于卵石粒组质量的土称卵石夹土，记为 CbSl。

④ 漂（卵）石质土按下列规定定名。

a. 漂石粒组质量大于卵石粒组质量的土称漂石质土，记为 SlB。

b. 漂石粒组质量小于或等于卵石粒组质量的土称卵石质土，记为 SlCb。

c. 如有必要，可按漂（卵）石质土中的砾、砂、细粒土含量定名。

**4. 粗粒土的分类**

① 巨粒组土粒质量小于或等于总质量 15%，且巨粒组土粒与粗粒组土粒质量之和大于总土质量 50% 的土称粗粒土。

② 粗粒土中的砾粒组质量大于砂粒组质量的土称砾类土。砾类土应根据其中的细粒含量和类别以及粗粒组的级配进行分类。分类体系如图 2-12 所示。

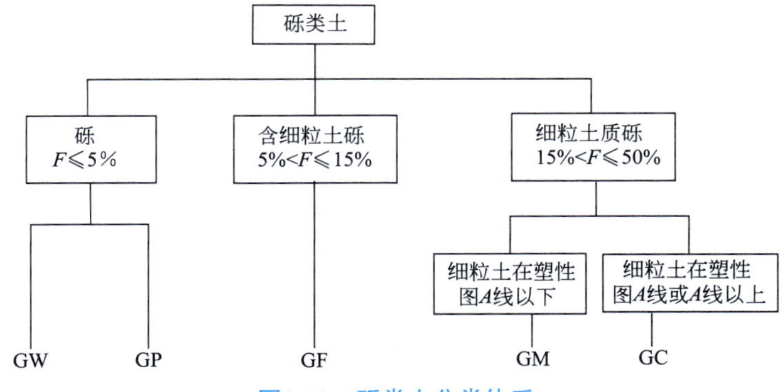


图2-12　砾类土分类体系

a. 砾类土中的细粒组质量小于或等于总质量 5% 的土称砾，按下列级配指标定名。

ⓐ 当 $C_u \geq 5$，且 $C_c$ 为 1～3 时，称级配良好砾，记为 GW。

ⓑ 不同时满足ⓐ中的条件时，称级配不良砾，记为 GP。

b. 砾类土中的细粒组质量为总质量 5%～15%（含 15%）的土称含细粒土砾，记为 GF。

c. 砾类土中的细粒组质量大于总质量 15%，并小于或等于总质量 50% 的土称细粒土质砾，按细粒土在图 2-13 塑性图中的位置定名。

ⓐ 当细粒土位于图 2-13 塑性图 *A* 线以下时，称粉土质砾，记为 GM。

ⓑ 当细粒土位于图 2-13 塑性图 *A* 线或 *A* 线以上时，称黏土质砾，记为 GC。

③ 粗粒土中的砾粒组质量小于或等于砂粒组质量的土称砂类土。砂类土应根据其中的细粒含量和类别以及粗粒组的级配进行分类。分类体系如图 2-14 所示。

根据粒径分组由大到小，以首先符合者命名。

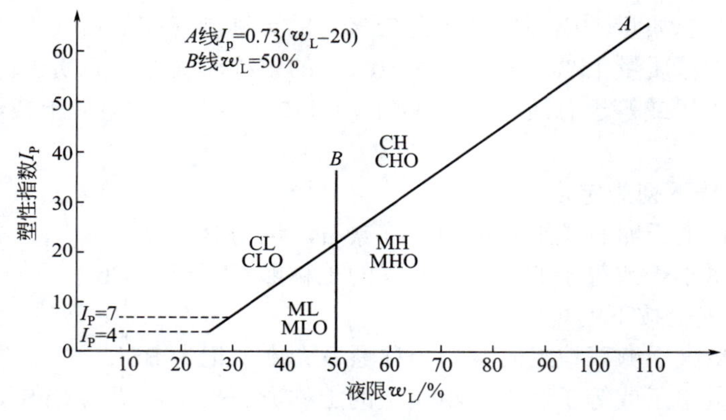


图2-13 塑性图

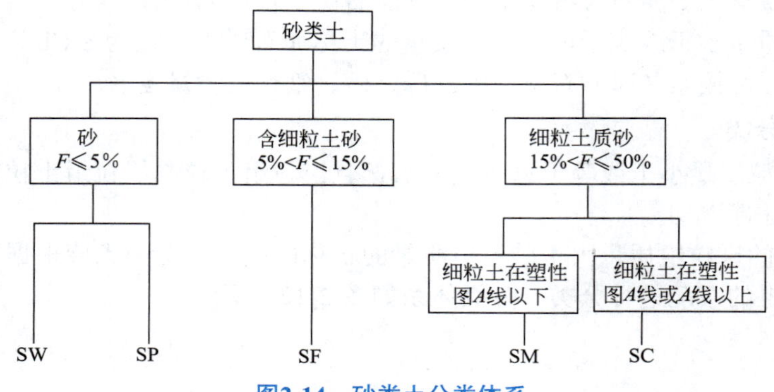


图2-14 砂类土分类体系

注：需要时砂可进一步细分为粗砂、中砂和细砂，
粗砂为粒径大于0.5mm颗粒质量大于总质量50%；中砂为粒径大于0.25mm颗粒质量
大于总质量50%；细砂为粒径大于0.075mm颗粒质量大于总质量75%

a. 砂类土中的细粒组质量小于或等于总质量 5% 的土称砂，按下列级配指标定名。

ⓐ 当 $C_u \geqslant 5$，且 $C_c$ 为 1～3 时，称级配良好砂，记为 SW。

ⓑ 不同时满足ⓐ中的条件时，称级配不良砂，记为 SP。

b. 砂类土中的细粒组质量为总质量 5%～15%（含 15%）的土称含细粒土砂，记为 SF。

c. 砂类土中的细粒组质量大于总质量 15%，并小于或等于总质量 50% 的土称细粒土质砂，按细粒土在图 2-13 塑性图中的位置定名。

ⓐ 当细粒土位于图 2-13 塑性图 *A* 线以下时，称粉土质砂，记为 SM。

ⓑ 当细粒土位于图 2-13 塑性图 *A* 线或 *A* 线以上时，称黏土质砂，记为 SC。

**5. 细粒土的分类**

① 试样中的细粒组土粒质量大于或等于总质量50%的土称细粒土，分类体系如图2-15所示。

② 细粒土应按下列规定划分。

a. 细粒土中的粗粒组质量小于或等于总质量 25% 的土称粉质土或黏质土。

b. 细粒土中的粗粒组质量为总质量 25%～50%（含 50%）的土称含粗粒的粉质土或含粗粒的黏质土。

c. 试样中有机质含量大于或等于总质量 5%，且小于总质量 10% 的土称有机质土。试样中有机质含量大于或等于 10% 的土称为有机土。

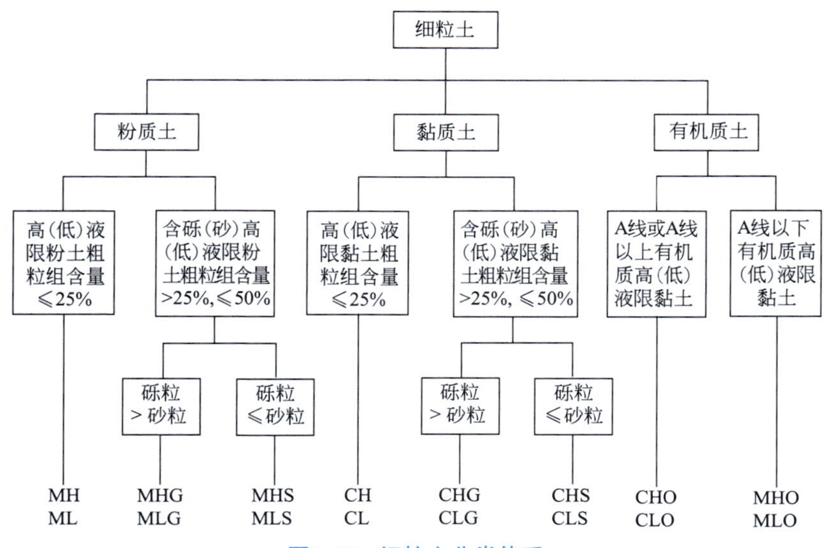


图2-15　细粒土分类体系

③ 细粒土应按塑性图分类，该“分类”的塑性图（图 2-13）采用下列液限分区：

$$低液限\quad w_L<50\%;\ 高液限\quad w_L\geqslant 50\%$$

④ 细粒土应按其在图 2-13 塑性图中的位置确定土名称。

a. 当细粒土位于图 2-13 *A* 线或 *A* 线以上时，按下列规定定名。

在图 2-13 *B* 线或 *B* 线以右，称高液限黏土，记为 CH；

在图 2-13 *B* 线以左，$I_p$=7 线以上，称低液限黏土，记为 CL。

b. 当细粒土位于图 2-13 *A* 线以下时，按下列规定定名。

在图 2-13 *B* 线或 *B* 线以右，称高液限粉土，记为 MH；

在图 2-13 *B* 线以左，$I_p$=4 线以下，称低液限粉土，记为 ML。

c. 黏土～粉土过渡区（CL～ML）的土可以按相邻土层的类别考虑细分。

⑤ 含粗粒的细粒土应先按④的规定确定细粒土部分的名称，再按以下规定最终定名。

a. 当粗粒组中的砾粒组质量多于砂粒组质量时，称含砾细粒土，应在细粒土代号后缀以代号“G”。

b. 当粗粒组中的砂粒组质量大于或等于砾粒组质量时，称含砂细粒土，应在细粒土代号后缀以代号“S”。

⑥ 土中有机质包括未完全分解的动植物残骸和完全分解的无定形物质。后者多呈黑色、青黑色或暗色，有臭味，有弹性和海绵感。通过目测、手摸及嗅觉判别。

当不能判定时，可采用下列方法，将试样在 105～110℃的烘箱中烘烤。若烧烤 24h 后试样的液限小于烘烤前的 3/4，该试样为有机质土，当需要测有机质含量时，按有机质含量试验进行。

⑦ 有机质土应根据图 2-13 塑性图按下列规定定名。

a. 位于图 2-13 *A* 线或 *A* 线以上时：

在图 2-13 *B* 线以右，称有机质高液限黏土，记为 CHO；

在图 2-13 *B* 线以左，$I_p$=7 线以上，称有机质低液限黏土，记为 CLO。

b. 位于图 2-13 塑性图 *A* 线以下时：

在图 2-13 *B* 线或 *B* 线以右，称有机质高液限粉土，记为 MHO；

在图 2-13 *B* 线以左，$I_p$=4 线以下，称有机质低液限粉土，记为 MLO。

c. 黏土～粉土过渡区（CL～ML）的可以按相邻土层的类别考虑细分。

【例2-3】 某饱和土样含水量为32%，液限为30%，塑限为19%，试按塑性指数分类法为土样定名，并求其液性指数。

解 塑性指数 $I_p=w_L-w_p=30-19=11$

$$液性指数 I_L=\frac{w-w_p}{w_L-w_p}=\frac{32-19}{30-19}=1.18$$

按表 2-13 的规定定名该土样为粉质黏土。

【例2-4】 某砂土试样筛分结果见表2-20，确定该土的名称。

表2-20 某砂土样的筛分结果

| 粒径 /mm | ＜0.075 | 0.075 ～ 0.25 | 0.25 ～ 0.5 | 0.5 ～ 1.0 | ＞1.0 |
|---|---|---|---|---|---|
| 粒组含量 /% | 5.0 | 30.0 | 45.0 | 15.0 | 5.0 |

解 按照定名时粒径分组由大到小以最先符合者为准的原则。

（1）粒径大于 0.5mm 的颗粒，其含量占全部质量的百分数为：

$$15\%+5\%=20\%<50\%$$

故土样不能定名为粗砂。

（2）粒径大于 0.25mm 的颗粒，其含量占全部质量的百分数为：

$$45\%+15\%+5\%=65\%>50\%$$

按表 2-11 该土样可定名为中砂。

小 结

本单元讲述了土的物理性质、水理性质和力学性质，这些是土力学的基础知识，必须熟练掌握并理解。本单元也介绍了土的工程分类，在实际工作中，它有广泛的应用。

土的物理性质包括土的三相图的应用、土的基本物理性质指标和其他物理性质指标。土的基本物理性质指标包括土的密度、土粒相对密度和土的含水率；其他物理性质指标包括土的孔隙比和孔隙率、土的干密度、饱和密度和有效密度、土的饱和度。通过这部分内容的学习，能根据指标判别土的性状；利用三相简图进行指标间的相互换算；利用换算公式对土的物理指标进行计算；掌握测定土的密度、含水率的试验方法。

土的水理性质包括土的毛细性、土的冻胀性、黏性土的稠度和可塑性。土的毛细性阐述了土的毛细现象的原理；土的冻胀性简述了土的冻胀规律，在路基设计和施工中应该如何避免冻胀的危害。黏性土的稠度和可塑性包括黏性土的液塑限、塑性指数和液性指数的定义和计算及应用。

土的基本力学性质具有重要的工程意义，是路基和基础工程设计必须考虑的重要因素，其内容十分丰富，力学机理十分复杂，本单元仅对其力学特性进行简单阐述，后续单元会对此做进一步的论述。

土的工程分类内容均为工程实践经验的总结。土的分类方法着重于三个规范与规程的分类法：《建筑地基基础设计规范》《公路桥涵地基与基础设计规范》和《公路土工试验规程》，其中前两个规范分类法基本相同。

## 能力训练

### 一、思考题

1. 土的基本物理指标有哪几个？

2. 土的天然密度$\rho$、干密度$\rho_d$、饱和密度$\rho_{sat}$和有效密度$\rho'$几个概念之间有什么关系？试比较同一种土的这几种密度的大小。

3. 简述含水率、孔隙比和孔隙率三个概念，其中哪些指标的数值一定小于1？为什么？

4. 土中毛细水上升的原因是什么？哪种土中毛细作用最显著？

5. 工程中防止冻胀的措施有哪些？

6. 土的液性指数是否会出现大于1和小于0的情况？

7. 土的力学性质主要有哪些？各有什么工程意义？

8. 土体的压缩过程中，实际上体积被压缩的主要是哪部分？

9. 土的最佳含水率如何确定？有什么工程意义？

10. 对于灵敏度很高的黏土，施工中应采取哪些措施来防止其不利影响？

11. 地基土怎样按其工程性质进行分类？

12. 现行的《公路土工试验规程》与《公路桥涵地基与基础设计规范》对土质分类有何异同？

13. 简述碎石类土、砂类土的描述内容。

### 二、习题

1. 某地基土样数据如下：环刀体积60cm$^3$，湿土质量120.4g，干土质量99.2g，土粒相对密度为2.71，试计算：天然含水量、天然重度、干重度、孔隙比。

2. 已知一黏性土试样，土粒密度为2.70kg/m$^3$，天然重度为17.5kN/m$^3$，含水率为35%，试问该土样是否饱和？饱和度多少？

3. 已知某地基土试样有关数据如下。（1）天然重度18.4kN/m$^3$，干重度13.2kN/m$^3$。（2）液限试验：取湿土14.5g，烘干后重10.3g。（3）搓条法塑限试验：取湿土条5.2g，烘干后重4.1g。求：

（1）确定土的天然含水量、塑性指数和液性指数；

（2）确定土的名称和状态。

4. 试样A的含水量为35%，质量为800g。加同质量的试样B于试样A后含水量变为41%，两种试样在一起搅拌时失去了2g的水，试求试样B的含水量。

5. 某黏性土的含水率为36.4%，液限48%，塑限25.4%。试计算：（1）该土的塑性指数并据此确定该土的名称；（2）该土的液性指数并据此确定该土的状态。

6. 已知某段路基填土的最大干密度为1.65g/cm$^3$，在路基中取一原状土样，测得其体积为100cm$^3$，湿土质量为192g，含水率为19.6%，试求土样的干密度和路基的压实度。

# 单元三

# 特殊土

## 知识目标

掌握软土、黄土、红黏土和膨胀土的特征及其工程处理措施。

了解盐渍土、冻土、填土、污染土及混合土的工程特性。

## 能力目标

能在工程中对特殊土的性质作科学准确的评价，并能对特殊土提出施工方案。

我国幅员辽阔，地质条件复杂，分布土类繁多，工程性质各异。有些土类，由于地理环境、气候条件、地质成因、物质成分及次生变化等原因，而具有与一般土类显著不同的特殊工程性质，例如软土、黄土、膨胀土、红土等。当这些土作为建筑场地、建筑地基及环境时，应注意这些特殊土的工程性质，并采取相应的处理措施，否则就会造成工程事故。

所谓特殊土就是指具有特殊工程性质的土。各种天然或人为形成的特殊土的分布，都有其一定的规律，表现出一定的区域性。在我国，特殊土及其分布区域如下：

① 沿海及内陆地区各种成因的软土；

② 主要分布于西北、华北等干旱、半干旱气候区的黄土；

③ 西南亚热带温热气候区的红黏土；

④ 高纬度、高海拔地区的多年冻土及盐渍土；

⑤ 西北地区的沙漠土。

本单元主要介绍我国软土、黄土、膨胀土、红黏土的分布、特征及其工程地质问题。

## 任务一　软土

软土泛指淤泥及淤泥质土，是地质年代中第四纪后期形成的滨海相、潟泻湖相、三角洲相、溺谷相和湖沼相等黏性土沉积物。这种土是在静水或缓慢流水环境中沉积，并经生物化学作用形成的饱和软黏性土。

软土的特征是富含有机质，天然含水量高于液限，孔隙比大于或等于1。其中 $e \geqslant 1.5$ 时，称淤泥；当 $1.0 < e < 1.5$ 时，称淤泥质土，是淤泥与一般黏性土的过渡类型。淤泥和淤泥质土在工程上统称为软土。

## 一、软土的物理力学性质

### 1. 高含水量和高孔隙比

软土的天然含水量总是大于液限。软土的天然含水量一般都大于30%，有的达70%，甚至有的高达200%，多呈软塑或潜液状态。天然孔隙比为1～2，最大达3～4。由于软土如此高的含水量和高孔隙比，使得软土一经扰动，其结构很容易被破坏而导致软土流动。

### 2. 渗透性弱

由于大部分软土底层中夹有数量不等的薄层或极薄层粉砂、细砂、粉土等，所以在水平方向的渗透性较垂直方向要大得多。一般垂直方向的渗透系数$K$值约为$10^{-6}$～$10^{-8}$cm/s，几乎是不透水的。由于该类土渗透系数小，含水量大且呈饱和状态，这不但延缓其土体的固结过程，而且在加荷初期，地基中常出现较高的孔隙水压力，影响地基土的强度。

### 3. 压缩性高

软土的压缩系数$a_{1-2}$一般都在0.5MPa$^{-1}$以上，最大可达3MPa$^{-1}$以上。软土均属高压缩性土，而且压缩性随天然含水量及液限的增加而增高。软土在荷载作用下的变形具有如下特征。

（1）变形大而不均匀　实践表明，在相同条件下，软土地基的变形量比一般黏性土地基要大几倍至十几倍，而且上部荷载的差异和复杂的体形都会引起严重的差异沉降和倾斜。

（2）变形稳定历时长　因软土的渗透性很弱，孔隙中的水不易排出，故使地基沉降稳定所需时间较长。例如，我国东南沿海地区，这种软黏土地基在加荷5年后，往往仍保持着每年1cm左右的沉降速率。其中有些建筑物则每年下沉3～4cm。

（3）抗剪强度低　软土的抗剪强度低且与加荷速率及排水固结条件密切相关。软土剪切试验表明，其内摩擦角$\varphi$大多小于或等于10°，最大也不超过20°，有的甚至接近于0°；黏聚力$c$值一般为5～15kPa，很少超过20kPa，有的趋近于0。故其抗剪强度很低。经排水固结后，软土的抗剪强度虽有所提高，但由于软土孔隙水排出很慢，其强度增长也很缓慢。因此，要提高软土地基的强度，必须控制施工和使用时的加荷速率，特别是在开始阶段加荷不能过大，以便每增加一级荷重与土体在新的受荷条件下强度的提高相适应。否则土中水分将来不及排出，土体强度不但来不及得到提高，反而会由于土中孔隙水压力的急剧增大，有效应力降低，而产生土体的挤出破坏。

（4）较显著的触变性和蠕变性　软土是“海绵状”结构性沉积物，当原状土的结构未受到破坏时，常具有一定的结构强度，一经扰动，结构强度便被破坏。在含水量不变的条件下，静置不动又可恢复原来的强度。软土的这种特性，称为软土的触变性。

我国东南沿海地区的三角洲相及滨海-潟湖相软土的灵敏度一般为4～10，个别达13～15，属中高灵敏性土。灵敏度高的土，其触变性也大，所以，软土地基受动荷载后，易产生侧向滑动、沉降或基底面向两侧挤出等现象。

蠕变性是指在一定荷载的持续作用下，土的变形随时间而增长的特性。软土是一种具有典型蠕变性的土，在长期恒定应力作用下，软土将产生缓慢的剪切变形，并导致抗剪强度的衰减。在固结沉降完成之后，软土还可能继续产生可观的次固结沉降。上海等地许多工程的现场实测结果表明：当土中孔隙水压力完全消失后，地基还继续沉降。这对建筑物、边坡和堤岸等的稳定性极为不利。因此，用一般剪切试验求得的抗剪强度值，应加上适当的安全系数。

综上所述，软土具有强度低、压缩性高、渗透性低，且具有高灵敏度和蠕变性等特点。因而，软土地基上的建筑物、公路等沉降量大，沉降稳定时间长。因此，在软土地基上建造建筑物、公路，往往要对地基进行加固处理。

## 二、软土的工程处理措施

在软弱地基或软土上修建桥涵基础时，可采用砂砾垫层、砂石桩、砂井预压方法加固地基；根据实际条件，也可采用水泥搅拌桩、石灰桩、振冲碎石桩、锤击夯实、强夯和各种浆液灌注法等加固地基。

### 1. 砂砾垫层

二维码 3.1

砂砾垫层适用于淤泥、淤泥质土、冲填土、素填土、杂填土的浅层处理。砂砾垫层材料可采用中砂、粗砂、砾砂和碎（卵）石，不含植物残体等杂质，其中黏粒含量不应大于5%，粉粒含量不应大于25%，砾料粒径以不大于50mm为宜。

砂砾垫层比软弱地基或软土有较大的变形模量和强度，基础地面的压应力通过砂砾垫层的扩散作用分布到较大的面积。砂砾垫层顶面尺寸应为基底尺寸每边加宽不小于0.3m，垫层厚度不宜小于0.5m，且不宜大于3m。砂砾的厚度应根据下卧土层的承载力确定，详细内容见《公路桥涵地基与基础设计规范》（JTG 3363—2019）。

### 2. 砂石桩

砂石桩适用于挤密松散砂土、素填土和杂填土地基。对饱和黏土地基，如不以沉降控制，也可采用砂石桩处理。砂石桩内填料宜用砾砂、粗砂、中砂、圆砾、角砾、卵石、碎石等，填料中含泥量不应大于5%，并不宜含有粒径大于50mm的粒料。

砂石桩直径可采用0.3～0.8m，需根据地基土质和成桩设备确定。对饱和黏性土地基宜选用较大直径。砂石桩挤密地基宽度应超出基础宽度，每边放宽宜为1～3排。砂石桩用于防止砂层液化时，每边放宽不宜小于处理深度的1/2，并不应小于5m；当可液化层上覆盖有厚度大于3m的非液化层时，每边放宽不宜小于液化层厚度的1/2，并不应小于3m。砂石桩的中距应通过现场试验确定，但不宜大于砂石桩直径的4倍。

### 3. 砂井预压法

砂井预压法适用于处理淤泥质土、淤泥和冲填土等饱和黏性土地基。

砂井预压法主要有普通砂井、袋装砂井和塑料排水板等。普通砂井直径可取300～500mm，袋装砂井直径可取70～100mm，塑料排水板的当量换算直径计算见《公路桥涵地基与基础设计规范》（JTG 3363—2019）。

砂井的深度应根据桥涵对地基的稳定性和变形的要求确定。对于以地基抗滑稳定性为主要因素的结构，如拱式结构的墩台，砂井深度至少应超过最危险滑动面2m。对于以沉降控制的桥涵，如压缩土层厚度不大，砂井深度宜贯穿压缩层；压缩土层深厚时，砂井深度应根据在限定的预压时间内需消除的变形量确定；若施工设备条件达不到设计深度，则可采用超载预压等方法来满足工程要求。砂井预压法处理地基应在地表铺设排水砂砾层，其厚度宜大于400mm。砂砾垫层砂料宜用中粗砂，含泥量应小于5%，砂料中可混有少量粒径小于50mm的石粒。砂砾垫层的干密度应大于1.5t/m$^3$。在预压区内宜设置与砂砾垫层相连的排水盲沟，并把地基中排出的水引出预压区。砂井的砂料宜用中粗砂，含泥量应小于3%。

# 任务二　黄土

黄土是第四纪干旱和半干旱气候条件下，形成的一种呈褐黄色或灰黄色、具有针状孔隙及垂直节理的特殊土。

在我国，黄土分布的面积约有64万平方公里，其中具有湿陷性的黄土面积约27万平方公里。主要分布在秦岭以北的黄河中游地区，如甘肃、陕西的大部分和晋南、豫西等地，在我国大的地貌分区图上，称之为黄土高原。河北、山东、内蒙古和东北南部以及青海、新疆等地亦有所分布。黄土地区沟壑纵横，常发育成为许多独特的地貌形状，常见的有黄土塬、黄土梁、黄土峁、黄土陷穴等地貌。

黄土在天然含水量时，呈坚硬或硬塑状态，具有较高的强度和低的或中等偏低的压缩性。但遇水浸湿后，有的即使在自重作用下也会发生剧烈而大量的沉陷（称为湿陷性），强度也随之迅速降低。而有些地区的黄土却并不发生湿陷。可见，同样是黄土，遇水浸湿后的反应却有很大的差别。具有湿陷性的黄土称为湿陷性黄土。湿陷性黄土可分为自重湿陷性黄土和非自重湿陷性黄土两种。前者是指在上覆土自重压力下受水浸湿发生湿陷的湿陷性黄土；后者是指只有在大于上覆土自重压力下（包括附加应力和土自重应力）受水浸湿后才会发生湿陷的湿陷性黄土。在公路工程中，对自重湿陷性黄土尤应加以注意。

## 一、湿陷性黄土的物理性质

### 1. 颗粒组成

以粉粒为主。约占60%～70%，粒度大小均匀，黏粒含量较小，一般仅占有10%～20%。黄土的湿陷性与黏粒含量的多少有一定关系。

### 2. 孔隙比 $e$

湿陷性黄土的孔隙比较大，一般为0.8～1.2，大多数为0.9～1.1，有肉眼可见的大孔隙。在其他条件相同的情况下，孔隙比越大，湿陷性越强。

### 3. 天然含水量 $w$

湿陷性黄土的含水量较小，一般为8%～20%。含水量低时，湿陷性强烈，但土的强度较高，随着含水量增大，湿陷性逐渐变弱。一般来说，当含水量在23%以上时，湿陷性已基本消失。

### 4. 饱和度 $s_r$

湿陷性黄土饱和度为17%～77%，随着饱和度增大，黄土的湿陷性减弱。

### 5. 可塑性

湿陷性黄土的塑性较弱，塑限一般为16%～20%。液限一般为26%～32%，塑性指数为7～13，属粉土和粉质黏土。

### 6. 透水性

由于大孔隙和垂直节理发育，故湿陷性黄土透水性比粒度成分相类似的一般黏性土要强得多，常为中等透水性。

## 二、湿陷性黄土的力学性质

### 1. 压缩性

我国湿陷性黄土的压缩系数 $a_{1-2}$ 一般为0.1～1.0MPa$^{-1}$。在晚更新世（$Q_3$）早期形成的湿陷性黄土，多属低压缩性或中等偏低压缩性，而 $Q_3$ 期晚期和 $Q_4$ 期形成的多是中等偏高，甚至为高压缩性。

### 2. 抗剪强度

尽管孔隙率较高，但仍具有中等抗压缩能力，抗剪强度较高。但最新堆积黄土（$Q_4$）土质松软，强度低，压缩性高。

3. 黄土湿陷性评价

分析、判别黄土是否属于湿陷性黄土，其湿陷性强弱程度、地基湿陷类型和湿陷等级，是黄土地区勘察与评价的核心问题。

判别黄土是否具有湿陷性，可根据室内浸水（饱和）压缩试验，在一定压力下测定的湿陷系数 $\delta_s$ 来判定。湿陷系数是指天然土样单位厚度的湿陷量，计算公式如下：

$$\delta_s=\frac{h_p-h_p'}{h_0} \tag{3-1}$$

式中 $h_p$——保持天然湿度和结构的土样，加压至一定压力时，下沉稳定后的高度，mm；

$h_p'$——上述加压稳定后的土样，在浸水（饱和）作用下，附加下沉稳定后的高度，mm；

$h_0$——土样的原始高度，mm。

按式（3-1）计算的湿陷系数 $\delta_s$ 对黄土湿陷性判定如下：

当 $\delta_s<0.015$ 时，为非湿陷性黄土；当 $\delta_s\geqslant0.015$ 时，为湿陷性黄土。

根据湿陷系数大小，可以大致判断湿陷性黄土湿陷性的强弱，一般认为：

$0.015\leqslant\delta_s\leqslant0.03$ 时，湿陷性轻微；$0.03<\delta_s\leqslant0.07$ 时，湿陷性中等；$\delta_s>0.07$ 时，湿陷性强烈。

黄土的湿陷类型可按室内压缩试验，在土的饱和（$s_r>0.85$）自重压力下测定的自重湿陷系数来判定。自重湿陷系数按式（3-2）计算：

$$\delta_{zs}=\frac{h_z-h_z'}{h_0} \tag{3-2}$$

式中 $h_z$——保持天然湿度和结构的土样，加压至土的饱和自重压力时，下沉稳定后的高度，mm；

$h_z'$——上述加压稳定后的土样，在浸水作用下，附加下沉稳定后的高度，mm；

$h_0$——土样的原始高度，mm。

黄土的湿陷类型可按式（3-2）计算的自重湿陷系数来判定：

$\delta_{zs}<0.015$ 时，定为非自重湿陷性黄土；$\delta_{zs}\geqslant0.015$ 时，定为自重湿陷性黄土。

建筑场地或地基的湿陷类型，应按现场试坑浸水试验实测自重湿陷量 $\Delta_{zs}'$ 或按室内试验累计的计算自重湿陷量 $\Delta_{zs}$ 判定。实测自重湿陷量 $\Delta_{zs}'$ 应根据现场试坑浸水试验确定。

计算自重湿陷量应根据不同深度土样的自重湿陷系数，按式（3-3）计算：

$$\Delta_{zs}=\beta_0\sum_{i=1}^{n}\delta_{zsi}h_i \tag{3-3}$$

式中 $\delta_{zsi}$——第$i$层土在上覆土的饱和（$s_r>0.85$）自重压力下的自重湿陷系数；

$h_i$——第 $i$ 层土的高度，mm；

$\beta_0$——因地区土质而异的修正系数，对陇西地区可取 1.5，对陇东、陕北地区可取 1.2，对关中地区可取 0.9，对其他地区取 0.5。

当实测或计算自重湿陷量小于或等于 7cm 时，定为非自重湿陷性黄土场地；当实测或计算自重湿陷量大于 7cm 时，定为自重湿陷性黄土场地；当实测或计算自重湿陷量出现矛盾时，应按自重湿陷量的实测值判定。

湿陷性黄土地基受水浸润饱和时，总湿陷量 $\varDelta_s$ 可按式（3-4）计算：

$$\varDelta_s = \sum_{i=1}^{n} \beta \delta_{si} h_i \tag{3-4}$$

式中 $\delta_{si}$——第$i$层土的湿陷系数；

$h_i$——第 $i$ 层土的高度，mm；

$\beta$——考虑基底下地基土的侧向挤出和浸水概率等因素的修正系数，基底下 5m（或压缩层）深度内可取 1.5；基底下 5～10m（或压缩层）深度内可取 1；基底下 10m 以下至非自重湿陷性黄土层顶面，在自重湿陷性黄土场地，可取工程所在地区的 $\beta_0$ 值。

湿陷性黄土的湿陷等级可以根据基底下各土层累计的总湿陷量和计算自重湿陷量的大小等因素按表 3-1 进行判定。

表 3-1 湿陷性黄土地基的湿陷等级

| 湿陷类型 / 计算自重湿陷量 /cm / 总湿陷量 /cm | 非自重湿陷性场地 | 自重湿陷性场地 | |
|---|---|---|---|
| | $\varDelta_{zs}$≤7 | 7＜$\varDelta_{zs}$≤35 | $\varDelta_{zs}$＞35 |
| $\varDelta_s$≤30 | Ⅰ（轻微） | Ⅱ（中等） | — |
| 30＜$\varDelta_s$≤70 | Ⅱ（中等） | Ⅱ（中等）或Ⅲ（严重） | Ⅲ（严重） |
| $\varDelta_s$＞70 | Ⅱ（中等） | Ⅲ（严重） | Ⅳ（很严重） |

注：当总湿陷量$\varDelta_s$＞60cm，计算自重湿陷量$\varDelta_{zs}$＞30cm时，可判为Ⅲ级，其他情况可判为Ⅱ级。

## 三、湿陷性黄土的工程处理措施

湿陷性黄土地区桥涵根据其重要性、结构特点、受水浸湿后的危害程度和修复难易程度分为 A、B、C、D 四类。

A 类：20m 及以上高墩台和外超静定桥梁；B 类：一般桥梁基础，拱涵；C 类：一般涵洞及倒虹吸；D 类：桥涵附属工程。

湿陷性黄土地区的桥涵应根据湿陷性黄土的等级、结构物分类和水流特征，采取相应的设计措施和处理方案以满足沉降控制的要求。湿陷性黄土地区地基处理的措施可参考表 3-2。

表 3-2 湿陷性黄土地区地基处理的措施

| 水流特征及湿陷等级 / 类型及措施 | | 经常性流水（或浸湿可能性较大） | | | | 季节性流水（或浸湿可能性较小） | | | |
|---|---|---|---|---|---|---|---|---|---|
| | | Ⅰ | Ⅱ | Ⅲ | Ⅳ | Ⅰ | Ⅱ | Ⅲ | Ⅳ |
| A | 措施 | ① | | | | ① | | | |
| B | 措施 | ②③ | ②③ | ①② | ① | ③ | | ②③ | ② |
| | 处理深度 /m | 2.0 ～ 3.0 | 3.0 ～ 5.0 | 4.0 ～ 6.0 | 6.0 | 0.8 ～ 1.0 | 1.0 ～ 2.0 | 2.0 ～ 3.0 | 5.0 |
| C | 措施 | ③ | | | ② | ③ | | | |
| | 处理深度 /m | 0.8 ～ 1.0 | 1.0 ～ 1.5 | 1.5 ～ 2.0 | 3.0 | 0.5 ～ 0.8 | 0.8 ～ 1.2 | 1.2 ～ 2.0 | 2.0 |
| D | 措施 | ④ | | | | ④ | | | |

①墩台基础采用明挖、沉井或桩基，置于非湿陷性土层中；②采用强夯法或挤密桩法，并采取防水和结构措施；③采取重锤夯实，并采取防水和结构措施；④地基表层夯实。

# 任务三　红黏土

红黏土是指在亚热带湿热气候条件下，碳酸盐类岩石及其间所夹的其他岩石，经红土化作用（即成土化学风化作用）形成的棕红、褐黄等颜色的高塑性黏土，其液限一般大于50%，具有表面收缩、上硬下软、裂隙发育的特征。经流水再搬运之后仍保留其基本特征，液限大于45%的坡、洪积物称为次生红黏土。

二维码 3.2

红黏土及次生红黏土广泛分布于我国的云贵高原、四川东部、广西、粤北及鄂西、湘西等地区的低山、丘陵地带顶部和山间盆地、洼地、缓坡及坡脚地段。

## 一、红黏土的一般物理力学特征

① 天然含水量高，一般为40%～60%，有的高达90%。

② 密度小。天然孔隙比一般为1.4～1.7，最高达2.0，具有大孔隙。

③ 高塑限，液限一般为60%～80%，有的高达110%；塑限一般为40%～60%，有的高达90%；塑性指数一般为20～50。

④ 由于塑限很高，所以尽管红黏土天然含水量高，一般仍处于坚硬或硬塑状态。液限指数一般小于0.25。但其饱和度一般在90%以上，因此，甚至坚硬红黏土也处于饱和状态。

⑤ 一般呈现较高的强度和较低的压缩性，三轴剪切内摩擦角为0～3°，黏聚力为50～160kPa，压缩系数$a_{1-2}$为0.1～0.4MPa$^{-1}$，变形模量为10～30MPa，最高可达50MPa，荷载试验比例界限为200～300kPa。

⑥ 不具有湿陷性，其湿陷系数为0.0004～0.0008≪0.015。原状土浸水后膨胀量很小（＜2%），但失水后收缩剧烈。原状土体积收缩率为25%，而扰动土可达40%～50%。

## 二、红黏土的物理力学性质变化范围及其规律性

从上面的叙述可知，红黏土的物理力学指标具有相当大的变化范围，其承载力自然会有显著的差别。貌似均匀的红黏土，其工程性能的变化却十分复杂，这也是红黏土的一个重要特点。

① 在沿深度方向，随着深度的加大，其天然含水量、孔隙比和压缩性都有较大的增高，状态由坚硬、硬塑可变为可塑、软塑以及流塑状态，因而强度大幅度降低。

② 在水平方向，随着地形地貌及下伏基岩的起伏变化，红黏土的物理力学指标也有明显的差别。在地势较高的部位，由于排水条件好，其天然含水量、孔隙比和压缩性均较低，强度较高，而地势较低处则相反。因此，红黏土的物理力学性质在水平方向是很不均匀的。

③ 平面分布的次生坡积红黏土与原生残积红黏土，其物理力学性能有着显著的差别。

## 三、裂隙对红黏土强度和稳定性的影响

呈坚硬、硬塑状态的红黏土由于强烈收缩作用形成了大量裂隙，并且裂隙的发育和发展速度极快。故裂隙发育也是红黏土的一大特征。在干旱气候条件下，新挖坡面几日内便会被裂隙切割得支离破碎，容易使地面水侵入，导致土的抗剪强度降低，常常造成边坡变形和失稳。红黏土作为地基时，对局部软弱土应进行清除，对孔洞予以充填，并作好相应的防渗排水措施。

# 任务四　膨胀土

膨胀土是指土中黏粒主要由亲水矿物组成，同时具有显著的受水膨胀和失水收缩特性，且自由膨胀率大于或等于 40% 的黏性土。由于具有膨胀和收缩的特性，在膨胀土地区进行工程建设，如果不采取必要的设计和施工措施，很容易导致土体的变形、开裂及建筑物倒塌等严重事故。

膨胀土在我国分布广泛，以黄河以南地区较多，常常呈岛状分布。

## 一、膨胀土的现场工程地质特征

### 1. 地形、地貌特征

膨胀土多分布在Ⅱ级或Ⅱ级以上的阶地、山前和盆地边缘丘陵地带，埋藏较浅，常见于地表。在微地貌方面有如下共同特征：

① 呈垄岗式地形，浅而宽的河谷，一般坡度平缓。

② 一般在河谷头部，水库岸边和路堑边坡上常见浅层滑坡。

③ 旱季地表出现裂隙，长数米至数百米，宽数厘米至数十厘米，深数米，到雨季则闭合。

### 2. 工程地质特征

① 地质年代。我国膨胀土形成的地质年代大多为第四纪晚更新世（$Q_3$）及以前，少量为全新世（$Q_4$）。

② 成因。大多为残积，有的是冲积、洪积或坡积。

③ 岩性。在自然条件下，膨胀土呈灰白、灰绿、灰黄、花斑（杂色）和棕红等色，多为黏土颗粒组成，为硬塑或坚硬状态，裂隙较发育，裂隙面光滑，呈油脂或蜡状光泽，有擦痕或水渍以及铁、锰氧化物薄膜。在临近边坡处，裂隙往往构成滑坡的滑动面。在地表部位常因失水而裂开，雨季又会因浸水而重新闭合。

## 二、膨胀土的物理、力学指标

① 黏粒（粒径<2μm）含量高，超过 20%。

② 天然含水量接近塑限，饱和度一般大于 85%。

③ 塑性指数大都大于 17，多数为 22～35。

④ 液性指数小，在天然状态呈硬塑或坚硬状态。

⑤ 天然孔隙比小，变化范围常为 0.5～0.8。

⑥ 土的压缩性小，多属低压缩土。

⑦ 自由膨胀量一般超过 40%，也有超过 100% 的。

⑧ 内摩擦角 $\varphi$、黏聚力 $c$ 在浸水前后相差较大，尤其是 $c$ 值可下降 2～3 倍以上。

## 三、膨胀土的判别

膨胀土的判别，是解决膨胀土问题的前提。迄今为止，国内外有许多方法来判别膨胀土，但其标准并不统一。我国目前采用综合的判别方法，即根据现场的工程地质特征、自由膨胀率和建筑物的破坏特征三部分来综合判定，其中前两者是用来判别是否是膨胀土的主要依据，但并不是唯一的因素。必要时，还需要进行土的黏土矿物的化学成分等试验。

凡具有上述土体的工程地质特征以及已有建筑物变形、开裂特征的场地，且土的自由膨胀率大于或等于 40% 的土，应判定为膨胀土。在膨胀土地基上建造基础时，应从设计和地基处理两方面采取措施。建筑工程中采用设置沉降缝、换土垫层与排水、加大基础埋深、设钢筋混凝土圈梁等措施来消除或减少危害。

# 任务五 其他特殊土

## 一、盐渍土

盐渍土是不同程度的盐碱化土的统称。在公路工程中一般盐渍土指的是地表层1m厚度内，易溶盐的平均含量＞0.3%，使之盐渍化了的土。

盐渍土分布在内陆干旱、半干旱地区，滨海地区也有分布。我国的江苏北部、渤海沿岸、松辽平原、河南、陕西、内蒙古、甘肃、青海、新疆等地均有所分布。

盐渍土中的易溶盐有的以固态结晶状态分布于土粒之间，有的则以液态存在于土的孔隙之中，而且随外界条件的变化，固-液态可以相互转换。这种转化以及易溶盐的性质都直接影响着土的物理力学性质。因此，在盐渍土地区修建公路，应充分认识盐渍土对公路工程的危害，以便采取一些必要的措施保证路基的安全与稳定。

盐渍土形成必须具备三个基本因素。

① 地下水的矿化度高，才有充分易溶盐的来源。

② 地下水位较高，毛细作用能达到地表或接近地表，水分才有被蒸发的可能。

③ 气候比较干旱，一般年降雨量小于蒸发量的地区，易形成盐渍土。

盐渍土分布有一定的地域性，一般分布在地势较低、地下水位较高的地段。我国盐渍土可分为滨海盐渍土、冲积平原盐渍土和内陆盐渍土。

盐渍土中主要的易溶盐是氯盐，其次是硫酸盐，少量是碳酸盐。盐渍土的基本特性与土中所含溶盐的性质有密切的关系。

① 氯盐（$NaCl$、$KCl$、$CaCl_2$、$MgCl_2$）。氯盐渍土具有很大的溶解度和吸湿性，且蒸发性弱，能使土中保持一定量的水分，促使土粒有较好的胶结，其强度反比一般土高。在干旱地区用氯盐渍土填筑路堤，易于夯实，但在潮湿的雨季，土体吸湿过分而饱水，容易产生路基翻浆冒泡的危害。

② 硫酸盐（$Na_2SO_4$、$MgSO_4$）。硫酸盐渍土受季节和昼夜温度变化引起硫酸盐吸水溶解、脱水结晶，而使体积发生变化，导致土体结构的破坏，变得十分松散。这种松散作用仅发生在地表0.3m厚的土层中，如果用＞2%的硫酸盐渍土筑路堤时，则松散现象特别显著。路肩及边坡的松散土体，易被雨水冲走或被风吹蚀，造成路堤不稳，增大养护工作量。

③ 碳酸盐（$Na_2CO_3$、$NaHCO_3$）。碳酸盐能增加黏性土的塑性和黏性。其水溶液有很大的碱性反应，吸水性大，渗透系数小，因而膨胀作用非常突出。若土中碳酸盐含量＞0.5%时，则土的膨胀量更为显著，膨胀的深度可达1～3m。路堤土体膨胀会造成路面凹凸不平，碳酸盐遇水溶解又会使土下沉。

## 二、冻土

冻土是指0℃以下，并含有冰的各种岩石和土壤。一般可分为以下几种。

（1）季节性冻土　冬季冻结，夏季全部融化的冻土。

（2）隔年冻土　冬季冻结，一二年内不融化的冻土。

（3）多年冻土　冻结状态持续三年或三年以上的土层。

我国多年冻土分为高纬度多年冻土和高海拔多年冻土。高纬度多年冻土主要集中在大小兴安岭，面积为38～39万平方公里。高海拔多年冻土分布在青藏高原、阿尔泰山、天山、祁连山、横断山、喜马拉雅山以及东部某些山地，如长白山、五台山、太白山等。

冻土是一种对温度极为敏感的土体介质，含有丰富的地下冰。因此，冻土具有流变性和长期强度远低于瞬时强度的特征。由于这些特征，在冻土区修筑公路、铁路、桥梁时人们面临着两大危险：冻胀和融沉。土层发生冻胀的原因，不仅是由于水分冻结成冰时其体积要增大9%的缘故，且主要由于土层冻结时，周围未冻结区土中的水分会向表层冻结区迁移集聚、使冻结区土层中水分增加，冻结后的冰晶体不断增大，土体积也随之发生膨胀隆起。冻土的冻胀会使路基隆起，使柔性路面鼓包、开裂，使刚性路面错缝或折断；冻胀还使修建在其上的建筑物抬起，引起建筑物开裂、倾斜甚至倒塌。

对工程危害更大的是在季节性冻土地区，一到春季，暖土层解冻融化后，由于土层上部积聚的冰晶体融化，使土中含水量大大增加，土层软化，强度大大降低。路基土冻融后，在车辆反复碾压下，轻者使路面变得松软，重者则使路面开裂、冒泥（即翻浆），最终导致路面被完全破坏。冻融也会使房屋、桥梁、涵管发生大量下沉或不均匀下沉，引起建筑物开裂破坏。例如，我国的青藏铁路就有一段路段需要通过冻土层，工程技术人员需要通过多种方法使冻土层的温度稳定，避免因为冻土层的变化而使铁路的路基不平，导致意外的发生。

## 三、填土

填土系指由人类活动而堆积的土。填土根据其物质组成和堆填方式分为素填土、杂填土、冲填土和压实填土四类。

（1）素填土　由碎石土、砂土、粉土和黏性土等一种或几种材料组成的填土，其中不含杂质或含杂质很少。按主要组成物质分为：碎石素填土、砂性素填土、粉性素填土、黏性素填土。填龄较短的素填土一般具有湿陷性。

（2）杂填土　含有大量建筑垃圾、工业废料或生活垃圾等杂物的填土。按其组成物质成分和特征分为以下几种。

① 建筑垃圾土：主要由碎砖、瓦砾、朽木等建筑垃圾夹土组成，有机物含量较少。

② 工业废料土：由现代工业生产的废渣、废料堆积而成，如矿渣、煤渣、电石渣等以及其他工业废料夹少量土类组成。

③ 生活垃圾土：填土中由大量居民生活中抛弃的废物，诸如炉灰、布片、菜皮、陶瓷片等杂物夹土类组成，一般含有机质和未分解的腐殖质较多。

填龄较短的杂填土一般具有湿陷性。

（3）冲填土　是人为的用水力冲填方式而沉积的土。近年来多用于沿海滩涂开发及河漫滩造地。西北地区常见的水坠坝（也称冲填坝）即是冲填土堆筑的坝。冲填土形成的地基可视为天然地基的一种，它的工程性质主要取决于冲填土的性质。冲填土地基一般具有如下一些重要特点。

① 颗粒沉积分选性明显，在入泥口附近，粗颗粒先沉积，远离入泥口处，所沉积的颗粒变细；同时在深度方向上存在明显的层理。

② 冲填土的含水量较高，一般大于液限，呈流动状态。停止冲填后，表面自然蒸发后常呈龟裂状，含水量明显降低，但下部冲填土当排水条件较差时仍呈流动状态，冲填土颗粒愈细，这种现象愈明显。

③ 冲填土地基早期强度很低，压缩性较高，这是因冲填土处于欠固结状态。冲填土地基

随静置时间的增长逐渐达到正常固结状态。其工程性质取决于颗粒组成、均匀性、排水固结条件以及冲填后静置时间。

冲填土有别于其他填土，它具有一定的规律性。其工程性质与冲填土料、冲填方法、冲填过程及冲填完成后的排水固结条件、冲填区的原始地貌和冲填龄期等因素有关。

（4）压实填土　按一定标准控制材料成分、密度、含水量，分层压实或夯实而成。

## 四、污染土

污染土是指由于致污物质的侵入，使土的成分、结构和性质发生了显著变异的土。

### 1. 污染土对地基的腐蚀作用

（1）污染物的种类及来源　地基土的污染主要由于在工厂生产过程中，某些对土有腐蚀作用的废渣、废液渗漏进入地基，引起地基土发生化学变化。这些污染物主要有酸、碱、煤焦油、石灰渣等。污染源主要有制造酸碱的工厂、石油化纤厂、煤气工厂、污水处理厂，以及燃料库和某些轻工业工厂，如印染、造纸、制革等企业。此外，还有金属矿、冶炼厂、铸钢厂、弹药库等场地的地基土也可能受到污染。

（2）土体被污染腐蚀的过程及后果

① 当土被污染时，首先是土颗粒间的胶结盐类被溶蚀，胶结强度被破坏，盐类在水作用下溶解流失，土孔隙比和压缩性增大，抗剪强度降低。

② 土颗粒本身的腐蚀，在腐蚀后形成的新物质在土的孔隙中产生相变结晶而膨胀，并逐渐溶蚀或分裂碎化成小颗粒，新生成含结晶水的盐类，在干燥条件下，体积增大而膨胀，浸水收缩，经反复交替作用，土质受到破坏。

③ 地基土遇酸碱等腐蚀性物质，与土中的盐类形成离子交换，从而改变土的性质。

（3）土体被污染腐蚀的危害　土体被污染腐蚀后出现两种变形特征：

一是使土的结构破坏而形成沉陷变形，如腐蚀的产物为易溶盐，在地下水中流失或使土变成稀泥。南京某厂硝酸厂房的硝酸贮槽基础，因地基受强烈腐蚀而下沉严重。吉林某厂浓硝酸成品酸泵房，生产不到4年，因地基腐蚀造成基础下沉，以致拆毁重建。某工厂建厂前地下水的pH值为6～7，数年后pH值降低到3，由于土粒结构被破坏，变成疏松多孔，使地基产生不均匀变形，造成其软化装置倾斜。某厂的酸库因硫酸渗入土内产生强烈作用（$pH<1$），使墙基、地坪下的土变成稀泥。另一工厂也因强碱渗漏，受侵蚀的地基产生不均匀变形，引起喷射炉体倾斜。

另一种破坏是引起地基土的膨胀，腐蚀后的生成物具有结晶膨胀性质，如氢氧化钠厂房，生石灰埋入地基内等。太原某厂金工车间，由于在室内地坪下回填了掺有大量白云质生石灰块的杂土，几年后地下水位上升至基底附近，生石灰块产生强烈化学反应，形成巨大膨胀压力，使长40m、宽6m的车间地坪严重隆起达58cm，机器严重倾斜，经多次调整都未解决问题。地坪附近的墙体严重开裂，个别柱基也被抬起而拉裂。西北某镍电解厂房，地基为卵石混砂的戈壁土，生产10年后，地基受硫酸溶液腐蚀，发生猛烈膨胀，地面隆起，最大抬升高度80cm，柱基被抬起，厂房裂缝严重。

### 2. 污染土地基的评价

（1）污染土的外观特征　地基土受污染腐蚀后，往往会变色变软，其状态由硬塑或可塑变为软塑，有的变为流塑。污染土的颜色与正常土不同，有的呈黑色、黑褐色、灰色，有的呈棕红、杏红，有铁锈斑点等。建筑物地基内的土层变成具有蜂窝状的结构，颗粒分散，表面粗糙，甚至出现局部空穴，建筑物本身也出现不均匀沉降。

地下水呈黑色或其他不正常的颜色，有特殊气味。

（2）污染土地基的评价　污染土地基的评价标准，一种是对地基土本身已受污染腐蚀的判定，另一种是现有环境对混凝土和金属材料的腐蚀作用。

受污染的土和水对建筑材料的腐蚀，与建筑场地环境有关。

① 建筑场地环境划分按表 3-3 进行。

表3-3　建筑场地环境分类

| 环境分类 | 混凝土所处的环境条件 |
| --- | --- |
| Ⅰ类环境 | 高寒山区，海拔 3000m 以上的地区，直接临水土或岩层中，且具有干湿交替作用 |
| | 干旱区，临水或强透水土（岩）层中，具有干湿或冻融交替作用 |
| | 一侧临水或水下土（岩）层中，另一侧则暴露于大气之中 |
| Ⅱ类环境 | 高寒区、干旱区，处于弱透水土（岩）层中，均具有干湿或冻融交替作用 |
| | 各气候区湿、很湿的弱透水土（岩）层湿润区直接临水；湿润区强透水土（岩）层中的地下水，具有干湿或冻融交替作用 |
| Ⅲ类环境 | 各气候区中，处于弱透水土（岩）层中，均不具有干湿或冻融交替作用 |

② 按环境类型水和土对混凝土结构的腐蚀性评价，见表 3-4。

表3-4　按环境类型水和土对混凝土结构的腐蚀性评价

| 腐蚀等级 | 腐 蚀 介 质 | 环境类型 | | |
| --- | --- | --- | --- | --- |
| | | Ⅰ | Ⅱ | Ⅲ |
| 微 | 硫酸盐含量 $SO_4^{2-}$/(mg/L) | ＜200 | ＜300 | ＜500 |
| 弱 | | 200～500 | 300～1500 | 500～3000 |
| 中 | | 500～1500 | 1500～3000 | 3000～6000 |
| 强 | | ＞1500 | ＞3000 | ＞6000 |
| 微 | 镁盐含量 $Mg^{2+}$/(mg/L) | ＜1000 | ＜2000 | ＜3000 |
| 弱 | | 1000～2000 | 2000～3000 | 3000～4000 |
| 中 | | 2000～3000 | 3000～4000 | 4000～5000 |
| 强 | | ＞3000 | ＞4000 | ＞5000 |
| 微 | 铵盐含量 $NH_4^+$/(mg/L) | ＜100 | ＜500 | ＜800 |
| 弱 | | 100～500 | 500～800 | 800～1000 |
| 中 | | 500～800 | 800～1000 | 1000～1500 |
| 强 | | ＞800 | ＞1000 | ＞1500 |
| 微 | 苛性碱含量 $OH^-$/(mg/L) | ＜35000 | ＜43000 | ＜57000 |
| 弱 | | 35000～43000 | 43000～57000 | 57000～70000 |
| 中 | | 43000～57000 | 57000～70000 | 70000～100000 |
| 强 | | ＞57000 | ＞70000 | ＞100000 |
| 微 | 总矿化度 /(mg/L) | ＜10000 | ＜20000 | ＜50000 |
| 弱 | | 10000～20000 | 20000～50000 | 50000～60000 |
| 中 | | 20000～50000 | 50000～60000 | 60000～70000 |
| 强 | | ＞50000 | ＞60000 | ＞70000 |

注：1.表中的数值适用于有干湿交替作用的情况，Ⅰ、Ⅱ类腐蚀环境无干湿交替作用时，表中硫酸盐含量数值应乘以1.3的系数。

2.表中数值适用于水的腐蚀性评价，对土的腐蚀性评价，应乘以1.5的系数，单位以mg/kg表示。

3.表中苛性碱（$OH^-$）含量（mg/L）应为NaOH和KOH中的$OH^-$含量（mg/L）。

### 3. 污染土的防治处理措施

（1）污染土的防治和处理应满足的要求

① 对可能受污染的场地，当土与污染物相互作用将产生有害结果时，应采取防止污染物

侵入场地的措施，如隔离污染源、消除污染物等。

② 对已污染场地，当污染土的强度降低，或对基础和建筑物相邻构件具有腐蚀性及其他有害影响时，应按污染等级分别进行处理。

③ 对污染土进行处理时，应考虑污染作用的发展趋势。

④ 污染土场地完成建设或整治后，应定期监测污染源的污染扩散，场地内的土和污染物相互作用发展等情况，污染土的监测宜与环境监测配合进行。

（2）污染土的防治处理措施

① 换土措施。将已被污染的土清除，换填没有被污染的土，或者采用耐酸性腐蚀的砂或砾作回填材料，作砂桩或砾石桩。但对挖出来的污染土尚应及时处理，或找地方储存，或原位隔离，总之不能随意弃置，以免造成新的污染。

② 采用桩基加固以穿透污染土层，但应对混凝土桩身采取相应的防腐蚀措施。

③ 在金属结构物的表面用涂料层与腐蚀介质隔离的方法进行防护。

④ 采取防范措施，尽量减少腐蚀介质泄漏到地基中去，使地基土的腐蚀减少到最低限度。如使地面废水沟、排水沟、散水坡经常保持畅通，必要时还可采取完全隔离污染源的措施。

⑤ 根据土的性质，采取适用的地基加固措施和防止再次污染措施。

## 五、混合土

### 1. 混合土的特征和分类

（1）混合土的概念与成因　混合土是指由细粒土和粗粒土混杂且缺乏中间粒径的土。

混合土的形成一般有冲积、洪积、坡积、冰碛、崩塌堆积、残积等。前几种形成混合土的重要条件是要有能提供粗大颗粒（如碎石、卵石）的条件。残积混合土的形成条件是在原岩中含有不易风化的粗颗粒，例如花岗岩中的石英颗粒。

（2）混合土的特征

① 混合土中常因含有大量的粗颗粒，如碎（卵）石颗粒甚至漂砾，因此，制备试样十分困难，甚至也很难取到有代表性的扰动土样。用一般室内试验方法，几乎不能取得其正确的物理力学性质指标，甚至不能掌握其级配情况。

② 混合土中的粗颗粒可能互相接触，可能为细粒局部包围，也可能呈斑状“浮”在细粒之中，因而使混合土极不均匀。要正确地评价混合土的工程性能，必须查明这些情况。

③ 混合土常具有地区土所具有的特殊性质，如膨胀性、湿陷性等。

（3）混合土的性质　混合土因其成分复杂多变，各种成分粒径相差悬殊，故其性质变化很大。总的来说，混合土的性质主要决定于土中的粗、细粒含量的比例，粗粒的大小及其相互接触关系以及细粒土的状态。已有的试验资料表明，粗粒土的性质将随其中细粒的含量增多而变差，细粒土的性质常因粗粒含量增多而改善。

（4）混合土的分类　混合土的分类是一个复杂的问题，往往由于分类不当而造成错误的评价。例如，对于含较多黏性土的碎石混合土，把它作为黏性土看待，过低地估计了这种土的承载能力，造成浪费；反之，若把它作为碎石土看待，则又可能过高地估计了其承载性能，而造成潜在的不安全。因此，混合土的分类定名原则，应当是根据其组成材料的不同，呈现的性质的不同，针对具体情况慎重对待。

根据国家标准《岩土工程勘察规范》（GB 50021—2001）（2009 版）的规定，当碎石土中的粒径小于 0.075mm 的细粒土质量超过总质量的 25% 时，应定名为粗粒混合土；当粉土和黏性土中的粒径大于 2mm 的粗粒土质量超过总质量的 25% 时，应定名为细粒混合土。

应当指出，上述分类中采用了 25% 作为划分界限，这是因为这个界限一般为土的性质发生突变的界限点，但并不意味着当含量少于此值时，土的性质并不产生变化。因此，对于具体问题还要具体研究对待，不可拘泥于此界限值。

**2. 混合土的评价**

（1）混合土地基承载力的评价　混合土地基的承载力一般应以载荷试验为准，并与其他动力触探、静力触探资料等建立关系，求得地基土的变形计算参数。

含有巨大漂石的混合土，实际上不可能用载荷试验来确定其承载力。此时可采用相互接触刚体模型计算各单独块体的稳定性、沿接触点滑移的可能性以及接触点处压碎的可能性。计算时要充分考虑土中细粒的分布情况及其对计算参数的影响。

（2）混合土地基的稳定性评价　对于混合土层，应充分考虑到其下卧层的性质和层面坡度，验算地基的整体稳定性。此外，对于含有巨大颗粒的混合土，尤其是粒间填充不密实或为软土填充时，要考虑这些巨石有可能滚动或滑动，从而影响地基的稳定性。

**3. 混合土的处理措施**

对于稳定性较差的混合土地基，应从技术上的可行性和经济上的合理性两个方面分析可采取的处理措施，或避开或对其进行处理。

在崩塌堆积的混合土上进行工程建设时，应考虑到形成这些崩塌堆积物的不良地质作用再次发生的可能性（如滑坡、泥石流等），采取避开或其他处理措施。

具有不良性质（如膨胀性、湿陷性）的混合土，可参照本单元的任务二和任务四采取相应的处理措施。

对于含有漂石且其间隙填充不实的混合土地基，可根据漂石的大小，采取重夯、强夯、灌浆等加固措施。

**小结**

本单元介绍的内容均为工程实践经验的总结，主要介绍了软土、黄土、红黏土和膨胀土的物理力学性质及工程处理措施，简要介绍了盐渍土和冻土。

软土具有高含水量和高孔隙比、渗透性低、压缩性高的特性。软土在荷载作用下的变形具有变形大而不均匀、变形稳定历时长、抗剪强度低、较显著的触变性和蠕变性等特征。在软土修建基础时，可采用砂砾垫层、砂桩、砂井预压等方法加固地基。

黄土是具有针状孔隙及垂直节理的特殊土。黄土在天然含水量时，呈坚硬或硬塑状态，具有较高的强度和低压缩性。但遇水浸湿后，会发生剧烈而大量的湿陷性沉陷，强度也随之迅速降低。湿陷性黄土可分为自重湿陷性黄土和非自重湿陷性黄土两种。在公路工程中，对自重湿陷性黄土尤应加以注意。

红黏土天然含水量高、密度小、具有大孔隙，但呈现较高的强度和较低的压缩性，不具有湿陷性。原状土失水后收缩剧烈，裂隙发育是红黏土的一大特征。红黏土作为地基时，应注意孔洞的充填和防渗排水。

膨胀土中黏粒含量高，天然含水量接近塑限，塑性指数大都大于17，在天然状态呈硬塑或坚硬状；其天然孔隙比小，属低压缩性土。内摩擦角 $\varphi$、黏聚力 $c$ 在浸水前后相差较大。在膨胀土地基上建造基础时，常采用设置沉降缝、换土垫层与排水、加大基础埋深、设钢筋混凝土圈梁等措施来消除或减少其危害。

盐渍土、冻土、填土、污染土和混合土等特殊土，有的具有区域性（如盐渍土、冻土），有的是人类活动以来所形成的土（如填土、污染土），要注意其特殊性，在工程中均应认真对待，采取正确的工程措施。

## 能力训练

1. 何谓软土？软土的主要物理力学性质有哪些？在软弱地基或软土上修建桥涵基础时常采取哪些工程措施？

2. 简述湿陷性黄土的概念和评价，湿陷性黄土场地的类型及划分，湿陷等级的划分以及常用的地基处理方法。

3. 红黏土有哪些特征？在红黏土上进行工程建设时常采取哪些工程措施？

4. 如何判定膨胀土？在膨胀土上进行工程建设时常采取哪些工程措施？

5. 盐渍土是怎样形成的？在盐渍土上进行工程建设时常采取哪些工程措施？

6. 冻土有哪些特征？如何进行分类？

7. 填土有哪些特征？如何进行分类？

8. 污染土对地基有哪些腐蚀作用？简述污染土的防治处理措施。

9. 何谓混合土？混合土有哪些特征？如何进行分类？简述混合土的处理措施。

# 单元四

# 土的渗透性

## 知识目标

了解土的渗透性、渗透力以及流土和管涌的基本概念。
熟悉影响土的渗透性的主要因素。
理解渗流试验的原理与达西定律的含义。

## 能力目标

掌握土的渗透系数的室内与现场测定方法，能够利用达西定律计算土的渗流速度。

理解渗透力的含义并会计算其数值，掌握流土和管涌的判定标准，实践中可以据此防止其在工程中的危害性。

土是一个多相、分散、多孔的系统，因而水能在其中流动，称为渗透，土的这种性质就是渗透性，它具有重要的工程意义。在地铁车站和桥梁墩台等结构的深基坑开挖中，需要计算基坑涌水量，以配置抽水设备并进行支护结构的设计计算，这就需要设计人员必须掌握土的渗透性。一般来说，土的颗粒越大，孔隙就越大，因而渗透性也就越强。在层流条件下，土中水的渗流速度与水头梯度成正比。

渗流过程中，水对单位体积土颗粒施加的作用力称为渗透力。当土中形成向上渗流且向上的渗透力大于土体的有效重力时，土颗粒就会向上浮动，形成流土现象。在渗流作用下，土体中的细颗粒从粗颗粒的孔隙中被带走，从而导致土体内形成贯通的渗流通道，称为管涌。流土和管涌严重影响土体的稳定性，可能造成严重的工程事故，因此在富水地区的基坑工程设计和施工中，必须考虑流土和管涌的影响。

## 任务一　土的渗透性

### 一、土的渗透性定义

土是具有连续孔隙的介质，在水位差作用下，水会从水位较高的一侧透过土体的孔隙流向水位较低的一侧，这种现象称为渗透（渗流）。土具有的被水透过的性能称为土的渗透性，这是决定地基沉降和时间关系的重要因素。

水在土中的微细孔隙中流动的阻力很大，实际上的流动是不太规律的，但由于其流速较慢且流动平稳，因此可将它视为层流。

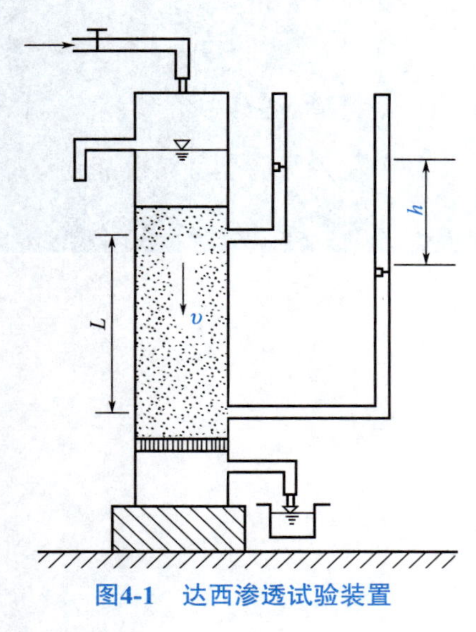

图4-1 达西渗透试验装置

水在土体中渗透，会引起土体内部应力状态的变化，改变土体的稳定条件，从而影响水工建筑物或地基的稳定，严重时还会造成工程事故。土的渗透性强弱对土体的固结、强度和工程施工都有非常重要的影响。因此，必须了解土的渗透性质以及水在土中的渗透规律，为地基和基础的设计与施工提供必要的资料。

## 二、渗透试验与达西定律

1856 年，法国学者达西（Darcy）在层流条件下，采用如图 4-1 所示试验装置对饱和粗颗粒土进行了大量的渗透试验，获得了渗流量与水头梯度的关系，从而得到渗流速度与水头梯度和土的渗透性质之间关系的基本规律，即渗流的基本规律——达西定律。

试验装置包括横截面积为 $A$ 的直立圆筒，其上端开口并设有溢流装置，下部有泄水管，圆筒侧壁装有两支相距为 $L$ 的测压管。在圆筒底部装有碎石，上覆多孔滤板，砂土试样置于滤板之上。水由上端注入圆筒，多余的水从溢水管溢出，使筒内的水位维持一个恒定值。渗透过砂层的水从泄水管流入量杯中，并以此来计算渗流量 $q$。设 $t$ 时间内流入量杯的水量为 $Q$，则单位渗流量为 $q=Q/\Delta t$。同时分别读取两个测压管水头值 $h_1$ 和 $h_2$，$h=h_1-h_2$ 即为相应两断面之间的水头损失。

达西分别对不同尺寸的试样进行试验，研究发现，水流通过试样截面积渗流出的流量 $q$ 与试样的截面积 $A$ 和水头梯度 $I$ 成正比，且与土的渗透性质有关。在层流条件下，以试样整个截面的平均渗流速度作为水的渗流速度，即可得到砂土渗流的规律为：

$$v=kI \tag{4-1}$$

或

$$q=kIA \tag{4-2}$$

式中 $v$——截面平均渗流速度，m/s；

$q$——单位渗流量，$m^3/s$；

$I$——水头梯度，$I=h/L$，指单位长度上的水头损失；

$A$——垂直于渗流方向的试样截面积（圆筒的内断面面积），$m^2$；

$k$——土的渗透系数，m/s，反映土的透水性能。

渗透系数的大小，反映了土渗透性的强弱，常见土的渗透系数参考值见表 4-1。一般来说，土的颗粒越小，渗透系数越小，渗透性就越差，由于黏性土的渗透系数很小，所以压实的黏性土可以认为是不透水的。

表 4-1 土的渗透系数参考值

| 土的类别 | 渗透系数 /（m/s） | 渗透性 |
|---|---|---|
| 黏土 | $<5\times10^{-8}$ | 几乎不透水 |
| 粉质黏土 | $5\times10^{-8}\sim1\times10^{-6}$ | 极低 |
| 粉土 | $1\times10^{-6}\sim5\times10^{-6}$ | 低 |
| 粉砂 | $5\times10^{-6}\sim1\times10^{-5}$ | 低 |
| 细砂 | $1\times10^{-5}\sim5\times10^{-5}$ | 低 |
| 中砂 | $5\times10^{-5}\sim2\times10^{-4}$ | 中 |

续表

| 土的类别 | 渗透系数 / (m/s) | 渗透性 |
| --- | --- | --- |
| 粗砂 | $2\times10^{-4}\sim5\times10^{-4}$ | 中 |
| 圆砾 | $5\times10^{-4}\sim1\times10^{-3}$ | 高 |
| 卵石 | $1\times10^{-3}\sim5\times10^{-3}$ | 高 |

达西定律是在层流条件下得到的，故一般仅适用于中砂、细砂、粉砂等，对于粗砂、砾石、卵石等粗颗粒土则不太适合，因为在这些土的孔隙中水的渗流速度较大，不再是层流而是紊流。

实验表明，黏土中的渗流规律不完全符合达西定律。这是因为在黏土中，土颗粒周围存在着结合水，结合水因受到分子引力作用而呈现黏滞性，对水的渗流产生一定的阻力，只有克服结合水的黏滞阻力后水才能开始渗流。将克服结合水黏滞阻力所需要的水头梯度称为起始水头梯度 $I_0$。此时达西定律可修正为：

$$v=k(I-I_0) \tag{4-3}$$

图 4-2 绘出了砂土与黏土的渗流规律曲线，直线 $a$ 表示砂土，它是通过原点的一条直线；曲线 $b$（图中虚线所示）表示黏土，$d$ 点为起始水头梯度。为简单起见，一般常用折线 $c$（图中 $Oef$ 线）代替曲线 $b$，认为 $e$ 点为黏土的起始水头梯度。

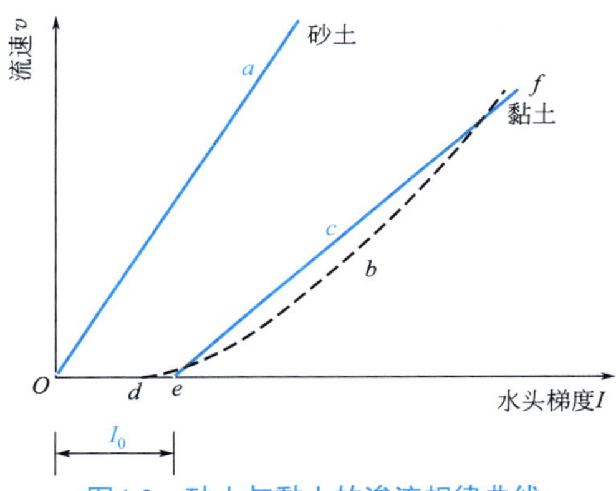


图4-2 砂土与黏土的渗流规律曲线

## 三、土的渗透性

### 1. 土的渗透系数测定

不同土的渗透性差别很大，工程上用渗透系数来综合反映土体的渗透能力，其数值的正确确定对渗透计算有着重要的意义。目前，渗透系数的测定方法可分为现场试验和室内试验两大类。现场试验的结果反映了原位土层的渗透性，结果比较准确可靠，但工作量大，耗时长，费用也较高；室内试验可以对不同土层分别进行试验，以了解不同土层的渗透性，试验时间和费用较少，所以，除非特别要求，一般只需进行室内试验即可。

室内试验通常采用常水头渗透试验和变水头渗透试验两种，常水头试验适用于渗透性强的砂性土，变水头试验适用于渗透性较小的黏性土。

（1）常水头渗透试验　常水头渗透试验装置的示意图如图 4-3 所示，在圆筒内装置土样，土的截面积为 $A$，渗流长度即试样长度为 $L$，试样上下断面的水头差为 $h$，且在整个试验过程中维持不变。这三者可以直接量出或控制。试验中只要用量筒和秒表测出在某一时段内流经试样的水量 $Q$，即可求出该时段内通过土体的流量：

$$Q=vAt=kIAt=k\frac{h}{L}At$$

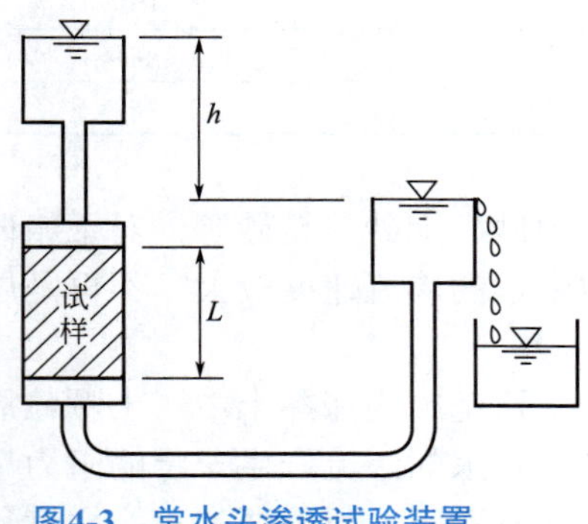


图4-3 常水头渗透试验装置

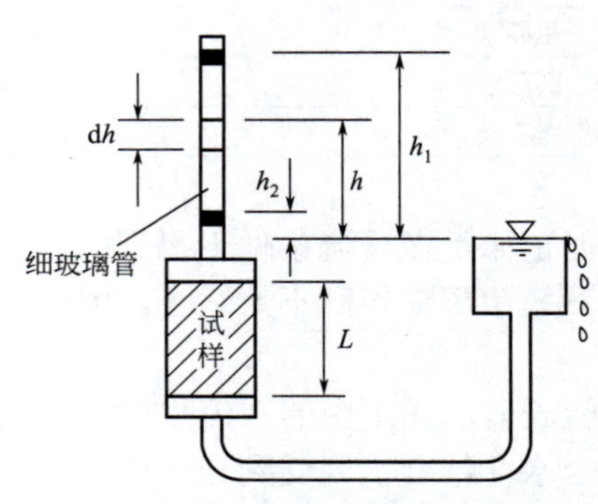


图4-4 变水头渗透试验装置

由此可得渗透系数：

$$k=\frac{QL}{Aht} \tag{4-4}$$

（2）变水头渗透试验 黏性土由于渗透系数很小，流经试样的水量很少，难以直接准确量测。因此，应采用变水头渗透试验法。变水头试验法在试验过程中，水头是随着时间而变化的，其试验装置如图 4-4 所示。试样的一端与细玻璃管相接，在试验过程中测出某一时段内细玻璃管中水位的变化，就可根据达西定律，求出土的渗透系数。

设细玻璃管的内截面积为 $a$，试验开始以后任一时刻 $t$ 的水位差为 $h$，经时段 d$t$，细玻璃管中水位下落 d$h$，则在时段 d$t$ 内流经试样的水量为：

$$\mathrm{d}Q=-a\mathrm{d}h$$

式中，负号表示渗水量随$h$的减小而增加。

根据达西定律，在时段 d$t$ 内流经试样的水流也可表示为：

$$\mathrm{d}Q=k\frac{h}{L}A\mathrm{d}t$$

合并上述两式，可得：

$$-a\mathrm{d}h=k\frac{h}{L}A\mathrm{d}t$$

简化得：

$$\mathrm{d}t=-\frac{aL}{kA}\times\frac{\mathrm{d}h}{h}$$

两边积分得：

$$\int_{t_1}^{t_2}\mathrm{d}t=-\int_{h_1}^{h_2}\frac{aL}{kA}\times\frac{\mathrm{d}h}{h}$$

解方程可得：

$$k=\frac{aL}{A(t_2-t_1)}\ln\frac{h_1}{h_2} \tag{4-5}$$

或者

$$k=\frac{2.3aL}{A(t_2-t_1)}\lg\frac{h_1}{h_2} \tag{4-6}$$

式中的$a$、$L$、$A$为已知，试验时只要测出与时刻$t$和所对应的水位差$h$，就可求出渗透系数。

【例4-1】　设做变水头渗透试验的黏土试样的截面积为30cm²，长度为5cm，渗透仪细玻璃管的内径为0.4cm，试验开始前的水位差为150cm，经过10min后，测得水位差为122cm，计算在此试验条件下该土样的渗透系数。

**解**　已知试样的截面积$A$=30cm²，渗流长度$L$=5cm，细玻璃管的内截面积$a=\pi d^2/4$=0.1256cm²，$h_1$=150cm，$h_2$=122cm，$t_1$=0，$t_2$=600s，由式（4-5）可得：

$$k=\frac{aL}{A(t_2-t_1)}\ln\frac{h_1}{h_2}=\frac{0.1256\times5}{30\times600}\times\ln\frac{150}{122}=7.209\times10^{-6}\ (\text{cm/s})$$

（3）现场抽水试验　对于粗颗粒土或成层土，室内试验时不易取得原状土样，或者土样不能反映天然土层的层次结构和颗粒排列情况。这时，从现场试验得到的渗透系数将比室内试验准确。常用的现场测试方法有现场注水试验和现场抽水试验。其方法是通过在土中注水或抽水时，测量土中水头高度和渗流量，再根据相关的理论公式求出渗透系数，下面主要介绍现场抽水试验。

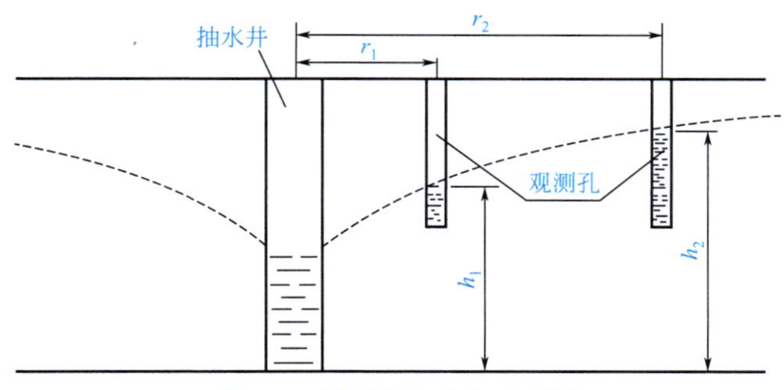


图4-5　现场抽水试验示意图

在试验现场钻一口抽水井，若井底下端进入不透水层时称为完整井，井底未钻至不透水层时称为非完整井。如图4-5所示为完整井，在距井中心半径为$r_1$和$r_2$处布置观测孔，以观测周围地下水位的变化。试验抽水后，地基土中将形成降水漏斗。当地下水进入抽水井的流量与抽水量相等且维持稳定时，测读一定时间$t$内从井中抽出的水量$Q$，同时测得$r_1$和$r_2$处的水头分别为$h_1$和$h_2$。假定土中任一半径处的水头梯度$I=\frac{\mathrm{d}h}{\mathrm{d}r}$，则由式（4-2）可得：

$$q=\frac{Q}{t}=kIA=k2\pi rh\frac{\mathrm{d}h}{\mathrm{d}r}$$

简化得：

$$\frac{\mathrm{d}r}{r}=\frac{2\pi kh}{q}\mathrm{d}h$$

两边积分得：

$$\ln\frac{r_2}{r_1}=\frac{\pi k}{q}\ (h_2^2-h_1^2)$$

则渗透系数为：

$$k=\frac{q\ln\left(\frac{r_2}{r_1}\right)}{\pi(h_2^2-h_1^2)} \tag{4-7}$$

或者

$$k=2.3\frac{q\lg\left(\frac{r_2}{r_1}\right)}{\pi(h_2^2-h_1^2)} \tag{4-8}$$

二维码 4.1

现场抽水试验时，抽水井直径不小于 200～250mm，以便安装抽水管。观测井的直径一般不小于 50～75mm，抽水井和观测井都需要安装过滤网。抽水应连续进行，形成稳定的沉降曲线后，再抽 6～8 天才可以停止抽水，此时要连续观测水位，查明水位恢复情况。最后将资料整理绘制降落曲线剖面图，根据观测井水头值 $h_1$ 和 $h_2$、距离抽水井的距离 $r_1$ 和 $r_2$ 和抽水井的单位涌水量 $q$，即可计算出渗透系数 $k$ 的值。

非完整井的计算公式可以参考其他相关教材和资料。

**【例4-2】** 如图4-6所示，在现场进行抽水试验测定砂土层的渗透系数。抽水井穿过10m厚的砂土层进入不透水层，在距井管中心15m及60m处设置观测孔。已知抽水前静止地下水位在地面下2.35m处，抽水后待渗流稳定时，从抽水井测得流量$q$=5.47×10$^{-3}$m$^3$/s，同时从两个观测孔测得水位分别下降了1.93m和0.52m。求砂土层的渗透系数。

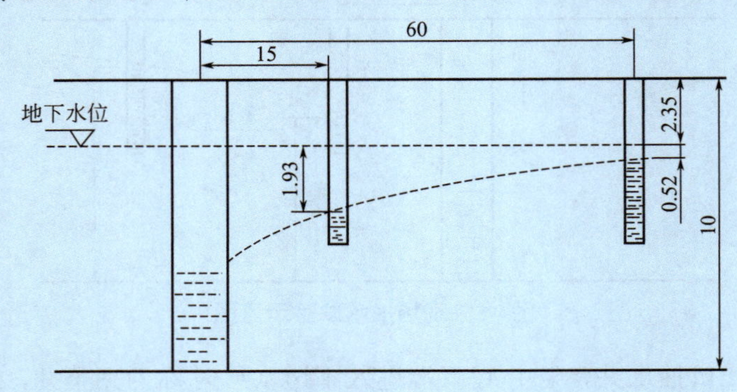


图4-6 【例4-2】图

**解** 两个观测孔的水头分别为：

$r_1$=15m处，$h_1$=10−2.35−1.93=5.72（m）

$r_2$=60m处，$h_2$=10−2.35−0.52=7.13（m）

由式（4-7）可得渗透系数为：

$$k=\frac{q\ln\left(\frac{r_2}{r_1}\right)}{\pi(h_2^2-h_1^2)}=\frac{5.47\times10^{-3}}{\pi}\times\frac{\ln\left(\frac{60}{15}\right)}{7.13^2-5.72^2}=1.33\times10^{-4}\ (\text{m/s})$$

（4）成层土的渗透系数　黏性土沉积有水平分层时，对于土层的渗透系数会有很大的影响，分为水平向渗流和竖直向渗流两种情况。为简便起见，在此以两个分层为例进行推导。

① 水平向渗流。此时，水流方向与土层平行，如图 4-7 所示。两个土层的相关参数分别为：截面积为 $A_1$、$A_2$，渗透系数为 $k_1$、$k_2$，单位渗流量为 $q_1$、$q_2$，竖向高度为 $h_1$、$h_2$。

由于各土层的水头梯度相同，总流量等于各分层流量之和，渗流总截面积等于各土层截面积之和，即：

$$I=I_1=I_2,\quad q=q_1+q_2,\quad A=A_1+A_2$$

由此可得土层水平向的平均渗透系数为：

$$k_h=\frac{q}{AI}=\frac{q_1+q_2}{AI}=\frac{k_1A_1I_1+k_2A_2I_2}{AI}=\frac{k_1h_1+k_2h_2}{h_1+h_2} \tag{4-9}$$

如果土层为三层或三层以上，该公式可推广为式（4-10）。

$$k_h=\frac{\sum k_ih_i}{\sum h_i} \tag{4-10}$$

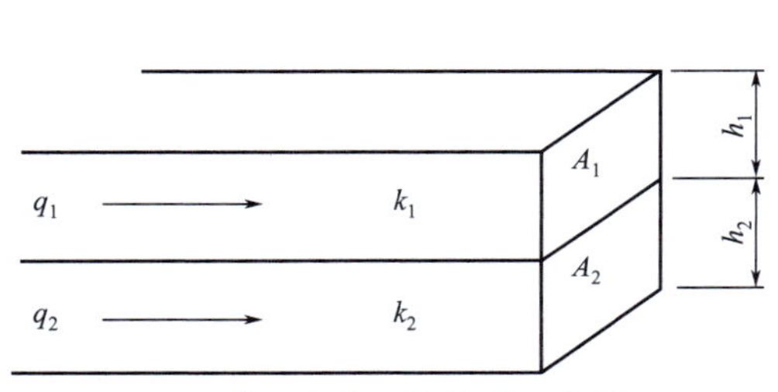

图4-7 成层土水平向渗流示意图

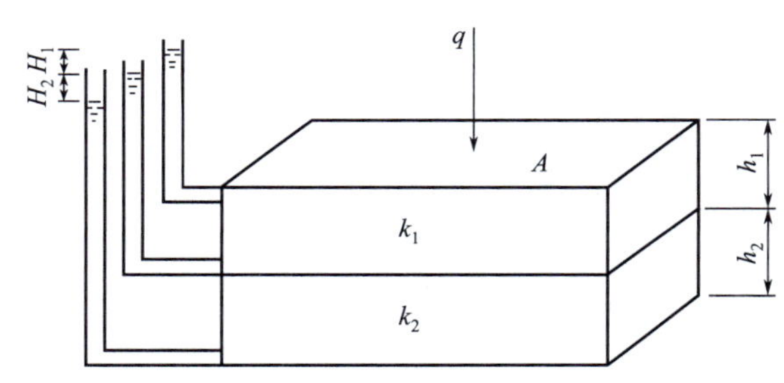

图4-8 成层土竖直向渗流示意图

② 竖直向渗流。此时，水流方向与土层垂直，如图 4-8 所示，土层由两层土组成，设每个土层的水头损失分别为 $H_1$、$H_2$。

由图 4-8 可知，渗流总量等于每一土层的渗流量，渗流总截面积等于各土层的截面积，总水头损失等于每层的水头损失之和，即：

$$H=H_1+H_2,\quad q=q_1=q_2,\quad A=A_1=A_2$$

由此可得土层竖向的平均渗透系数为：

$$k_v=\frac{q}{AI}=\frac{q}{A}\times\frac{h_1+h_2}{H}=\frac{q}{A}\times\frac{h_1+h_2}{H_1+H_2}=\frac{q}{A}\times\frac{h_1+h_2}{\frac{q_1h_1}{A_1k_1}+\frac{q_2h_2}{A_2k_2}}=\frac{h_1+h_2}{\frac{h_1}{k_1}+\frac{h_2}{k_2}} \tag{4-11}$$

如果土层为三层或三层以上，该公式可推广为式（4-12）：

$$k_v=\frac{\sum h_i}{\sum\frac{h_i}{k_i}} \tag{4-12}$$

（5）经验公式法　渗透系数也可以用一些经验公式估算，或参考有关规范和邻近已建工程的资料选用。

粗粒土的渗透性主要取决于孔隙通道的截面积。对于某一孔隙率的土，其孔隙的平均直径与其粒径的大小成正比，所以粗粒土的渗透性随着土颗粒粒径大小的特征值而变化，这一特征值为有效粒径 $d_{10}$，其关系式为：

$$k=Cd_{10}^2 \tag{4-13}$$

式中　$C$——系数，与渗流通道的大小、形状有关；

$d_{10}$——有效粒径。

海森（A. Hazen）提出了渗透系数 $k$ 与有效粒径 $d_{10}$ 的关系式为：

$$k=100\,d_{10}^2 \tag{4-14}$$

式中，$k$ 以 cm/s 计，$d_{10}$ 以 cm 计。

黏性土的渗透性主要与黏性土矿物表面活性作用及原状土的孔隙比有关。田西（Nishida）等人根据大量试验结果的统计分析，得到渗透系数 $k$ 与原状土孔隙比 $e$ 及表面活动性的关系式：

$$\lg k=\frac{e}{0.011I_{\mathrm{p}}+0.05}-10 \tag{4-15}$$

式中　$I_{\mathrm{p}}$——黏性土的塑性指数。

**2. 影响土的渗透性的因素**

由于土体的各向异性，水平向渗透系数与竖直向渗透系数亦不同，而且土的类别不同，影响因素也不尽相同。

影响砂性土渗透性的主要因素是颗粒大小、级配、密度以及土中封闭气泡。土颗粒愈粗，愈浑圆、愈均匀，渗透性愈大。级配良好土，细颗粒填充粗颗粒孔隙，土体孔隙减小，渗透性变小；渗透性随相对密实度增加而减小。土中封闭气体不仅减小了土体断面上的过水通道面积，而且堵塞过水通道，使土体渗透性减小。

影响黏性土渗透性的因素比砂性土复杂。黏性土中含有亲水性矿物（如蒙脱石）或有机质时，由于它们具有很大的膨胀性，就会大大降低土的渗透性，含有大量有机质的淤泥几乎是不透水的。黏性土中若土粒的结合水膜厚度较厚时，会阻塞土的孔隙，降低土的渗透性。例如钠黏土，由于钠离子的存在，使黏土颗粒的扩散层厚度增加，透水性降低；又如在黏土中加入高价离子的电解质（如铝离子、铁离子等），会使土粒扩散层厚度减薄，黏土颗粒会凝聚成团粒，土的孔隙因而增大，使土的渗透性也增大。

此外，土的结构构造也对土的渗透性有重要影响。例如西北地区的黄土，具有竖直方向的大孔隙，所以竖直方向的渗透性要比水平方向的大得多；层状黏土常夹有薄的水平粉砂层，使其水平方向渗透系数远大于竖直方向渗透系数。

## 任务二　土的渗透变形

当水在土体孔隙中流动时，由于土粒的阻力而产生水头损失，这种阻力的反作用力即为水对土颗粒施加的渗流作用力，单位体积土颗粒所受到的渗流作用力称为渗透力或动水力。土的渗透变形就是指渗透力引起的土体失稳现象。

### 一、渗透力的计算

在土中沿水流的渗流方向，切取一个土柱体 $ab$，如图 4-9 所示，土柱体的长度为 $L$，横截面积为 $A$，设 $a$、$b$ 两点距基准面的高度（即位置水头）分别为 $z_1$、$z_2$，两点的压力水头分别为 $h_1$、$h_2$，则两点的总水头分别为 $H_1=z_1+h_1$，$H_2=z_2+h_2$。

将土柱体内的水作为脱离体，设单位体积土体颗粒对水渗流的阻力为 $F$，考虑作用在水上的力系，因为水流的流速变化很小，其惯性力可以略去不计，则孔隙水体上沿 $ab$ 轴线上

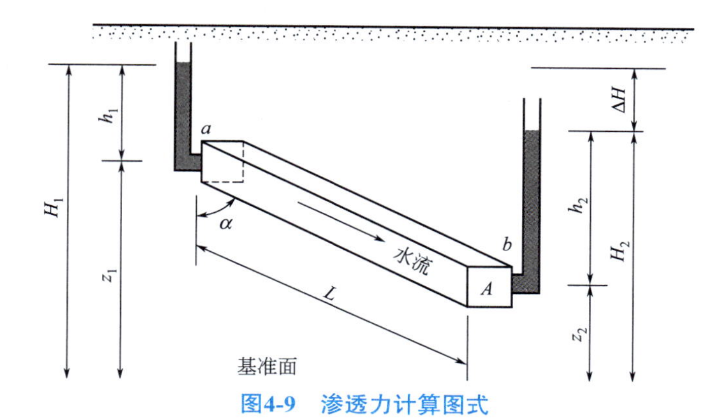


图4-9　渗透力计算图式

的作用力有：

① 作用在土柱体截面 $a$ 处的水压力为 $\gamma_w h_1 A$，其方向与水流方向一致；

② 作用在土柱体截面 $b$ 处的水压力为 $\gamma_w h_2 A$，其方向与水流方向相反；

③ 土柱体内孔隙水的重力在 $ab$ 轴线上的分力为 $\gamma_w nLA\cos\alpha$（$n$ 为孔隙率，下同），其方向与水流方向一致；

④ 土柱体内土颗粒作用于水的力在 $ab$ 轴线上的分力为 $\gamma_w(1-n)LA\cos\alpha$（土颗粒作用于水的力也就是水对于土颗粒作用的浮力的反作用力），其方向与水流方向一致；

⑤ 水渗流时，土颗粒对水的阻力 $LFA$，其方向与水流方向相反。

水对土颗粒的渗流力方向与水流方向一致。

根据作用在土柱体水上的力的平衡条件可得：

$$\gamma_w h_1 A-\gamma_w h_2 A+\gamma_w nLA\cos\alpha+\gamma_w(1-n)LA\cos\alpha-LFA=0$$

简化得：

$$\gamma_w h_1-\gamma_w h_2+\gamma_w L\cos\alpha-LF=0$$

将 $\cos\alpha=\dfrac{z_1-z_2}{L}$ 代入上式可得：

$$F=\gamma_w\frac{(h_1+z_1)-(h_2+z_2)}{L}=\gamma_w\frac{H_1-H_2}{L}=\gamma_w I \tag{4-16}$$

由于渗透力与单位体积土体颗粒对水渗流的阻力大小相等、方向相反，故得渗透力的计算公式为：

$$G_D=F=\gamma_w I \tag{4-17}$$

渗透力的计算在工程实践中具有重要意义，例如研究河滩路基边坡的渗流稳定性问题，就要考虑渗透力的影响，水在土体中渗流，将引起土体内部应力状态的改变，必须予以足够的重视。

## 二、流土与管涌

渗透力对土的作用特点随其作用方向而异，当水的渗流方向自上而下时，渗透力的作用方向与土颗粒的重力方向一致，这样将增加土颗粒间的压力，使土体稳定；若水的渗流方向自下而上时，渗透力的作用方向与土颗粒的重力方向相反，将减小土颗粒间的压力，可能导致土体不稳定。

当渗透力与土的浮重度相等时，即：

$$G_D=\gamma_w I=\gamma' \tag{4-18}$$

此时土粒间的压力（有效应力）等于零，土颗粒处于悬浮状态而失去稳定性，并随水流一起流动，这种现象称为流土现象。流土现象多发生于砂土中，因此也称为流砂。这时的水头梯度称为临界水头梯度 $I_{cr}$。

由式（4-18）可得：

$$I_{cr}=\frac{\gamma'}{\gamma_w}=\frac{\gamma_{sat}}{\gamma_w}-1=\frac{d_s-1}{1+e} \tag{4-19}$$

任何类型的土只要渗流时的水头梯度 $I$ 大于临界水头梯度 $I_{cr}$，就会发生流土。流土现象从开始到破坏历时较短，容易造成地基失稳、基坑塌方等工程事故，因此在设计与施工中，必须保证一定的安全系数，把土中渗流的水头梯度控制在允许水头梯度［$I$］之内，即：

$$I\leqslant[I]=\frac{I_{cr}}{K} \tag{4-20}$$

式中　$K$——安全系数，一般取2.0～2.5。

流土现象一般多发生于河滩路堤下游渗出处或基坑开挖渗流出口处，常见的流土表现形式有如下两种情况。

① 建筑在双层地基上，表层为透水性较小且厚度较薄的黏土层，下卧层为渗透性较大的砂类土。当渗流通过双层地基时，水流从上游渗入至下游渗出的过程中，通过砂层部分渗流的水头损失很小，水头损失主要集中在黏土层渗出处，此时，黏土层的水头梯度较大，容易发生流土现象，表层隆起，砂粒涌出，有时候整块土体会被抬起。

② 地基均匀的砂土层，且砂土的不均匀系数小于 10，当水位差较大且渗透路线较短时，土中出现较大的水头梯度，这时地表出现小泉眼、冒气泡，然后土粒群向上浮动跳跃，因此也称为砂沸。

当水在砂类土中渗流时，土中的一些细小颗粒在渗透力作用下，可能通过粗颗粒的孔隙被水流带走，并在粗颗粒之间形成管状孔隙，这种现象称为管涌，也叫潜蚀。管涌可以发生在土体中的局部范围，也可能发生在较大的土体范围内。较大土体范围内的管涌，久而久之就会在土体内部逐步形成管状流水孔道，并在渗流出口形成孔穴甚至洞穴，最终导致土体失稳破坏。1998 年发生于我国长江的大洪水曾使长江两岸的数段河堤发生管涌破坏，给国家和人民财产造成巨大损失。

发生管涌时的临界水头梯度与土的颗粒大小及其级配情况等多种因素有关，目前还没有一个公认的计算标准。实际工程可参考式（4-21）和式（4-22）进行判断。

当渗流自下而上发生时：

$$I_{cr}=\frac{Cd_3}{\sqrt{\frac{k}{n^3}}} \tag{4-21}$$

当渗流从侧向发生时：

$$I_{cr}=\frac{Cd_3}{\sqrt{\frac{k}{n^3}}}\tan\varphi \tag{4-22}$$

式中　$d_3$——土中小于某粒径的颗粒质量占总颗粒质量的3%时该颗粒粒径，cm；

$k$——土的渗透系数，cm/s；

$n$——土的孔隙率；

$\varphi$——土的内摩擦角；

$C$——常数，根据区域土的性质和工程经验确定，一般取 $C$=42。

工程实践表明，发生管涌时的临界水头梯度和土的不均匀系数之间存在一定关系，不均匀系数 $C_u$ 越大，临界水头梯度 $I_{cr}$ 越小。因此，也可根据不均匀系数来判断地基土是管涌土还是非管涌土，如果土的 $C_u \leqslant 10$，为非管涌土；$10 < C_u < 20$ 为低管涌土；$C_u \geqslant 20$ 则为管涌土。

流土现象发生在土体表面的渗流逸出处，不会发生于土体内部；而管涌现象既可以发生在渗流逸出处，也可以发生在土体内部。流土现象主要发生在细砂、粉砂及粉土中。而在粗粒土及黏土中则不易发生。

基坑开挖排水时，若采用表面直接排水。坑底土将受到向上的渗透力作用并可能引发流土现象。这时坑底挖土会边挖边冒，无法清除，给工程建设造成困难。由于坑底土随水涌入基坑，致使地基土结构遭受破坏，强度降低，还可能诱发工程事故。

在基坑开挖中防治流土的主要原则如下。

① 减小或消除基坑内外地下水的水头差；

② 通过设置防水板桩等增长渗流路径；

③ 在向上渗流出口处地表用透水材料覆盖压重以平衡动水力。

二维码 4.2

河滩路堤两侧有水位差时，水在路堤内或基底内发生渗流，水头梯度较大时，可能产生管涌现象，严重时还可能导致路堤坍塌破坏。为了防止管涌现象的发生，一般可在路堤下游边坡的水下土体中设置反滤层，这样可以防止路堤中细小颗粒被水流带走。

## 任务三　黏性土的抗水性

黏性土中含水量的变化不仅引起土稠度发生变化，也同时引起土的体积发生变化。黏性土都有遇水膨胀、干燥收缩的特性。土的膨胀性、收缩性均说明土粒与水作用时的稳定程度，统称为土的抗水性，它是黏性土重要的水理性质。一般情况下，膨胀性强的土收缩性也强；但软黏土及淤泥质土具有强烈的收缩性，而膨胀性较弱。崩解是膨胀的特殊形式和进一步发展，它们都是土粒表面水化膜增厚的结果。

土的胀缩性表现的强烈程度并不一致。有的膨胀收缩不太显著，因而没引起重视；有的则膨胀、收缩得比较厉害，给工程带来不利的影响。土的膨胀可造成基坑隆起、坑壁拱起或边坡的滑移、道路翻浆；土体积的收缩时常伴随着产生裂隙，从而增大了土的透水性，降低了土的强度和边坡的稳定性。因此，研究土的胀缩性对工程建筑物的安全和稳定具有重要意义。另外，还可利用细粒土的膨胀特性，将其作为填料或灌浆材料来处理裂隙。

### 一、黏性土的收缩性

由于含水量的减少，失水收缩、体积减小的性能称为收缩性。土的收缩是由于土粒间的结合水膜变薄所致，图 4-10 为土的收缩曲线示意图，表示土的体积随结合水含量变化的过程及与稠度状态的关系。

土的失水收缩和吸水膨胀是相反的两个过程。当土中含水量小于缩限 $w_s$ 时，土体积基本不再减小；当含水量大于液限 $w_L$ 时，出现非结合水，土粒间逐渐失去结合水膜的联结，土体积开始崩裂散开。所以，液限与缩限为土与水相互作用后土体积随含水量变化的上、下界

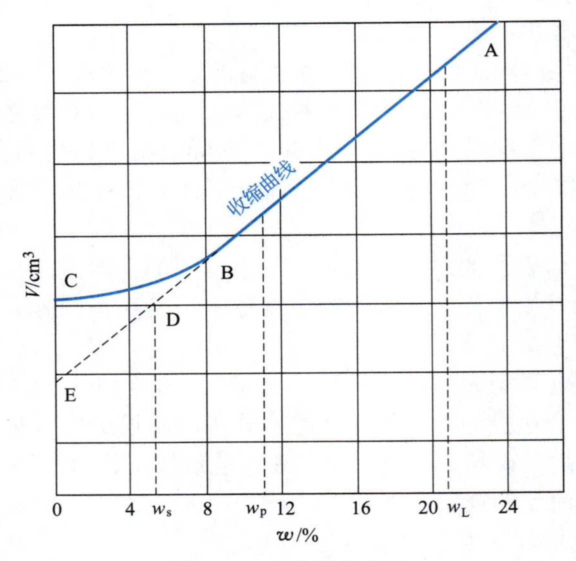


图4-10 土的收缩曲线

限，以缩性指数 $I_s$ 表示：

$$I_s=w_L-w_s \tag{4-23}$$

式中 $w_L$——土样的液限；

$w_s$——土样的缩限。

缩性指数的大小，可以说明随含水量的变化土体积变化的大小。图 4-11 表示了膨胀力随液限的增大而增大。膨胀力与缩限的关系与之相反，故工程中常用缩性指数作为评估黏性土的胀缩性指标。

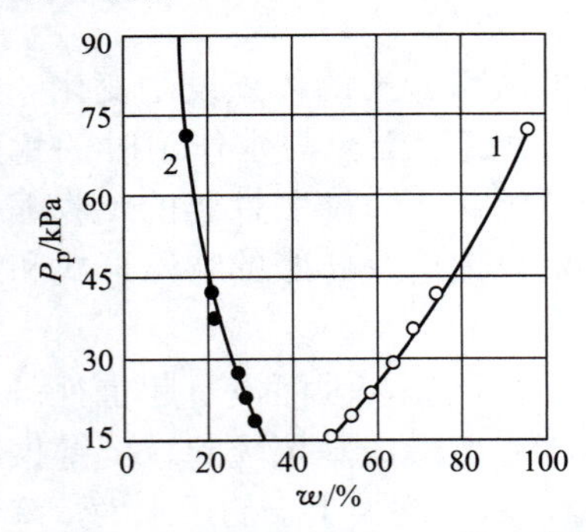


图4-11 膨胀力与$w_L$、$w_s$关系曲线

1—$w_L$与膨胀力关系；2—$w_s$与膨胀力关系

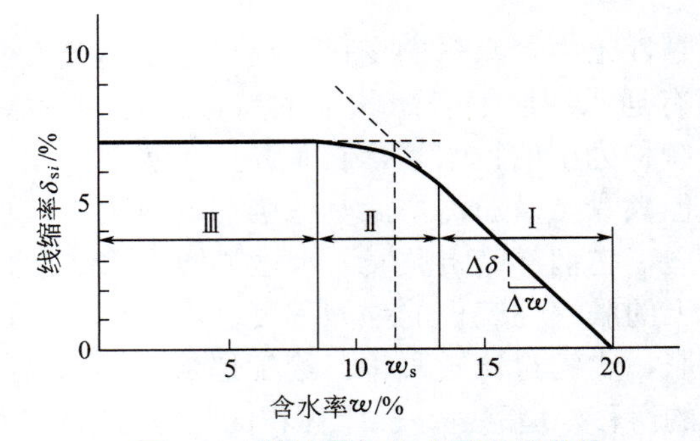


图4-12 线缩率与含水量关系曲线

土的失水收缩是三维的，不仅竖向收缩，侧向也收缩，土收缩时体积收缩率不等于其高度的收缩率。表征土收缩性的指标有：体缩率、线缩率、收缩系数。收缩性指标都可以通过收缩试验求得。图 4-12 为土的收缩曲线，也即线缩率与含水量关系曲线。

**1. 体缩率 $\delta_V$**

土样失水收缩减少的体积与原体积之比，以百分数表示：

$$\delta_V=\frac{V_0-V_d}{V_0}\times100\% \tag{4-24}$$

式中　$V_0$——土样收缩前的体积，$m^3$；

　　$V_d$——土样收缩后的体积，$m^3$。

**2. 线缩率 $\delta_{si}$**

土样失水收缩减少的高度与原高度之比，以百分数表示：

$$\delta_{si}=\frac{h_0-h_i}{h_0}\times 100\% \tag{4-25}$$

式中　$h_0$——土样原始高度，m；

　　$h_i$——土样收缩后的高度，m。

**3. 收缩系数 $\lambda_s$**

原状土样在直线收缩阶段，含水量每减少 1% 时的竖向线缩率：

$$\lambda_s=\frac{\Delta\delta_s}{\Delta w} \tag{4-26}$$

式中　$\Delta\delta_s$——土样的线缩率变化量；

　　$\Delta w$——土样的含水量变化量。

在图 4-12 曲线上，收缩系数实质是土失水收缩第一阶段直线段的斜率。黏性土收缩时除了土体积缩小外，还会由于收缩的不均匀而产生裂缝。

## 二、黏性土的膨胀性

黏性土由于含水量的增加，吸水膨胀，土体体积增大的性能称为膨胀性。黏性土的膨胀与收缩相反，是由于水分浸入土中使结合水膜变厚，土粒间的距离增大所至，卸荷也能引起土的膨胀。如图 4-13 所示，在压力 $p$ 作用下粒间的水膜厚度为 $b$，当 $p$ 由于某种原因减小（如开挖基坑时），旁边水膜较厚处的弱结合水将力图楔入接触点处，使距离 $b$ 增大，引起土体积膨胀。如果再有新的水分浸入土中，则膨胀更大。

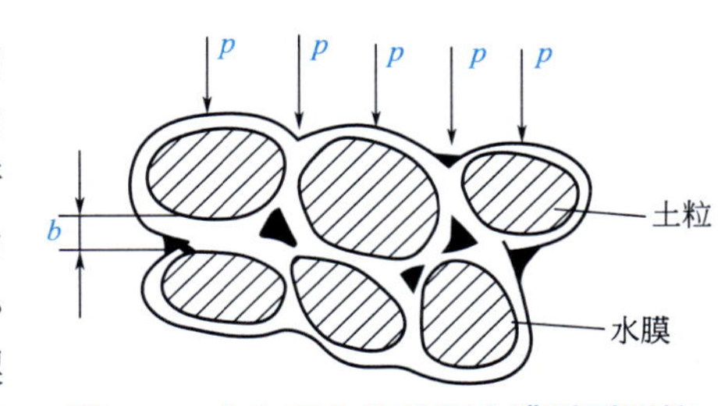


图4-13　水在压力作用下水膜受到压缩

表征土膨胀性的指标主要有膨胀率、自由膨胀率、膨胀力、膨胀含水量。

**1. 膨胀率 $\delta_{ep}$**

原状土在一定压力和有侧限条件下浸水膨胀稳定后的高度增加量与原高度之比，称为膨胀率 $\delta_{ep}$，用百分数表示。其值愈大，说明土的膨胀性愈强。室内试验是用环刀取土测定的，由于是在有侧限条件下的膨胀，因此测得的膨胀率（线胀率）实际上就是体胀率，即膨胀率，表达式为：

$$\delta_{ep}=\frac{h_w-h_0}{h_0}\times 100\% \tag{4-27}$$

式中　$h_0$——土样原始高度，m；

　　$h_w$——土样浸水膨胀稳定后的高度，m。

膨胀率的大小与土的天然含水量、土的密实程度及土的结构连结有关。工程实践中，应根据土层的埋藏条件和上部荷载，测定不同压力下的膨胀率，以满足工程需要。一般评价土的膨胀性时，可测定无荷载作用下的膨胀率 $\delta_e$，其值愈大，土膨胀性愈强。

**2. 自由膨胀率 $\delta_{ef}$**

将一定体积的扰动烘干土样经充分吸水膨胀稳定后，测得增加的体积与原干土体积之比即为自由膨胀率 $\delta_{ef}$，以百分数表示：

$$\delta_{ef}=\frac{V_w-V_0}{V_0}\times 100\% \tag{4-28}$$

式中 $V_w$——土样在水中膨胀稳定后的体积，$m^3$；

$V_0$——土样原始体积，$m^3$。

自由膨胀率表明土在无结构力影响下的膨胀特性，说明土膨胀的可能趋势。

**3. 膨胀力 $p_e$**

原始土样的体积不变时，由浸水膨胀产生的最大内应力称为膨胀力。膨胀力 $p_e$ 可用来衡量土的膨胀势和考虑地基的承载能力，某些细粒土的膨胀力可达 100kPa 以上。

**4. 膨胀含水量 $w_{sl}$**

土样膨胀稳定后的含水量称为膨胀含水量，此时扩散层已达最大厚度，结合水含量增至极限状态，定义为：

$$w_{sl}=\frac{m_{sl}}{m_s}\times 100\% \tag{4-29}$$

式中 $m_{sl}$——土样膨胀稳定后土中水的质量，kg；

$m_s$——干土样的质量，kg。

## 三、黏性土的崩解性

黏性土遇水后的另一现象是土的崩解。黏性土在水中崩散解体或强度减弱的性能，称为土的崩解性，又称湿化性。若将黏性土浸入水中，由于胶结物的溶解或软化，降低了土粒间的加固黏聚力，弱结合水又力图楔入土粒间，进一步破坏粒间联系。这样土块浸水后不久就会崩成小块或小片，这现象称为崩解。崩解是因水分浸入过多，土粒为自由水隔开之故。

土的崩解性通常用崩解时间、崩解速度和崩解特征来标明。

边长为 5cm 的立方体土样，在水中完全崩解所需要的时间为崩解时间，崩解时间短的土体崩解性强，反之则弱。通常用土样在崩解过程中的重量损失和原土样重量之比与时间的关系，来表示崩解速度。崩解特征是土样在崩解过程中的各种现象，如土样在水中崩解成散粒状、鳞片状或块状等。

根据试验结果及有关文献，崩解发生的条件为：①存在临空面；②黏性土中黏粒含量小于 30%；③含水量小于 22%。这几个条件在黄土边坡上都成立。在公路边坡中，土的崩解性反映了土的可蚀性，研究土的崩解性对工程侵蚀计算及排水、防护都有指导意义。

## 四、影响黏性土抗水性的因素

影响黏性土抗水性的因素，主要有土的粒度成分和矿物成分、土的天然含水量、土的密实程度、土的结构、水溶液介质的性质以及外部压力等因素。

土中黏粒含量愈多，黏粒矿物成分中亲水性强的蒙脱石、伊利石含量愈高，其膨胀性和收缩性愈强。当土的天然含水量较高或接近饱和状态时，土的膨胀性弱、收缩性强；反之，土的天然含水量愈小的土，吸水量大，则膨胀性强，而失水时收缩性弱。土的天然含水量决定土的胀缩程度。天然孔隙比小的密实黏性土，膨胀性较强，收缩性弱；而天然孔隙比大的疏松土，收缩性强而膨胀性有限。结构强度具有抵抗膨胀变形的能力。结构强度大的土，抵抗胀缩变形的能力大，故胀缩性可能减弱。

黏性土胀缩性的大小还取决于溶液离子的成分与浓度。高岭石的饱和吸水率只有干土质量的 90% 左右，钙蒙脱石的吸水率约为 300%，而钠蒙脱石的吸水率高达 700% 左右。可见，黏性土的胀缩性与矿物成分及离子成分密切有关。对膨胀和收缩的量危及工程安全的土，必须注意判别和处理。

**小结**

本单元讲述了土的渗透性质的相关知识，这是在富水地区进行设计施工必须考虑的重要因素，同时本单元也是进一步学习土的固结理论的基础。

本单元从达西渗透试验的装置和步骤开始，介绍达西定律和土的渗透系数的含义，并介绍了土的渗透系数测定方法以及运用达西定律对给定土体的渗流速度和渗流量进行计算。

在土的渗透变形方面，介绍了渗透力的含义和渗透力计算的推导过程。在此基础上，阐述了流土和管涌现象发生的机理及对工程的危害性，介绍了避免流土和管涌现象发生的设计准则以及工程实践中防止流土和管涌的常用工程措施。

黏性土的抗水性反映其含水量变化时膨胀、收缩等特性，工程中常用缩性指数来评估黏性土的胀缩性。表征土收缩性的指标有：体缩率、线缩率、收缩系数；表征土膨胀性的指标主要有膨胀率、自由膨胀率、膨胀力、膨胀含水量。黏性土的崩解是膨胀的特殊形式和进一步发展。土的崩解性通常用崩解时间、崩解速度和崩解特征来标明。

## 能力训练

### 一、思考题

1. 何谓达西定律？密实黏土的达西定律表达式与砂土有何区别？
2. 影响土的渗透性的因素有哪些？
3. 试验室内测定土的渗透系数有哪些方法？
4. 什么是渗透力？它的大小和方向如何确定？
5. 渗透力是怎样引起渗透变形的？渗透变形有哪几种形式？在工程上会有什么危害？
6. 发生流土和管涌的机理与条件是什么？与土的类别和性质有什么关系？防治流土和管涌的工程措施有哪些？
7. 何谓缩性指数？它有什么作用？
8. 什么是黏性土的膨胀性？它有什么工程危害？

### 二、习题

1. 常水头渗透试验中，土样的长度为 25cm，横截面积为 100cm$^2$，作用在土样两端的水头差为 75cm，通过土样渗流出的水量为 100cm$^3$/min，计算该土样的渗透系数并判断土的类别。

2. 变水头渗透试验中，土样直径为 7.5cm，长 1.5cm，量管（测压管）直径 1.0cm，初始水头 $h$=25cm，经 20min 后，水头降至 12.5cm。求土样的渗透系数并判断土的类别。

3. 某粉土的土粒密度为 2.70kg/m$^3$，孔隙比为 0.60，试求该土的临界水头梯度。

4. 某工程基坑中，由于抽水引起水流由下往上流动，若水头差为 60cm，水流路径 50cm，土的饱和重度为 20kN/m$^3$，试问是否会产生流土现象？

5. 在图 4-14 的实验装置中，已知水头差 $h$=15cm，土样长度 $L$=20cm，土样的土粒密度为 2.71kg/m$^3$，孔隙比为 0.53。问：（1）土样内的动水力为多少？（2）土样是否会发生流土现象？（3）在什么情况下会发生流土现象？

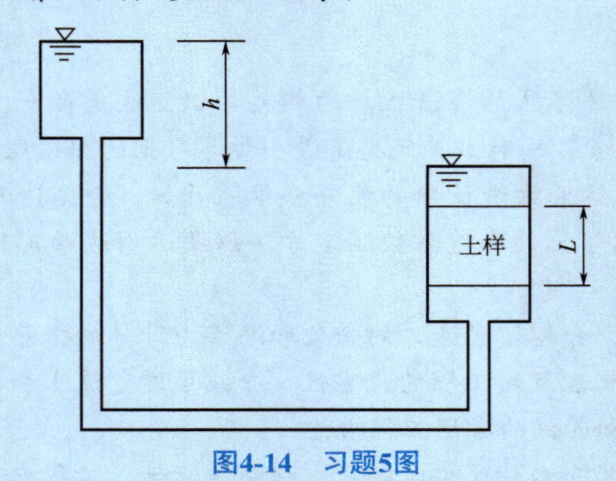

图4-14　习题5图

# 单元五

# 土中应力

## 知识目标

了解土体中自重应力、基底压力以及土体中附加应力的基本概念。
熟练掌握土体中自重应力、基底压力和土体中的附加应力的计算方法。

## 能力目标

熟练掌握自重应力、基底压力、土体中附加应力这三种应力的计算方法，它是下一单元地基变形计算和有效控制基础底面尺寸的基础。

土中应力按其产生的原因可分为自重应力和附加应力。所谓自重应力，就是土体自身重量引起的应力。对于天然土层，自从土体生成开始，在自重应力长期作用下土体的变形已完成，其沉降早已稳定。但在天然土层上建造建筑物时，会引起土中应力的变化。所谓附加应力，就是由土自重以外的作用引起的应力，即土中产生的应力增量。当附加应力过大时，地基就会发生过量的沉降，影响建筑物的使用和安全，甚至也会导致土的强度破坏，使土体丧失稳定。因此，计算和分析土中应力是进行地基变形和稳定问题研究的基础。

土是三相物质的综合体，其应力 - 应变关系是非常复杂的。目前在计算地基中的应力时，通常假设地基土为连续、均质、各向同性和半无限弹性体，采用弹性理论，即假定其应力 - 应变是线性关系。这虽然同土体的实际情况有差别，但其计算结果仍可满足工程的需要。

土中某点的总应力应为自重应力与附加应力的矢量和。本单元主要讨论竖向应力的计算方法。

## 任务一　土中的自重应力

在未修建建筑物或构筑物之前，由土体本身自重引起的应力称为土的自重应力，记为 $\sigma_c$。它是土体的初始应力状态。在计算自重应力时，假定地基为半无限弹性体，土体中所有竖直面和水平面上均无剪应力存在，由此可知，在均匀土体中，土中某点的自重应力只与该点的深度有关。

### 一、均质土中的自重应力

如图 5-1 所示，如果地面下土质均匀，其天然重度为 $\gamma$，则在深度为 $z$ 的 $M$ 点处竖向自

重应力 $\sigma_{cz}$ 可取为该深度上任意单位面积的土柱体自重 $\gamma z\times 1$。于是 $M$ 点的竖向自重应力为：

$$\sigma_{cz}=\gamma z \tag{5-1}$$

式中 $\gamma$——土的天然重度，kN/m$^3$；

$z$——计算点的深度，m。

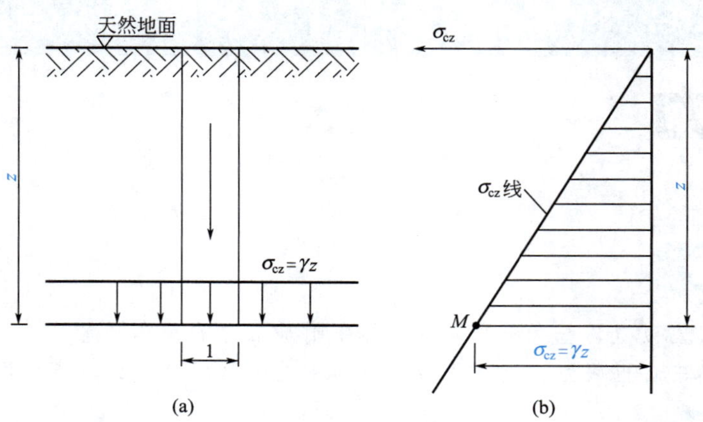


图5-1 均质地基土中的自重应力分布

$M$ 点的水平自重应力为：

$$\sigma_{cx}=\sigma_{cy}=K\sigma_{cz} \tag{5-2}$$

式中 $K$——土的侧压力系数。

$K$ 可通过试验获得，如无试验资料时可按经验公式推算。

## 二、成层土中的自重应力

当地基土是由不同性质的多层土组成时，如图 5-2 所示，各土层分界面上的竖向自重应力分别是：

$$\sigma_{cz_1}=\gamma_1 h_1$$

$$\sigma_{cz_2}=\gamma_1 h_1+\gamma_2 h_2 \tag{5-3}$$

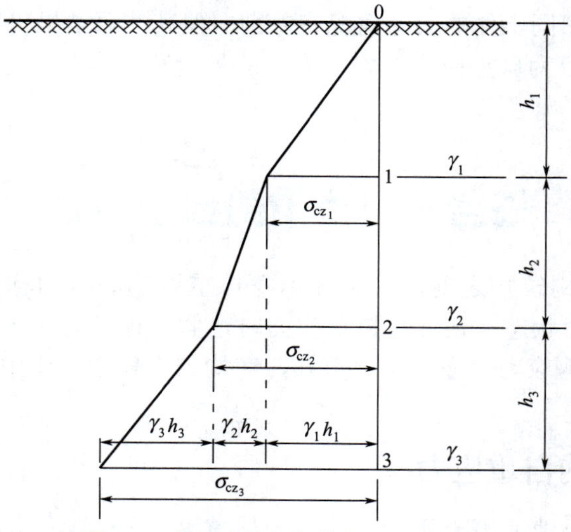

图5-2 成层地基土中的自重应力分布

式中　$\gamma_1$，$\gamma_2$——分别为第1、2层土的重度，kN/m³；

$h_1$，$h_2$——分别为第 1、2 层土的厚度，m。

由此可知，在地面以下任一层面处的自重应力为：

$$\sigma_{cz}=\gamma_1 h_1+\gamma_2 h_2+\cdots+\gamma_n h_n=\sum_{i=1}^{n}\gamma_i h_i \tag{5-4}$$

## 三、有地下水时土层中的自重应力

当土层位于地面水或地下水位以下，如图 5-3 所示，计算地基土中的自重应力时应根据土的性质确定是否需要考虑水的浮力作用。通常认为水中的砂性土应考虑浮力作用，其重度要用浮重度 $\gamma'$。如果在地下水位以下，埋藏有不透水层（如岩层或连续分布的坚硬黏性土层），由于不透水层不存在浮力，所以计算这部分土中的自重应力应采用天然重度 $\gamma$。作用在不透水层层面及层面以下的土自重应力应等于上覆土和水的总重，如图 5-4 所示。但有些黏性土的不透水性很难判别，从而无法确定是否考虑浮力作用。此时，常规的做法是同时考虑两种情况，取其最不利者予以计算。

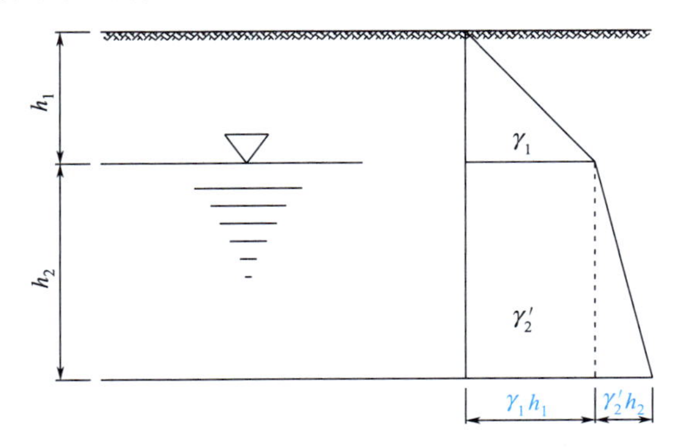


图5-3　有地下水的土层中的自重应力分布

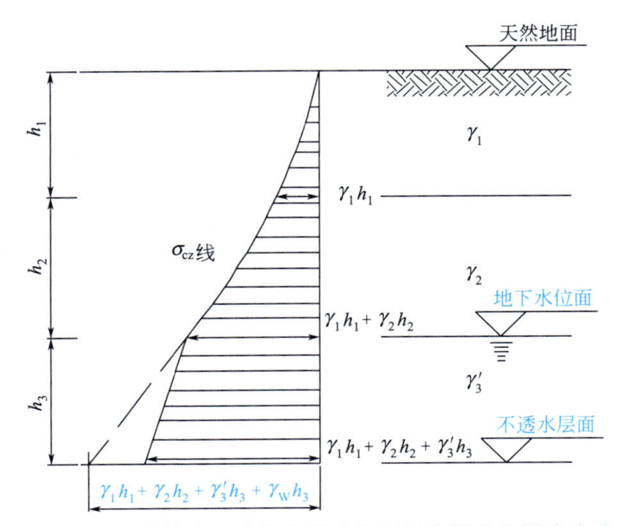


图5-4　有地下水的成层地基土中（含不透水层）自重应力分布

地下水位升降会引起土中自重应力的变化，由此也会引起地面的升降。在沿海一些软土地区，由于大量抽取地下水，造成地下水位大幅下降，使土中的有效自重应力增加，从而造成地表大面积的下沉。又如三峡库区的蓄水，大幅度抬高了地面水水位，导致土中的自重应力的变化。

自重应力随深度变化的分布情况，如图 5-2 和图 5-3 所示。从图中可以看出，同一均质地基土层中自重应力分布为直线，多层地基土中自重应力分布则为折线，转折点在各土层分界面上。总之，自重应力随深度增加而增加。

【例5-1】 已知某土层中上层为透水性土，下层为非透水性土，其重度如图5-5所示，求河底0处以及点1～7处的竖向自重应力，并绘制自重应力沿深度的分布图。

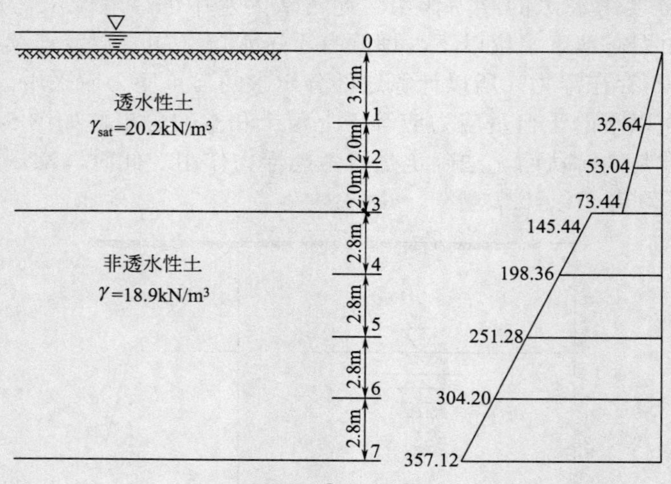


图5-5 【例5-1】图

**解** 由于土层均处于地下水位以下，要考虑地下水的作用。其中水下透水性土用浮重度 $\gamma'$ 计算，非透水性土则用 $\gamma$ 计算。河底处自重应力为零，其他各点为：

点 1 处 $\sigma_{c1}=\gamma' h_1=(20.2-10)\times 3.2=32.64$（kPa）

点 2 处 $\sigma_{c2}=\gamma' h_2=(20.2-10)\times 5.2=53.04$（kPa）

点 3 处 $\sigma_{c3上}=\gamma' h_3=(20.2-10)\times 7.2=73.44$（kPa）

$\sigma_{c3下}=\gamma' h_3+10\times 7.2=(20.2-10)\times 7.2+72=145.44$（kPa）

点 4 处 $\sigma_{c4}=145.44+\gamma h_4=145.44+18.9\times 2.8=198.36$（kPa）

点 5 处 $\sigma_{c5}=145.44+\gamma h_5=145.44+18.9\times 5.6=251.28$（kPa）

点 6 处 $\sigma_{c6}=145.44+\gamma h_6=145.44+18.9\times 8.4=304.20$（kPa）

点 7 处 $\sigma_{c7}=145.44+\gamma h_7=145.44+18.9\times 11.2=357.12$（kPa）

地基土中的自重应力分布如图 5-5 所示。

# 任务二 基底压力

前面已指出，外荷载与上部结构和基础所受的重力是通过基础传到土中去的。作用于基础底面处传至地基单位面积上的压力称为基底压力。在基底压力作用下，地基土中除自重应力外又会产生新的附加应力，而基底压力的分布直接影响着地基中的附加应力。

## 一、基础底面的压力分布

基础底面的压力即基底压力，它的分布是一个比较复杂的问题。在弹性理论中称为接触压力问题。实验表明，基底压力分布既受基础形状、大小、刚度和埋置深度的影响，又受作用于基础荷载的大小、分布、地基土性质的影响。

### 1. 柔性基础

由土筑成的路堤、土坝等，本身刚度很小，在竖向荷载作用下没有抵抗弯曲变形的能力，基础与地基同步变形。土路堤、土坝就相当于一种柔性基础。路堤基底压力分布就与路堤断面形状相同，即梯形分布，如图 5-6 所示。

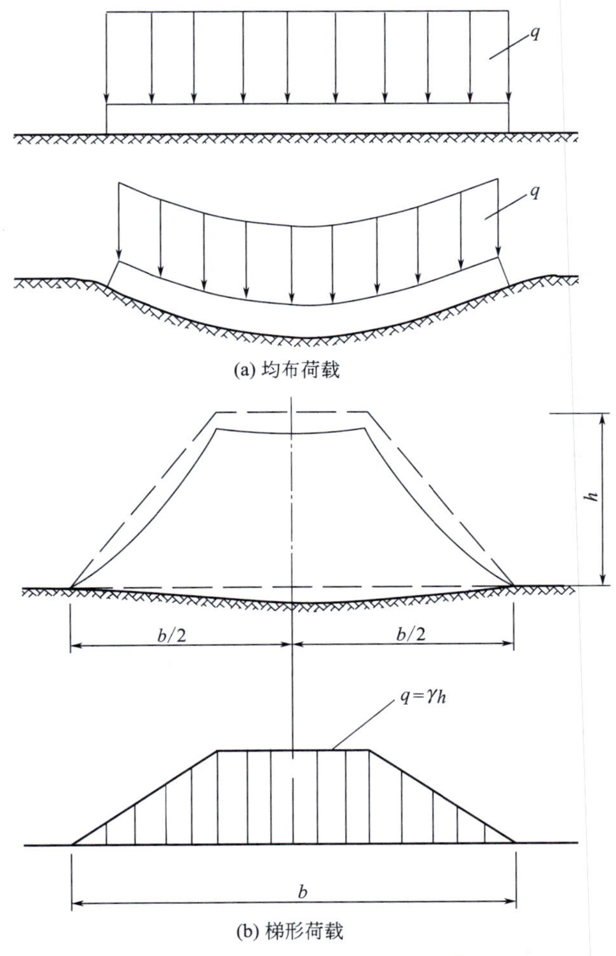


图5-6　柔性基础基底压力分布

### 2. 刚性基础

桥梁墩台基础采用大块混凝土结构时，其刚度远超过土的刚度。这一类基础可以认为是刚性基础。刚性基础底面的压力分布情况比较复杂，通常有以下几种分布。

（1）马鞍形分布　当荷载较小又中心受压时，基底压力分布是马鞍形的，中央小两边缘大，如图 5-7（a）所示。

（2）抛物线形分布　当作用的荷载较大时，由于基础边缘的应力很大，使基础边缘地基土中产生塑性变形区，边缘的应力不会增大，而基础中心下的压力不断增加，同时基底压力重新分布，最后呈抛物线形分布，如图 5-7（b）所示。

（3）钟形分布　当荷载继续增大，接近地基的极限荷载时，则基底压力分布会变成钟形分布，如图 5-7（c）所示。

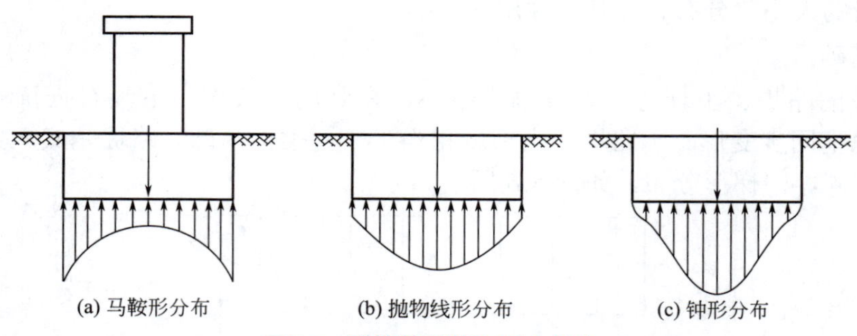


图5-7　刚性基础基底压力分布

上述基础底面压力分布呈各种曲线，若不进行简化就计算地基中的附加应力，将使计算变得非常复杂。理论和实验也证明，当作用在基础上的荷载总值和作用点不变时，基底压力分布形状对土中附加应力的影响仅仅局限在较浅的土中，在超过一定深度后这种影响就变得非常小。因此，在实际计算时，对基底压力的分布可近似地认为是按直线规律变化的，这样就大大简化了土中附加应力的计算。

## 二、中心荷载作用下的基底压力

当竖向荷载的合力通过基础底面的形心点时，基底压力假定为均匀分布，如图 5-8 所示，此时基底压力设计值按式（5-5）计算。

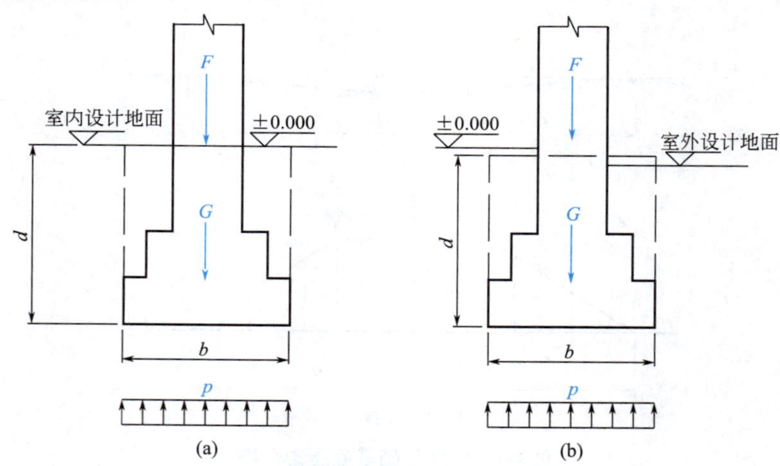


图5-8　中心荷载作用下的基底压力分布

$$p=\frac{F+G}{A} \tag{5-5}$$

式中　$F$——作用在基础上的竖向力设计值，kN；

$G$——基础自重设计值与其上回填土自重标准值，kN；

$A$——基础底面面积，$m^2$。

其中，$G=\gamma_G Ad$，$\gamma_G$ 为基础及回填土的平均重度，一般取 20kN/m$^3$，地下水位以下取浮重度；$d$ 为基础埋深，从设计地面或室内外平均设计地面算起；对矩形基础，$A=bl$，$b$ 和 $l$ 分别为基础的短边和长边的长度，对荷载沿长度方向均匀分布的条形基础，可沿长度方向截取一单位长度进行计算，而 $F$ 和 $G$ 则为单位长度上的作用荷载。

## 三、偏心荷载作用下的基底压力

在工程设计时，通常考虑的偏心荷载是单向偏心荷载，并且将基础长边方向定为偏心方向，如图 5-9 所示。

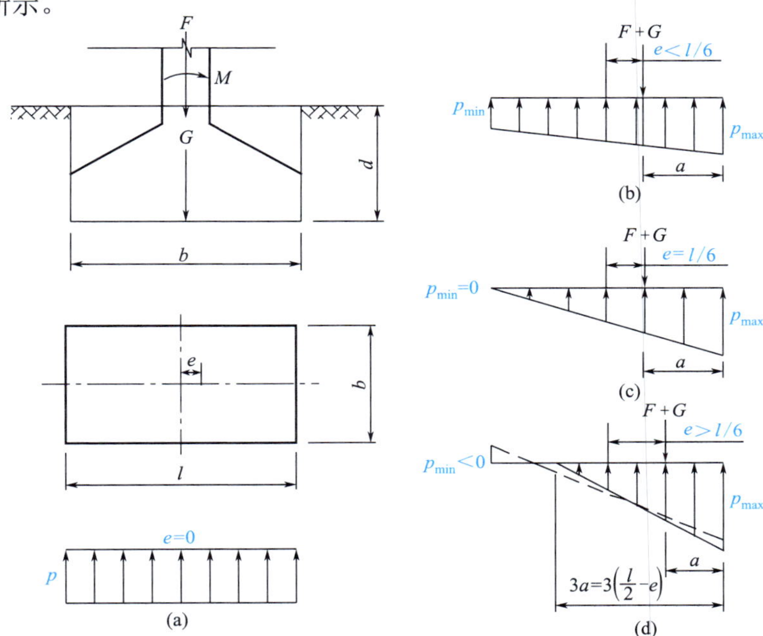


图5-9 单向偏心荷载作用下基底压力分布

此时基底压力可按下列公式计算：

$$\frac{p_{max}}{p_{min}}=\frac{F+G}{A}\pm\frac{M}{W}=\frac{F+G}{bl}\left(1\pm\frac{6e}{l}\right) \tag{5-6}$$

式中 $p_{max}$，$p_{min}$——基底边缘最大、最小压力，kPa；

$M$——作用于基础底面的力矩，kN · m；

$W$——基础底面的抵抗矩，$W=\dfrac{bl^2}{6}$，$m^3$；

$e$——偏心矩，$e=\dfrac{M}{F+G}$，m。

由式（5-6）可知：

① 当 $e=0$ 时，即荷载为中心荷载，基底压力分布呈均匀分布，见图 5-9（a）；

② 当 $e<\dfrac{l}{6}$ 时，基底压力呈梯形分布，见图 5-9（b）；

③ 当 $e=\dfrac{l}{6}$ 时，基底压力呈三角形分布，见图 5-9（c）；

④ 当 $e>\dfrac{l}{6}$ 时，$p_{min}<0$，见图 5-9（d）；由于基础与地基之间承受拉力的能力极小，此时基础底面与地基局部脱开，使基底压力重新分布。$p_{max}$ 应按式（5-7）计算。

$$p_{max}=\frac{2(F+G)}{3ab} \tag{5-7}$$

式中 $b$——基础地面宽度，m；

$a$——单向偏心竖向荷载作用点至基底最大压力边缘的距离，$a=\frac{l}{2}-e$，m。

## 四、基底附加压力

基底附加压力是指引起地基中附加应力的基底压力，其大小等于基底压力减去基底处原有的土中自重应力（图 5-10）。

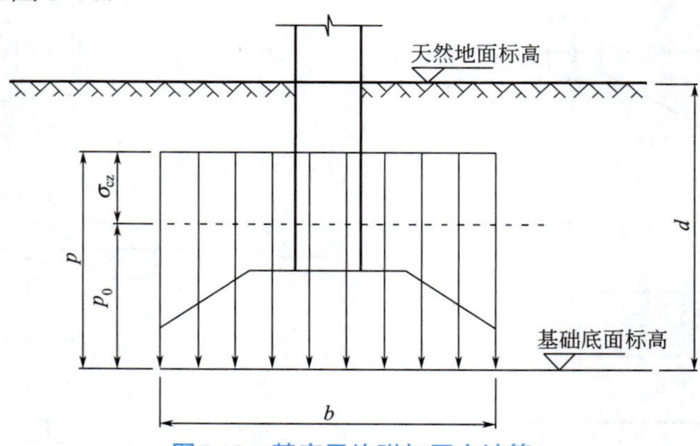


图5-10 基底平均附加压力计算

当基底压力为均匀分布时：

$$p_0=p-\gamma_0 d \tag{5-8}$$

当基底压力为梯形分布时：

$$\begin{matrix} p_{0max} \\ p_{0min} \end{matrix} = \begin{matrix} p_{max} \\ p_{min} \end{matrix} - \gamma_0 d \tag{5-9}$$

式中 $p_0$——基底附加压力，kPa；

$p$——基底压力，kPa；

$\gamma_0$——基础底面以上天然土层的加权平均重度（其中位于地下水位以下的取浮重度），$kN/m^3$；

$d$——从天然地面起算的基础埋深，m，对于新近填土场地，则应从老天然地面算起。

基底附加压力可看作为作用在地基表面的荷载，然后再进行地基中的附加应力计算。

【例5-2】 某柱下独立基础$l$=2.1m，$b$=1.5m，承受的荷载如图5-11所示。$F$=450kN，$M$=125kN·m，试计算基底压力和基底附加压力。

解 （1）计算 $G$

$$G=\gamma_G Ad=20\times2.1\times1.5\times(0.3+1.2)=94.5\ (\text{kN})$$

（2）计算偏心矩 $e$

$$e=\frac{M}{F+G}=\frac{125}{450+94.5}=0.23\ (\text{m})$$

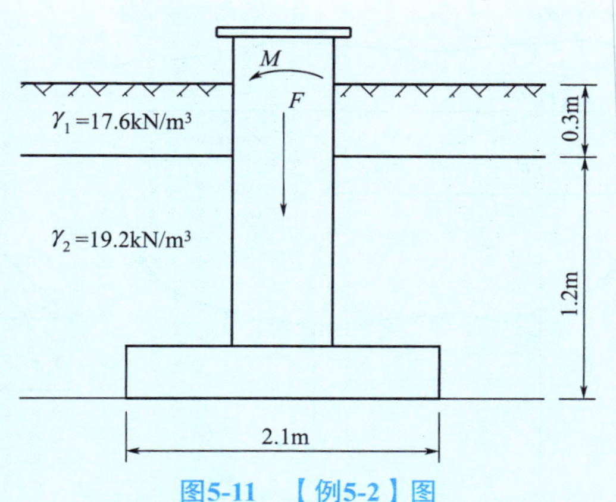


图5-11 【例5-2】图

（3）求基底压力

$$\frac{p_{\max}}{p_{\min}}=\frac{F+G}{bl}\left(1\pm\frac{6e}{l}\right)=\frac{450+94.5}{1.5\times2.1}\times\left(1\pm\frac{6\times0.23}{2.1}\right)=\frac{286}{59}\text{（kPa）}$$

（4）求基底附加压力

二维码 5.1

$$\gamma_0=\frac{17.6\times0.3+19.2\times1.2}{0.3+1.2}=18.88\text{（kN/m}^3\text{）}$$

$$\frac{p_{0\max}}{p_{0\min}}=\frac{p_{\max}}{p_{\min}}-\gamma_0 d=\frac{286}{59}-18.88\times1.5=\frac{258}{31}\text{（kPa）}$$

# 任务三　土中的附加应力

地基附加应力是指基础底面附加压力在地基中产生的附加于原有自重应力之上的应力，它是引起地基变形与破坏的主要因素。由于地基中附加应力的计算比较复杂，通常采用作一些假定来简化计算。一般假定：①地基土是连续、均匀、各向同性的线性变形半无限体；②计算地基附加应力时，都把基底压力看成是柔性荷载，即基础刚度为零。

## 一、垂直集中力作用下地基土中的附加应力

### 1. 布辛奈斯克公式

1885 年法国数学家布辛奈斯克用弹线理论求解出了在半无限空间弹线体表面作用有垂直集中力 $P$ 时，在弹线体内任意点 $M$（$x$，$y$，$z$）所引起的六个应力分量和三个位移分量（图 5-12）。其中对基础沉降计算直接有关的垂直附加应力 $\sigma_z$ 为

$$\sigma_z=\frac{3Pz^3}{2\pi R^5} \tag{5-10}$$

式中　$P$——垂直集中荷载，kN；

$z$——$M$ 点距弹线体表面的深度，m；

$R$——$M$ 点到垂直集中力 $P$ 的作用点的距离，m。

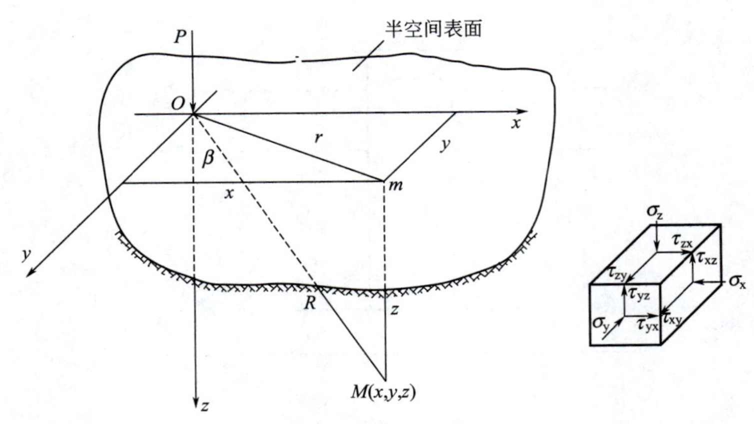


图5-12　垂直集中力所引起的附加应力

如图 5-12 所示，以 $P$ 作用点为原点，$xOy$ 平面为地面，$P$ 的作用线为 $z$ 轴，$M$ 点的坐标为（$x$，$y$，$z$），则 $r=\sqrt{x^2+y^2}$，$R=\sqrt{r^2+z^2}=\sqrt{x^2+y^2+z^2}$。

为方便计算，一般把式（5-10）改写成：

$$\sigma_z=\frac{3Pz^3}{2\pi R^5}=\frac{3}{2\pi\left[1+\left(\frac{r}{z}\right)^2\right]^{\frac{5}{2}}}\times\frac{P}{z^2}=K\frac{P}{z^2} \tag{5-11}$$

式中　$K$——垂直集中力$P$作用下的地基竖向附加应力系数，可按$r/z$查表5-1。

表 5-1　垂直集中力作用下的竖向附加应力系数

| $\frac{r}{z}$ | $K$ | $\frac{r}{z}$ | $K$ | $\frac{r}{z}$ | $K$ | $\frac{r}{z}$ | $K$ | $\frac{r}{z}$ | $K$ |
|---|---|---|---|---|---|---|---|---|---|
| 0.00 | 0.4775 | 0.50 | 0.2733 | 1.00 | 0.0844 | 1.50 | 0.0251 | 2.00 | 0.0085 |
| 0.05 | 0.4745 | 0.55 | 0.2466 | 1.05 | 0.0744 | 1.55 | 0.0224 | 2.20 | 0.0058 |
| 0.10 | 0.4657 | 0.60 | 0.2214 | 1.10 | 0.0658 | 1.60 | 0.0200 | 2.40 | 0.0040 |
| 0.15 | 0.4516 | 0.65 | 0.1978 | 1.15 | 0.0581 | 1.65 | 0.0179 | 2.60 | 0.0029 |
| 0.20 | 0.4329 | 0.70 | 0.1762 | 1.20 | 0.0513 | 1.70 | 0.0160 | 2.80 | 0.0021 |
| 0.25 | 0.4103 | 0.75 | 0.1565 | 1.25 | 0.0454 | 1.75 | 0.0144 | 3.00 | 0.0015 |
| 0.30 | 0.3849 | 0.80 | 0.1386 | 1.30 | 0.0402 | 1.80 | 0.0129 | 3.50 | 0.0007 |
| 0.35 | 0.3577 | 0.85 | 0.1226 | 1.35 | 0.0357 | 1.85 | 0.0116 | 4.00 | 0.0004 |
| 0.40 | 0.3294 | 0.90 | 0.1083 | 1.40 | 0.0317 | 1.90 | 0.0105 | 4.50 | 0.0002 |
| 0.45 | 0.3011 | 0.95 | 0.0956 | 1.45 | 0.0282 | 1.95 | 0.0095 | 5.00 | 0.0001 |

利用式（5-11）可以求出地基中任意点的附加应力，由此可以绘制出地基中垂直方向附加应力等值线分布图（将附加应力值相等的点连起来）及附加应力沿垂直集中力作用线和不同深度处的水平面上的分布，如图 5-13 所示。从图中可看出，地基中附加应力的分布随着点的位置不同其分布规律也不同，概括起来有如下特征。

（1）在垂直集中力 $P$ 作用线上　在 $P$ 作用线上，$r$=0。当 $z$=0 时，$\sigma_z\to\infty$。$\sigma_z$ 的分布是：随着深度 $z$ 增加而递减，见图 5-13 中（a）线。

（2）在 $r>0$ 的竖直线上　$\sigma_z$ 的分布是：随着深度 $z$ 增加，$\sigma_z$ 从零逐渐变大，至一定深度后又随着 $z$ 的增加逐渐减小，见图 5-13 中（b）线。

（3）在 $z$ 为常数的平面上　$\sigma_z$ 的分布是：$\sigma_z$ 值在集中力作用线上最大，并随着 $r$ 的增加而逐渐变小。随着深度 $z$ 增加，这一分布趋势保持不变，而水平面上 $\sigma_z$ 的分布趋于均匀，见图 5-13 中（$c_1$）、（$c_2$）、（$c_3$）线。

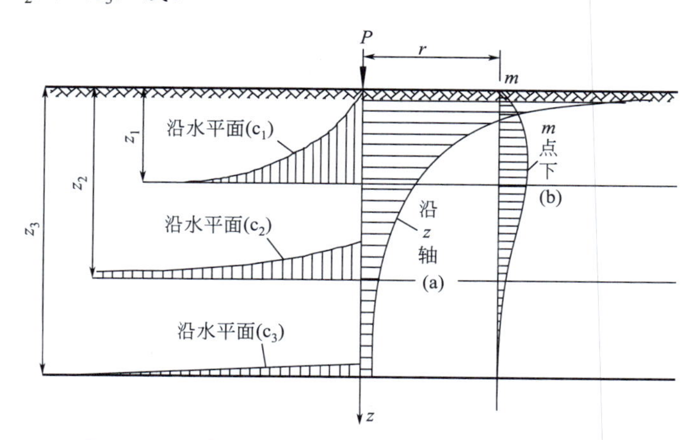


图5-13　垂直集中力作用下土中附加应力$\sigma_z$的分布

在通过 $P$ 作用线的任意竖直面上，把 $\sigma_z$ 值相同的点连接起来，可得到如图 5-14 所示的 $\sigma_z$ 等值线。若将空间等值点连接起来，则成泡状，所以图 5-14 也称为应力泡。由图 5-14 可知，集中力 $P$ 在地基中引起的附加应力 $\sigma_z$ 是向下、向四周无限扩散开的，其值逐渐减小，此即应力扩散的概念。

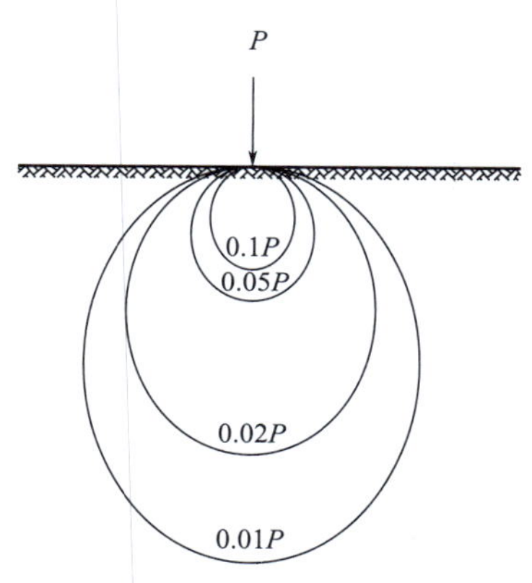


图5-14　土中附加应力$\sigma_z$的等值线

### 2. 等代荷载法

当有多个集中荷载作用时，可分别利用式（5-11）计算每一个荷载产生的 $\sigma_z$，然后进行叠加，求出地基中任意点 $M$ 的附加应力。计算公式为：

$$\sigma_z = K_1\frac{P_1}{z^2} + K_2\frac{P_2}{z^2} + \cdots + K_n\frac{P_n}{z^2} = \frac{1}{z^2}\sum_{i=1}^{n}K_iP_i \qquad (5\text{-}12)$$

式中　$n$——集中荷载数；

$K_i$——第 $i$ 个集中力 $P_i$ 作用下的竖向附加应力系数；

$z$——$M$ 点至荷载作用面的距离，m。

在实际工程中，荷载都是通过一定尺寸的基础传递给地基的。当基础底面形状不规则或荷载分布较复杂时，可将基础底面分为若干个小面积单元，每个单元的分布荷载视为集中力，然后利用式（5-12）计算附加应力。这种计算附加应力的方法就是等代荷载法。这也使得利用高等数学的方法来计算一般性荷载所产生的附加应力成为可能。

【例5-3】　某地基上作用两个集中力$P_1=P_2=100$kN，如图5-15所示。试确定深度$z=2$m处的水平面上的附加应力分布。

**解**　$P_1$ 与 $P_2$ 所产生的附加应力计算结果见表 5-2。

$P_1$ 与 $P_2$ 共同作用下，$z=2$m 处的附加应力如图 5-15 所示。

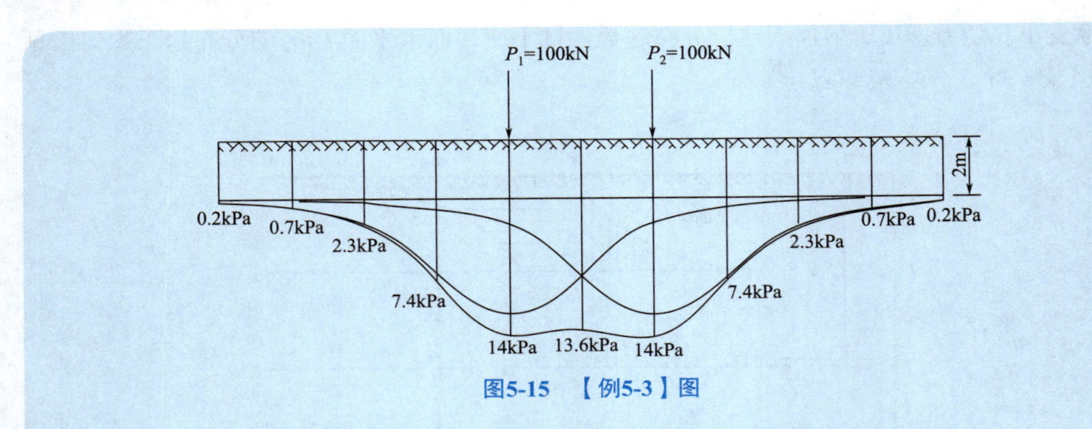


图5-15 【例5-3】图

表5-2 $P_1$（或$P_2$）所产生的附加应力计算结果

| $z$/m | $r$/m | $r/z$ | $K$ | $\sigma_z$/kPa |
|---|---|---|---|---|
| 2 | 0 | 0 | 0.4775 | 11.9 |
| 2 | 1 | 0.5 | 0.2733 | 6.8 |
| 2 | 2 | 1.0 | 0.0844 | 2.1 |
| 2 | 3 | 1.5 | 0.0251 | 0.6 |
| 2 | 4 | 2.0 | 0.0085 | 0.2 |

## 二、矩形面积上作用各种分布荷载时地基土中的附加应力

在工程上，有许多基础是矩形的。假设基础底面有一矩形面积，长度为$l$，宽度为$b$，且$l/b<10$，下面按不同垂直荷载分布形式计算地基中的竖向附加应力。

### 1. 均布的垂直荷载

当均布垂直荷载$p$作用于矩形基底时，计算矩形四个角点下地基土中的附加应力。因四个角点应力相同，只需计算其中一个即可，如图5-16所示。

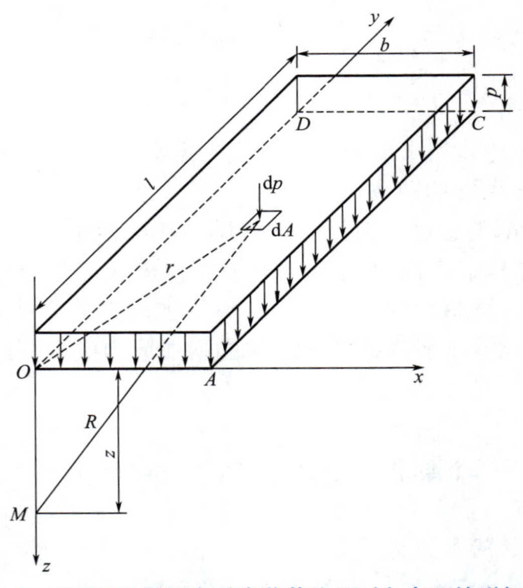


图5-16 矩形面积受均布垂直荷载作用时角点下的附加应力

矩形基底角点下任一深度$z$处的附加应力可采用式（5-10）进行二重积分求得：

$$\sigma_z=\int_0^l\int_0^b\frac{3p}{2\pi}\times\frac{z^3}{(x^2+y^2+z^2)^{5/2}}\mathrm{d}x\mathrm{d}y$$

$$=\frac{p}{2\pi}\left[\arctan\frac{m}{n\sqrt{1+m^2+n^2}}+\frac{mn}{\sqrt{1+m^2+n^2}}\left(\frac{1}{m^2+n^2}+\frac{1}{1+n^2}\right)\right] \tag{5-13}$$

式中 $m=\frac{l}{b}$，$n=\frac{z}{b}$。

令 $K_c=\frac{1}{2\pi}\left[\arctan\frac{m}{n\sqrt{1+m^2+n^2}}+\frac{mn}{\sqrt{1+m^2+n^2}}\left(\frac{1}{m^2+n^2}+\frac{1}{1+n^2}\right)\right]$，则：

$$\sigma_z=K_c p \tag{5-14}$$

式中 $K_c$——均布垂直荷载作用下矩形基底角点下竖向附加应力分布系数，可查表5-3。

要计算矩形面积受均布垂直荷载作用下地基中任意点的竖向附加应力时，可以通过需计算的点作几条辅助线，将矩形面积划分为几个矩形，应用式（5-14）分别计算每一个矩形上的均布荷载产生的附加应力，然后进行叠加求得，此法称为“角点法”。

图 5-17 中列出了几种计算点不在角点的情况，其计算方法如下。

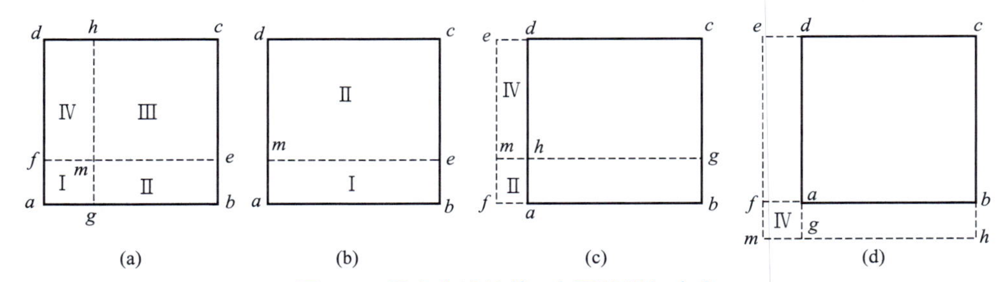


图5-17 用角点法计算$m$点下的附加应力

（1）计算点 $m$ 在矩形面积内时［图 5-17（a）］：

$$\sigma_z=(K_{c\,\mathrm{I}}+K_{c\,\mathrm{II}}+K_{c\,\mathrm{III}}+K_{c\,\mathrm{IV}})p$$

式中 $K_{c\,\mathrm{I}}$，$K_{c\,\mathrm{II}}$，$K_{c\,\mathrm{III}}$和$K_{c\,\mathrm{IV}}$——相应于面积Ⅰ、面积Ⅱ、面积Ⅲ和面积Ⅳ的角点下附加应力系数。

（2）计算点 $m$ 在矩形面积边缘上时［图 5-17（b）］：

$$\sigma_z=(K_{c\,\mathrm{I}}+K_{c\,\mathrm{II}})p$$

（3）计算点 $m$ 在矩形面积边缘外侧时［图 5-17（c）］，可设想将基础底面增大，使 $m$ 点成为矩形边缘上的角点：

$$\sigma_z=(K_{c\,\mathrm{I}}-K_{c\,\mathrm{II}}+K_{c\,\mathrm{III}}-K_{c\,\mathrm{IV}})p$$

式中，面积Ⅰ为 $mfbg$；面积Ⅲ为 $mecg$。

（4）计算点 $m$ 在矩形面积角点外侧时［图 5-17（d）］：

$$\sigma_z=(K_{c\,\mathrm{I}}-K_{c\,\mathrm{II}}-K_{c\,\mathrm{III}}+K_{c\,\mathrm{IV}})p$$

式中，面积Ⅰ为 $mhce$；面积Ⅱ为 $mgde$；面积Ⅲ为 $mhbf$。

应用“角点法”时，要注意以下几点：

① 划分矩形时，$m$ 点应为公共角点；

② 所有划分的矩形总面积应等于原有受荷面积；

③ 每一个矩形面积中，长边为 $l$，短边为 $b$。

表5-3 矩形面积上作用均布垂直荷载时角点下附加应力系数

| $n=z/b$ | $m=l/b$ | | | | | | | | | | |
|---|---|---|---|---|---|---|---|---|---|---|---|
| | 1.0 | 1.2 | 1.4 | 1.6 | 1.8 | 2.0 | 3.0 | 4.0 | 5.0 | 6.0 | 10.0 |
| 0.0 | 0.2500 | 0.2500 | 0.2500 | 0.2500 | 0.2500 | 0.2500 | 0.2500 | 0.2500 | 0.2500 | 0.2500 | 0.2500 |
| 0.2 | 0.2486 | 0.2489 | 0.2490 | 0.2491 | 0.2491 | 0.2491 | 0.2492 | 0.2492 | 0.2492 | 0.2492 | 0.2492 |
| 0.4 | 0.2401 | 0.2420 | 0.2429 | 0.2434 | 0.2437 | 0.2439 | 0.2442 | 0.2443 | 0.2443 | 0.2443 | 0.2443 |
| 0.6 | 0.2229 | 0.2275 | 0.2300 | 0.2315 | 0.2324 | 0.2329 | 0.2339 | 0.2341 | 0.2342 | 0.2342 | 0.2342 |
| 0.8 | 0.1999 | 0.2075 | 0.2120 | 0.2147 | 0.2165 | 0.2176 | 0.2196 | 0.2200 | 0.2202 | 0.2202 | 0.2202 |
| 1.0 | 0.1752 | 0.1851 | 0.1911 | 0.1955 | 0.1981 | 0.1999 | 0.2034 | 0.2042 | 0.2044 | 0.2045 | 0.2046 |
| 1.2 | 0.1516 | 0.1626 | 0.1705 | 0.1758 | 0.1793 | 0.1818 | 0.1870 | 0.1882 | 0.1885 | 0.1887 | 0.1888 |
| 1.4 | 0.1308 | 0.1423 | 0.1508 | 0.1569 | 0.1613 | 0.1644 | 0.1712 | 0.1730 | 0.1735 | 0.1738 | 0.1740 |
| 1.6 | 0.1123 | 0.1241 | 0.1329 | 0.1436 | 0.1445 | 0.1482 | 0.1567 | 0.1590 | 0.1598 | 0.1601 | 0.1604 |
| 1.8 | 0.0969 | 0.1083 | 0.1172 | 0.1241 | 0.1294 | 0.1334 | 0.1434 | 0.1463 | 0.1474 | 0.1478 | 0.1482 |
| 2.0 | 0.0840 | 0.0947 | 0.1034 | 0.1103 | 0.1158 | 0.1202 | 0.1314 | 0.1350 | 0.1363 | 0.1368 | 0.1374 |
| 2.2 | 0.0732 | 0.0832 | 0.0917 | 0.0984 | 0.1039 | 0.1084 | 0.1205 | 0.1248 | 0.1264 | 0.1271 | 0.1277 |
| 2.4 | 0.0642 | 0.0734 | 0.0812 | 0.0879 | 0.0934 | 0.0979 | 0.1108 | 0.1156 | 0.1175 | 0.1184 | 0.1192 |
| 2.6 | 0.0566 | 0.0651 | 0.0725 | 0.0788 | 0.0842 | 0.0887 | 0.1020 | 0.1073 | 0.1095 | 0.1106 | 0.1116 |
| 2.8 | 0.0502 | 0.0580 | 0.0649 | 0.0709 | 0.0761 | 0.0805 | 0.0942 | 0.0999 | 0.1024 | 0.1036 | 0.1048 |
| 3.0 | 0.0447 | 0.0519 | 0.0583 | 0.0640 | 0.0690 | 0.0732 | 0.0870 | 0.0931 | 0.0959 | 0.0973 | 0.0987 |
| 3.2 | 0.0401 | 0.0467 | 0.0526 | 0.0580 | 0.0627 | 0.0668 | 0.0806 | 0.0870 | 0.0900 | 0.0916 | 0.0933 |
| 3.4 | 0.0361 | 0.0421 | 0.0477 | 0.0527 | 0.0571 | 0.0611 | 0.0747 | 0.0814 | 0.0847 | 0.0864 | 0.0882 |
| 3.6 | 0.0326 | 0.0382 | 0.0433 | 0.0480 | 0.0523 | 0.0561 | 0.0694 | 0.0763 | 0.0799 | 0.0816 | 0.0837 |
| 3.8 | 0.0296 | 0.0348 | 0.0395 | 0.0439 | 0.0479 | 0.0516 | 0.0645 | 0.0717 | 0.0753 | 0.0773 | 0.0796 |
| 4.0 | 0.0270 | 0.0318 | 0.0362 | 0.0403 | 0.0441 | 0.0474 | 0.0603 | 0.0674 | 0.0712 | 0.0733 | 0.0758 |
| 4.2 | 0.0247 | 0.0291 | 0.0333 | 0.0371 | 0.0407 | 0.0439 | 0.0563 | 0.0634 | 0.0674 | 0.0696 | 0.0724 |
| 4.4 | 0.0227 | 0.0268 | 0.0306 | 0.0343 | 0.0376 | 0.0407 | 0.0527 | 0.0597 | 0.0639 | 0.0662 | 0.0692 |
| 4.6 | 0.0209 | 0.0247 | 0.0283 | 0.0317 | 0.0348 | 0.0378 | 0.0493 | 0.0564 | 0.0606 | 0.0630 | 0.0663 |
| 4.8 | 0.0193 | 0.0229 | 0.0262 | 0.0294 | 0.0324 | 0.0352 | 0.0463 | 0.0533 | 0.0576 | 0.0601 | 0.0635 |
| 5.0 | 0.0179 | 0.0212 | 0.0243 | 0.0274 | 0.0302 | 0.0328 | 0.0435 | 0.0504 | 0.0547 | 0.0573 | 0.0610 |
| 6.0 | 0.0127 | 0.0151 | 0.0174 | 0.0196 | 0.0218 | 0.0238 | 0.0325 | 0.0388 | 0.0431 | 0.0460 | 0.0506 |
| 7.0 | 0.0094 | 0.0112 | 0.0130 | 0.0147 | 0.0164 | 0.0180 | 0.0251 | 0.0306 | 0.0346 | 0.0376 | 0.0428 |
| 8.0 | 0.0073 | 0.0087 | 0.0101 | 0.0114 | 0.0127 | 0.0140 | 0.0198 | 0.0246 | 0.0283 | 0.0311 | 0.0367 |
| 9.0 | 0.0058 | 0.0069 | 0.0080 | 0.0091 | 0.0102 | 0.0112 | 0.0161 | 0.0202 | 0.0235 | 0.0262 | 0.0319 |
| 10.0 | 0.0047 | 0.0056 | 0.0065 | 0.0074 | 0.0083 | 0.0092 | 0.0132 | 0.0167 | 0.0198 | 0.0222 | 0.0280 |

**【例5-4】** 如图5-18所示，均布垂直荷载为$p$=100kPa，荷载作用面积为20m×10m，求荷载面上点$A$、$E$、$O$以及荷载面外点$F$、$G$等各点下$z$=2m深度处的竖向附加应力。

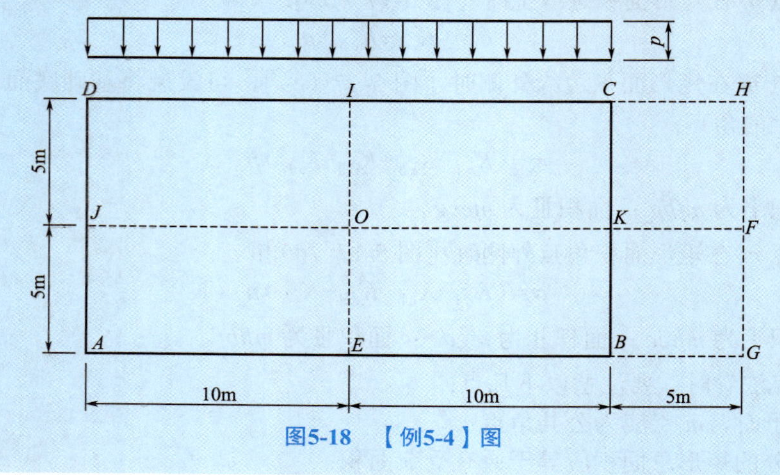


图5-18 【例5-4】图

解　（1）$A$ 点下应力

$A$是矩形$ABCD$的角点，且$m=\frac{l}{b}=\frac{20}{10}=2$，$n=\frac{z}{b}=\frac{2}{10}=0.2$，查表5-3得$K_c=0.2491$，故：

$$\sigma_z=K_c p=0.2491\times100=24.91（\text{kPa}）$$

（2）$E$ 点下应力

过 $E$ 点作辅助线 $EI$，将矩形荷载面积分为两个相等矩形 $EADI$ 和 $EBCI$。求 $EADI$ 的角点应力系数 $K_c$。

$m=\frac{l}{b}=\frac{10}{10}=1$，$n=\frac{z}{b}=\frac{2}{10}=0.2$，查表 5-3 得 $K_c=0.2486$，故：

$$\sigma_z=2K_c p=2\times0.2486\times100=49.72（\text{kPa}）$$

（3）$O$ 点下应力

过 $O$ 点作辅助线 $EI$ 和 $JK$，将原矩形面积分为四个相等矩形 $OEAJ$、$OJDI$、$OKBE$ 和 $OICK$，求 $OEAJ$ 角点应力系数 $K_c$。

$m=\frac{l}{b}=\frac{10}{5}=2$，$n=\frac{z}{b}=\frac{2}{5}=0.4$，查表 5-3 得 $K_c=0.2439$，故：

$$\sigma_z=4K_c p=4\times0.2439\times100=97.56（\text{kPa}）$$

（4）$F$ 点下应力

过 $F$ 点作矩形 $FGAJ$、$FJDH$、$FGBK$ 和 $FKCH$。显然，只要求 $FGAJ$ 和 $FGBK$ 的角点应力系数 $K_{c1}$ 和 $K_{c2}$，就可求 $\sigma_{zF}$。

求 $K_{c1}$：$m=\frac{l}{b}=\frac{25}{5}=5$，$n=\frac{z}{b}=\frac{2}{5}=0.4$，查表 5-3 得 $K_{c1}=0.2443$。

求 $K_{c2}$：$m=\frac{l}{b}=\frac{5}{5}=1$，$n=\frac{z}{b}=\frac{2}{5}=0.4$，查表 5-3 得 $K_{c2}=0.2401$。

故　$\sigma_z=2(K_{c1}-K_{c2})p=2\times(0.2443-0.2401)\times100=0.84$（kPa）。

（5）$G$ 点下应力

过 $G$ 点作矩形 $GADH$ 和 $GBCH$，分别求出它们的角点应力系数 $K_{c1}$ 和 $K_{c2}$。

求 $K_{c1}$：$m=\frac{l}{b}=\frac{25}{10}=2.5$，$n=\frac{z}{b}=\frac{2}{10}=0.2$，查表 5-3 得 $K_{c1}=0.24915$。

求 $K_{c2}$：$m=\frac{l}{b}=\frac{10}{5}=2$，$n=\frac{z}{b}=\frac{2}{5}=0.4$，查表 5-3 得 $K_{c2}=0.2439$。

故　$\sigma_z=(K_{c1}-K_{c2})p=(0.24915-0.2439)\times100=0.525$（kPa）。

### 2. 三角形分布的垂直荷载

如图 5-19 所示，在矩形基底面积上作用着三角形分布垂直荷载，最大荷载强度为 $p_t$。把坐标原点 $O$ 建在荷载强度为零的一个角点上，由荷载的分布情况可知，荷载为零的两个角点下附加应力相同，荷载为 $p_t$ 的两个角点下附加应力相同，将荷载为零的角点记作 1 角点，荷载为 $p_t$ 的两个角点为 2 角点。

将基础底面积沿着长边和短边方向，各切成很多小条，取其中的微小面积 dxdy，将作用于此微小面积上的荷载视为集中力 d$p$：

$$\mathrm{d}p=\frac{p_t x}{b}\mathrm{d}x\mathrm{d}y \tag{5-15}$$

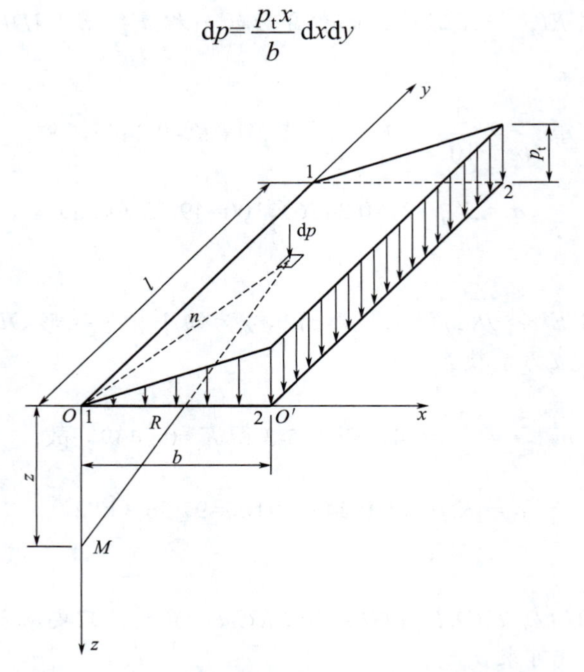


图5-19　三角形分布垂直荷载作用下角点下的附加应力

则可利用式（5-10）来计算集中力 d$p$ 对角点下 $M$ 点引起的附加应力。

代替作用其上的分布荷载，用二重积分求得 1 点下任意深度处的垂直附加应力 $\sigma_z$。

$$\sigma_z=\frac{3p_t z^3}{2\pi b}\int_0^b\int_0^l\frac{x\mathrm{d}x\mathrm{d}y}{(x^2+y^2+z^2)^{5/2}}$$

$$=\frac{mn}{2\pi}\left[\frac{1}{\sqrt{m^2+n^2}}-\frac{n^2}{(1+n^2)\sqrt{1+m^2+n^2}}\right]p_t \tag{5-16}$$

式中，$m=\frac{l}{b}$，$n=\frac{z}{b}$，其中 $b$ 是沿三角形荷载变化方向的矩形边长；$l$ 为矩形的另一边长。

为了计算方便，通常把式（5-16）简写成：

$$\sigma_z=K_{t1}p_t \tag{5-17}$$

式中，$K_{t1}=\frac{mn}{2\pi}\left[\frac{1}{\sqrt{m^2+n^2}}-\frac{n^2}{(1+n^2)\sqrt{1+m^2+n^2}}\right]$，称 $K_{t1}$ 为矩形面积受三角形分布垂直荷载角点 1 的附加应力系数，可查表 5-4。

表5-4 矩形面积受三角形分布垂直荷载作用时角点下的附加应力系数

| $l/b$ | 0.2 | | 0.4 | | 0.6 | | 0.8 | | 1.0 | |
|---|---|---|---|---|---|---|---|---|---|---|
| 点 / $z/b$ | 1 | 2 | 1 | 2 | 1 | 2 | 1 | 2 | 1 | 2 |
| 0 | 0 | 0.2500 | 0 | 0.2500 | 0 | 0.2500 | 0 | 0.2500 | 0 | 0.2500 |
| 0.2 | 0.0223 | 0.1821 | 0.0280 | 0.2115 | 0.0296 | 0.2165 | 0.0301 | 0.2178 | 0.0304 | 0.2182 |
| 0.4 | 0.0269 | 0.1094 | 0.0420 | 0.1604 | 0.0487 | 0.1781 | 0.0517 | 0.1844 | 0.0531 | 0.1870 |
| 0.6 | 0.0259 | 0.0700 | 0.0448 | 0.1165 | 0.0560 | 0.1405 | 0.0621 | 0.1520 | 0.0654 | 0.1575 |
| 0.8 | 0.0232 | 0.0480 | 0.0421 | 0.0853 | 0.0553 | 0.1093 | 0.0637 | 0.1232 | 0.0688 | 0.1311 |
| 1.0 | 0.0201 | 0.0346 | 0.0375 | 0.0638 | 0.0508 | 0.0852 | 0.0602 | 0.0996 | 0.0666 | 0.1086 |
| 1.2 | 0.0171 | 0.0260 | 0.0324 | 0.0491 | 0.0450 | 0.0673 | 0.0546 | 0.0807 | 0.0615 | 0.0901 |
| 1.4 | 0.0145 | 0.0202 | 0.0278 | 0.0386 | 0.0392 | 0.0540 | 0.0483 | 0.0661 | 0.0554 | 0.0751 |
| 1.6 | 0.0123 | 0.0160 | 0.0238 | 0.0310 | 0.0339 | 0.0440 | 0.0424 | 0.0547 | 0.0492 | 0.0628 |
| 1.8 | 0.0105 | 0.0130 | 0.0204 | 0.0254 | 0.0294 | 0.0363 | 0.0371 | 0.0457 | 0.0435 | 0.0534 |
| 2.0 | 0.0090 | 0.0108 | 0.0176 | 0.0211 | 0.0255 | 0.0304 | 0.0324 | 0.0387 | 0.0384 | 0.0456 |
| 2.5 | 0.0063 | 0.0072 | 0.0125 | 0.0140 | 0.0183 | 0.0205 | 0.0236 | 0.0265 | 0.0284 | 0.0313 |
| 3.0 | 0.0046 | 0.0051 | 0.0092 | 0.0100 | 0.0135 | 0.0148 | 0.0176 | 0.0192 | 0.0214 | 0.0233 |
| 5.0 | 0.0018 | 0.0019 | 0.0036 | 0.0038 | 0.0054 | 0.0056 | 0.0071 | 0.0074 | 0.0088 | 0.0091 |
| 7.0 | 0.0009 | 0.0010 | 0.0019 | 0.0019 | 0.0028 | 0.0029 | 0.0038 | 0.0038 | 0.0047 | 0.0047 |
| 10.0 | 0.0005 | 0.0004 | 0.0009 | 0.0010 | 0.0014 | 0.0014 | 0.0019 | 0.0019 | 0.0023 | 0.0024 |

| $l/b$ | 1.2 | | 1.4 | | 1.6 | | 1.8 | | 2.0 | |
|---|---|---|---|---|---|---|---|---|---|---|
| 点 / $z/b$ | 1 | 2 | 1 | 2 | 1 | 2 | 1 | 2 | 1 | 2 |
| 0 | 0 | 0.2500 | 0 | 0.2500 | 0 | 0.2500 | 0 | 0.2500 | 0 | 0.2500 |
| 0.2 | 0.0305 | 0.2148 | 0.0305 | 0.2185 | 0.0306 | 0.2185 | 0.0306 | 0.2185 | 0.0306 | 0.2185 |
| 0.4 | 0.0539 | 0.1881 | 0.0543 | 0.1886 | 0.0545 | 0.1889 | 0.0546 | 0.1891 | 0.0547 | 0.1892 |
| 0.6 | 0.0673 | 0.1602 | 0.0684 | 0.1616 | 0.0690 | 0.1625 | 0.0694 | 0.1630 | 0.0696 | 0.1633 |
| 0.8 | 0.0720 | 0.1355 | 0.0739 | 0.1381 | 0.0751 | 0.1396 | 0.0759 | 0.1405 | 0.0764 | 0.1412 |
| 1.0 | 0.0708 | 0.1143 | 0.0735 | 0.1176 | 0.0753 | 0.1202 | 0.0766 | 0.1215 | 0.0774 | 0.1225 |
| 1.2 | 0.0664 | 0.0962 | 0.0698 | 0.1007 | 0.0721 | 0.1037 | 0.0738 | 0.1055 | 0.0749 | 0.1069 |
| 1.4 | 0.0606 | 0.0817 | 0.0644 | 0.0864 | 0.0672 | 0.0897 | 0.0692 | 0.0921 | 0.0707 | 0.0937 |
| 1.6 | 0.0545 | 0.0696 | 0.0586 | 0.0743 | 0.0616 | 0.0780 | 0.0639 | 0.0806 | 0.0656 | 0.0826 |
| 1.8 | 0.0487 | 0.0596 | 0.0528 | 0.0644 | 0.0560 | 0.0681 | 0.0585 | 0.0709 | 0.0604 | 0.0730 |
| 2.0 | 0.0434 | 0.0513 | 0.0474 | 0.0560 | 0.0507 | 0.0596 | 0.0533 | 0.0625 | 0.0553 | 0.0649 |
| 2.5 | 0.0326 | 0.0365 | 0.0362 | 0.0405 | 0.0393 | 0.0440 | 0.0419 | 0.0469 | 0.0440 | 0.0491 |
| 3.0 | 0.0249 | 0.0270 | 0.0280 | 0.0303 | 0.0307 | 0.0333 | 0.0331 | 0.0359 | 0.0352 | 0.0380 |
| 5.0 | 0.0104 | 0.0108 | 0.0120 | 0.0123 | 0.0135 | 0.0139 | 0.0148 | 0.0154 | 0.0161 | 0.0167 |
| 7.0 | 0.0056 | 0.0056 | 0.0064 | 0.0066 | 0.0073 | 0.0074 | 0.0081 | 0.0083 | 0.0089 | 0.0091 |
| 10.0 | 0.0028 | 0.0028 | 0.0033 | 0.0032 | 0.0037 | 0.0037 | 0.0041 | 0.0042 | 0.0046 | 0.0046 |

| $l/b$ | 3.0 | | 4.0 | | 6.0 | | 8.0 | | 10.0 | |
|---|---|---|---|---|---|---|---|---|---|---|
| 点 / $z/b$ | 1 | 2 | 1 | 2 | 1 | 2 | 1 | 2 | 1 | 2 |
| 0 | 0 | 0.2500 | 0 | 0.2500 | 0 | 0.2500 | 0 | 0.2500 | 0 | 0.2500 |
| 0.2 | 0.0306 | 0.2186 | 0.0306 | 0.2186 | 0.0306 | 0.2186 | 0.0306 | 0.2186 | 0.0306 | 0.2186 |
| 0.4 | 0.0548 | 0.1894 | 0.0549 | 0.1894 | 0.0549 | 0.1894 | 0.0549 | 0.1894 | 0.0549 | 0.1894 |
| 0.6 | 0.0701 | 0.1638 | 0.0702 | 0.1639 | 0.0702 | 0.1640 | 0.0702 | 0.1640 | 0.0702 | 0.1640 |
| 0.8 | 0.0773 | 0.1423 | 0.0776 | 0.1424 | 0.0776 | 0.1426 | 0.0776 | 0.1426 | 0.0776 | 0.1426 |
| 1.0 | 0.0790 | 0.1244 | 0.0794 | 0.1248 | 0.0795 | 0.1250 | 0.0796 | 0.1250 | 0.0796 | 0.1250 |
| 1.2 | 0.0774 | 0.1096 | 0.0779 | 0.1103 | 0.0782 | 0.1105 | 0.0783 | 0.1105 | 0.0783 | 0.1105 |
| 1.4 | 0.0739 | 0.0973 | 0.0748 | 0.0982 | 0.0752 | 0.0986 | 0.0752 | 0.0987 | 0.0753 | 0.0987 |
| 1.6 | 0.0697 | 0.0870 | 0.0708 | 0.0882 | 0.0714 | 0.0887 | 0.0715 | 0.0888 | 0.0715 | 0.0889 |
| 1.8 | 0.0652 | 0.0782 | 0.0666 | 0.0797 | 0.0673 | 0.0805 | 0.0675 | 0.0806 | 0.0675 | 0.0808 |
| 2.0 | 0.0607 | 0.0707 | 0.0624 | 0.0726 | 0.0634 | 0.0734 | 0.0636 | 0.0736 | 0.0636 | 0.0738 |
| 2.5 | 0.0504 | 0.0559 | 0.0529 | 0.0585 | 0.0543 | 0.0601 | 0.0547 | 0.0604 | 0.0548 | 0.0605 |
| 3.0 | 0.0419 | 0.0451 | 0.0449 | 0.0482 | 0.0469 | 0.0504 | 0.0474 | 0.0509 | 0.0476 | 0.0511 |
| 5.0 | 0.0214 | 0.0221 | 0.0248 | 0.0256 | 0.0283 | 0.0290 | 0.0296 | 0.0303 | 0.0301 | 0.0309 |
| 7.0 | 0.0124 | 0.0126 | 0.0152 | 0.0154 | 0.0186 | 0.0190 | 0.0204 | 0.0207 | 0.0212 | 0.0216 |
| 10.0 | 0.0066 | 0.0066 | 0.0084 | 0.0083 | 0.0111 | 0.0111 | 0.0128 | 0.0130 | 0.0139 | 0.0141 |

同理，三角形分布垂直荷载最大值边的角点 2 下任意深度 $z$ 处的附加应力 $\sigma_z$ 为：

$$\sigma_z=K_{t2}p_t \tag{5-18}$$

式中 $K_{t2}$——矩形面积受三角形分布垂直荷载角点2下的垂直附加应力系数，可查表5-4。

## 三、圆形面积上作用均布荷载时的地基附加应力

在工程上，有一些基础是圆形的，譬如现浇混凝土桩基础。设圆形基础半径为 $R$，其工作面有均布荷载 $p$，需求圆形面积中心点下深度 $z$ 处的竖向附加应力（图 5-20）。现采用极坐标，将极坐标原点放在圆心 $O$ 处，在圆面积内取微分面积 $dA=rd\beta dr$，将其上的荷载视为集中力 $dp=pdA=prd\beta dr$，由式（5-10）用二重积分求得圆心 $O$ 点下深度 $z$ 处的垂直附加应力，其公式为：

$$\sigma_z=K_O p \tag{5-19}$$

式中 $K_O$——圆形面积受均布荷载作用时，圆心点下的垂直附加应力系数，可查表5-5。

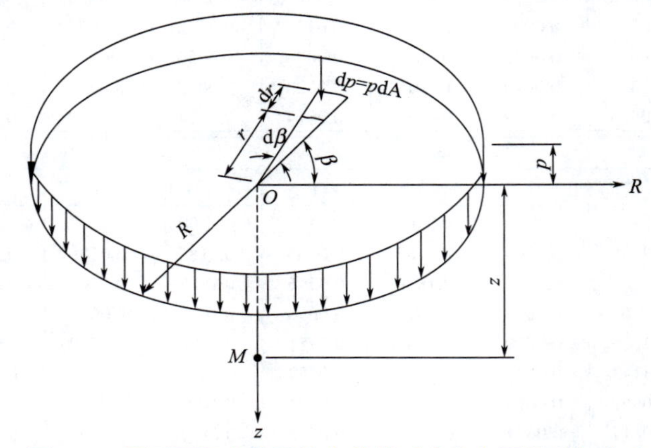


图5-20 圆形面积上作用均布荷载时中心点下的附加应力

同理，圆形面积受均布荷载作用时，圆形荷载周边下的附加应力 $\sigma_z$ 为：

$$\sigma_z=K_r p \tag{5-20}$$

式中 $K_r$——圆形面积受均布荷载作用时，圆周边下的垂直附加应力系数，可查表5-5。

表5-5 圆形面积受均布荷载作用时中点及周边下的附加应力系数

| $z/R$ | 系数 | | $z/R$ | 系数 | | $z/R$ | 系数 | |
|---|---|---|---|---|---|---|---|---|
| | $K_O$ | $K_r$ | | $K_O$ | $K_r$ | | $K_O$ | $K_r$ |
| 0 | 1.000 | 0.500 | 1.6 | 0.390 | 0.244 | 3.2 | 0.130 | 0.103 |
| 0.1 | 0.999 | 0.482 | 1.7 | 0.360 | 0.229 | 3.3 | 0.124 | 0.099 |
| 0.2 | 0.993 | 0.464 | 1.8 | 0.332 | 0.217 | 3.4 | 0.117 | 0.094 |
| 0.3 | 0.976 | 0.447 | 1.9 | 0.307 | 0.204 | 3.5 | 0.111 | 0.089 |
| 0.4 | 0.949 | 0.432 | 2.0 | 0.285 | 0.193 | 3.6 | 0.106 | 0.084 |
| 0.5 | 0.911 | 0.412 | 2.1 | 0.264 | 0.182 | 3.7 | 0.100 | 0.079 |
| 0.6 | 0.864 | 0.374 | 2.2 | 0.246 | 0.172 | 3.8 | 0.096 | 0.074 |
| 0.7 | 0.811 | 0.369 | 2.3 | 0.229 | 0.162 | 3.9 | 0.091 | 0.070 |
| 0.8 | 0.756 | 0.363 | 2.4 | 0.211 | 0.154 | 4.0 | 0.087 | 0.066 |
| 0.9 | 0.701 | 0.347 | 2.5 | 0.200 | 0.146 | 4.2 | 0.079 | 0.058 |
| 1.0 | 0.646 | 0.332 | 2.6 | 0.187 | 0.139 | 4.4 | 0.073 | 0.052 |
| 1.1 | 0.595 | 0.313 | 2.7 | 0.175 | 0.133 | 4.6 | 0.067 | 0.049 |
| 1.2 | 0.547 | 0.303 | 2.8 | 0.165 | 0.125 | 4.8 | 0.062 | 0.047 |
| 1.3 | 0.502 | 0.286 | 2.9 | 0.155 | 0.119 | 5.0 | 0.057 | 0.045 |
| 1.4 | 0.461 | 0.270 | 3.0 | 0.146 | 0.113 | | | |
| 1.5 | 0.424 | 0.256 | 3.1 | 0.138 | 0.108 | | | |

## 四、条形面积上作用各种分布荷载时地基土中的附加应力

在工程中，像路基、坝基、挡土墙、墙基等构造物或建筑物基础，其长度远远超过宽度。基础的长宽比 $l/b \geqslant 10$ 时，即认为是条形基础。一般情况下，当基础底面的长宽比 $l/b \geqslant 10$ 时，计算的地基土中附加应力与按 $l/b=\infty$ 时的计算结果相差甚微。当无限长条形基础承受均布荷载时，在土中垂直于长度方向的任一截面上的附加应力分布规律均相同，且在长度延伸方向地基的应变和位移均为零，因此，对条形基础只要算出任一截面上的附加应力，即可代表其他平行的截面。

### 1. 垂直均布线荷载

当垂直均布线荷载作用于地基表面时（图 5-21），在线荷载上取一微分段 $\mathrm{d}y$。作用于 $\mathrm{d}y$ 上的荷载为 $p\mathrm{d}y$，可将其看做一个集中力，其在地基内 $M$ 点引起的垂直附加应力为：

$$\mathrm{d}\sigma_z=\frac{3pz^3}{2\pi R^5}\mathrm{d}y$$

则

$$\sigma_z=\int_{-\infty}^{+\infty}\frac{3pz^3}{2\pi(x^2+y^2+z^2)^{\frac{5}{2}}}\mathrm{d}y=\frac{2pz^3}{\pi(x^2+z^2)^2} \tag{5-21}$$

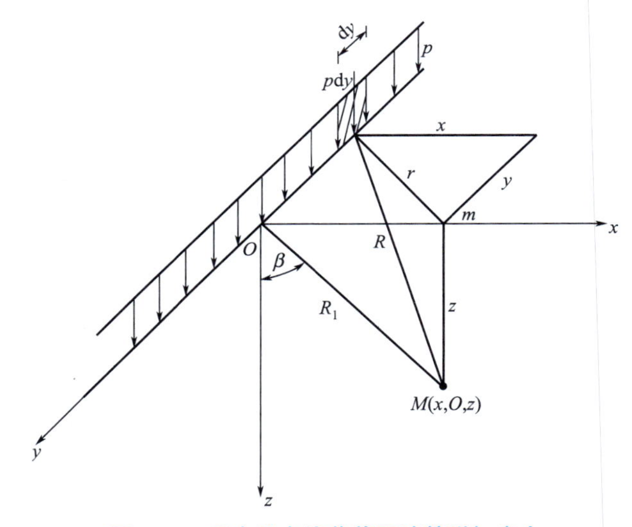


图 5-21　垂直均布线荷载下地基附加应力

同集中荷载相同，实际意义上的线荷载是不存在的。它可以看做是条形面积在宽度趋于零时的特殊情况。以线荷载为基础，通过积分可求条形面积作用着各种分布荷载时地基土中的附加应力。

### 2. 垂直均布条形荷载

如图 5-22 所示，在地基表面作用无限长垂直均布条形荷载 $p$，则地基中 $M$ 点的垂直附加应力可由式（5-21）在荷载分布宽度 $b$ 范围内积分求得。

$$\sigma_z=\int_{-b/2}^{b/2}\frac{3pz^3\mathrm{d}\xi}{\pi\left[(x-\xi)^2+z^2\right]^2}$$

$$=\frac{p}{\pi}\left[\operatorname{arccot}\frac{1-2m}{2n}+\operatorname{arccot}\frac{1+2m}{2n}-\frac{4n(4m^2-4n^2-1)}{(4m^2+4n^2-1)^2+16n^2}\right]=K_{sz}p \qquad (5\text{-}22)$$

式中 $K_{sz}$——条形基础上作用垂直均布条形荷载时竖向附加应力系数，可查表5-6。

其中：

$$m=\frac{x}{b}，\ n=\frac{z}{b}$$

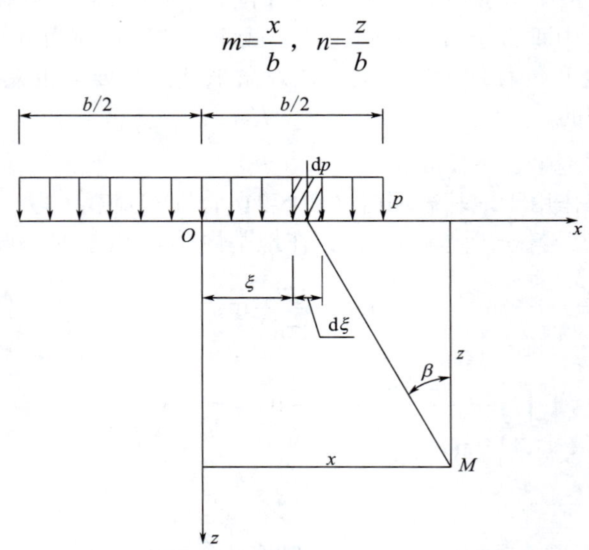


图5-22 垂直均布条形荷载作用下地基中附加应力

表5-6 垂直均布条形荷载作用下地基中附加应力系数

| z/b | x/b | | | | | |
|---|---|---|---|---|---|---|
| | 0 | 0.25 | 0.50 | 1.00 | 1.50 | 2.00 |
| 0 | 1.00 | 1.00 | 0.50 | 0.00 | 0.00 | 0.00 |
| 0.25 | 0.96 | 0.90 | 0.50 | 0.02 | 0.00 | 0.00 |
| 0.50 | 0.82 | 0.74 | 0.48 | 0.08 | 0.02 | 0.00 |
| 0.75 | 0.67 | 0.61 | 0.45 | 0.15 | 0.04 | 0.02 |
| 1.00 | 0.55 | 0.51 | 0.41 | 0.19 | 0.07 | 0.03 |
| 1.25 | 0.46 | 0.44 | 0.37 | 0.20 | 0.10 | 0.04 |
| 1.50 | 0.40 | 0.38 | 0.33 | 0.21 | 0.11 | 0.06 |
| 1.75 | 0.35 | 0.34 | 0.30 | 0.21 | 0.13 | 0.07 |
| 2.00 | 0.31 | 0.31 | 0.28 | 0.20 | 0.14 | 0.08 |
| 3.00 | 0.21 | 0.21 | 0.20 | 0.17 | 0.13 | 0.10 |
| 4.00 | 0.16 | 0.16 | 0.15 | 0.14 | 0.12 | 0.10 |
| 5.00 | 0.13 | 0.13 | 0.12 | 0.12 | 0.11 | 0.09 |
| 6.00 | 0.11 | 0.10 | 0.10 | 0.10 | 0.10 | — |

### 3. 垂直三角形分布条形荷载

如图 5-23 所示，在地基表面上作用无限长垂直三角形分布条形荷载，荷载最大值为 $p_t$。取零荷载处为坐标原点，以荷载增大的方向为 $x$ 正向，则地基中 $M$ 点的竖向附加应力可由式（5-21）在荷载分布宽度 $b$ 范围内积分求得：

$$\sigma_z=\frac{2z^3p}{\pi b}\int_0^b\frac{\xi\,\mathrm{d}\xi}{[(x-\xi)^2+z^2]^2}$$

$$=\frac{p}{\pi}\left[n\left(\operatorname{arccot}\frac{m}{n}-\operatorname{arccot}\frac{m-1}{n}\right)-\frac{n(m-1)}{(m-1)^2+n^2}\right]=K_{tz}p \qquad (5\text{-}23)$$

式中　$k_{tz}$——条形基础上作用垂直三角形分布条形荷载时附加应力系数，可查表5-7。

其中：

$$m=\frac{x}{b}，n=\frac{z}{b}$$

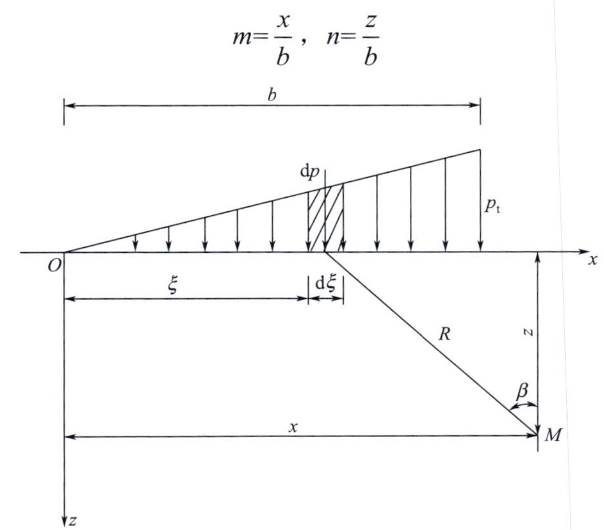


图5-23　垂直三角形分布条形荷载作用下地基中附加应力

表5-7　垂直三角形分布条形荷载作用下地基中附加应力系数

| z/b | x/b | | | | | | | | |
|---|---|---|---|---|---|---|---|---|---|
| | -0.50 | -0.25 | +0.00 | +0.25 | +0.50 | +0.75 | +1.00 | +1.25 | +1.50 |
| 0.01 | 0 | 0 | 0.003 | 0.249 | 0.500 | 0.750 | 0.497 | 0 | 0 |
| 0.1 | 0 | 0.002 | 0.032 | 0.251 | 0.498 | 0.737 | 0.468 | 0.010 | 0.002 |
| 0.2 | 0.003 | 0.009 | 0.061 | 0.255 | 0.489 | 0.682 | 0.437 | 0.050 | 0.009 |
| 0.4 | 0.010 | 0.036 | 0.011 | 0.263 | 0.441 | 0.534 | 0.379 | 0.137 | 0.043 |
| 0.6 | 0.030 | 0.066 | 0.140 | 0.258 | 0.378 | 0.421 | 0.328 | 0.177 | 0.080 |
| 0.8 | 0.050 | 0.089 | 0.155 | 0.243 | 0.321 | 0.343 | 0.285 | 0.188 | 0.106 |
| 1.0 | 0.065 | 0.104 | 0.159 | 0.224 | 0.275 | 0.286 | 0.250 | 0.184 | 0.121 |
| 1.2 | 0.070 | 0.111 | 0.154 | 0.204 | 0.239 | 0.246 | 0.221 | 0.176 | 0.126 |
| 1.4 | 0.080 | 0.144 | 0.151 | 0.186 | 0.210 | 0.215 | 0.198 | 0.165 | 0.127 |
| 2.0 | 0.090 | 0.108 | 0.127 | 0.143 | 0.153 | 0.155 | 0.147 | 0.134 | 0.115 |

**【例5-5】**　已知某条形基础底宽$b$=15m，地基表面上作用的荷载如图5-24所示，试求基础中心点下附加应力$\sigma_z$沿深度的分布。

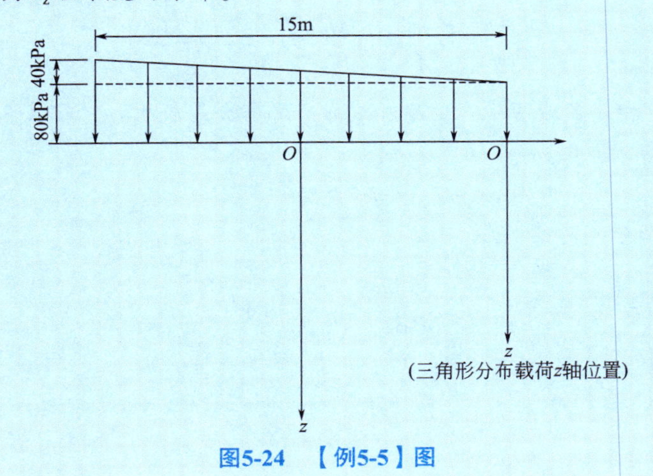


图5-24　【例5-5】图

二维码 5.2

**解** 将条形基底上作用的垂直梯形分布荷载分成一个$p_t$=40kPa的三角形分布荷载与一个$p$=80kPa的均布荷载。分别计算$z$=0、0.15m、1.5m、3m、6m、9m、12m、15m、21m处的附加应力，计算结果列于表5-8。

表5-8 计算结果

| 点号 | 深度 $z$/m | $\frac{z}{b}$ | 均布荷载$p$=80kPa | | | 三角形荷载$p_t$=40kPa | | | $\sigma_z=\sigma'_z+\sigma''_z$/kPa |
|---|---|---|---|---|---|---|---|---|---|
| | | | $\frac{x}{b}$ | $K_{sz}$ | $\sigma'_z$ | $\frac{y}{b}$ | $K_{tz}$ | $\sigma''_z$ | |
| 0 | 0 | 0 | 0 | 1 | 80.0 | 0.5 | 0.5 | 20 | 100 |
| 1 | 0.15 | 0.01 | 0 | 0.999 | 79.9 | 0.5 | 0.5 | 20 | 99.9 |
| 2 | 1.5 | 0.1 | 0 | 0.997 | 79.8 | 0.5 | 0.498 | 19.9 | 99.7 |
| 3 | 3.0 | 0.2 | 0 | 0.978 | 78.2 | 0.5 | 0.498 | 19.9 | 98.1 |
| 4 | 6.0 | 0.4 | 0 | 0.881 | 70.5 | 0.5 | 0.441 | 17.6 | 88.1 |
| 5 | 9.0 | 0.6 | 0 | 0.756 | 60.5 | 0.5 | 0.378 | 15.1 | 75.6 |
| 6 | 12.0 | 0.8 | 0 | 0.642 | 51.4 | 0.5 | 0.321 | 12.8 | 64.2 |
| 7 | 15.0 | 1.0 | 0 | 0.55 | 44 | 0.5 | 0.275 | 11.0 | 55 |
| 8 | 21.0 | 1.4 | 0 | 0.420 | 33.6 | 0.5 | 0.210 | 8.4 | 42.0 |

**讨论：** 本题若采用对称性和叠加原理，取$p$=100kPa，按垂直均布荷载计算将会得到同样的结果，且计算更简单快捷。请自行分析。

## 小结

地基土中的应力包括自重应力和附加应力两部分。自重应力是由土体自身重量引起的，附加应力是由自身以外的荷载引起的。本单元主要介绍了这两种应力的计算方法。

基底压力的计算是附加应力计算的基础。计算分两种情况。

① 中心荷载作用时，基底压力：

$$p=\frac{F+G}{A}$$

② 单向偏心荷载作用时，基底压力：

$$\begin{matrix}p_{max}\\p_{min}\end{matrix}=\frac{F+G}{A}\pm\frac{M}{W}=\frac{F+G}{bl}\left(1\pm\frac{6e}{l}\right)$$

基底附加压力是指导致地基中产生附加应力的那部分基底压力。有以下两种情况。

① 基底压力均匀分布时：

$$p_0=p-\gamma_0 d$$

② 基底压力梯形分布时：

$$\begin{matrix}p_{0max}\\p_{0min}\end{matrix}=\begin{matrix}p_{max}\\p_{min}\end{matrix}-\gamma_0 d$$

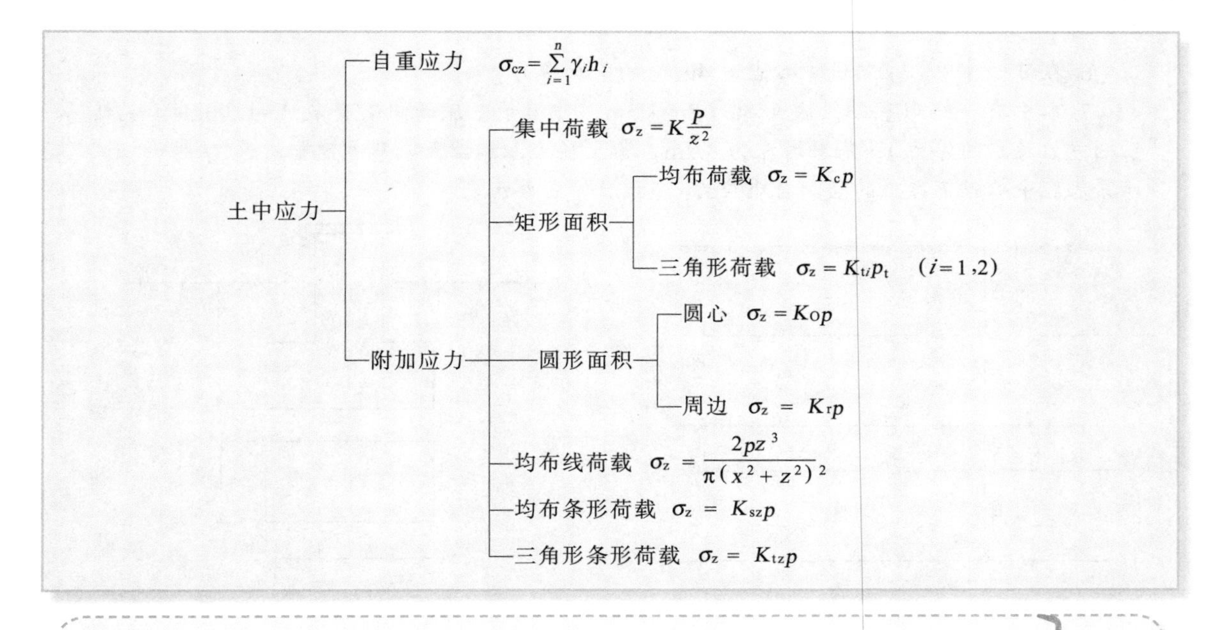


## 能力训练

### 一、思考题

1. 何谓土的自重压力？如何计算？

2. 地下水位升降对土中应力分布有何影响？

3. 如何计算基底附加压力？在计算中为什么要减去基底自重压力？

4. 在集中荷载作用下，地基中附加应力的分布有何规律？

5. 何谓“角点法”？如何应用“角点法”计算基础底面下任意点的附加应力？

6. 宽度相同的矩形与条形基础，其基底压力相同，在同一深处，哪一个基础下产生的附加应力大？为什么？

7. 附加应力在基底以外沿深度分布的规律是怎样的？

8. 基底面积无限大的基础承受均布荷载时，地基中的附加应力的特点是什么？

### 二、习题

1. 某工程地质勘察结果：第一、二层土为不透水性土，其天然重度为 $\gamma_1$=19kN/m$^3$，$\gamma_2$=20kN/m$^3$；第三层土为透水性土，其饱和重度为 $\gamma_{3sat}$=24kN/m$^3$，如图 5-25 所示。求各层面的垂直自重应力，并画出其分布线。

2. 如图 5-26 所示，某钢筋混凝土基础底面尺寸为 $l$=4m，$b$=2m。作用于其基底荷载有中心荷载 $F$=680kN，弯矩 $M$=891kN · m，基础埋深为 2m，求基底压力分布。

3. 如图 5-27 所示，有一路堤高度为 5m，顶宽为 10m，底宽 20m，已知填土重为 20kN/m$^3$，求基底压力分布。

4. 在地基表面作用有两个集中荷载，如图 5-28 所示，试计算地基中 1、2、3 点（深度为 2m）附加应力。

5. 某矩形基础，底面尺寸为 2m×4m，基底附加应力 $p_0$=200kPa，求基底中心、两个边缘中心点及角点下 $z$=3m 处的附加应力 $\sigma_z$。

6. 在习题 3 中，求路堤中心点下 4m 处的附加应力。

7. 水中有一矩形基础，底面积为 8m×5m，作用于基底的中心荷载 $N$=1200kN（包括基础重力及水的浮力），基础埋深为 3.2m，各土层为透水性土。其重度如图 5-29 所示。试计算基底中心点下各点的竖向自重应力 $\sigma_{cz}$ 和附加应力 $\sigma_z$。

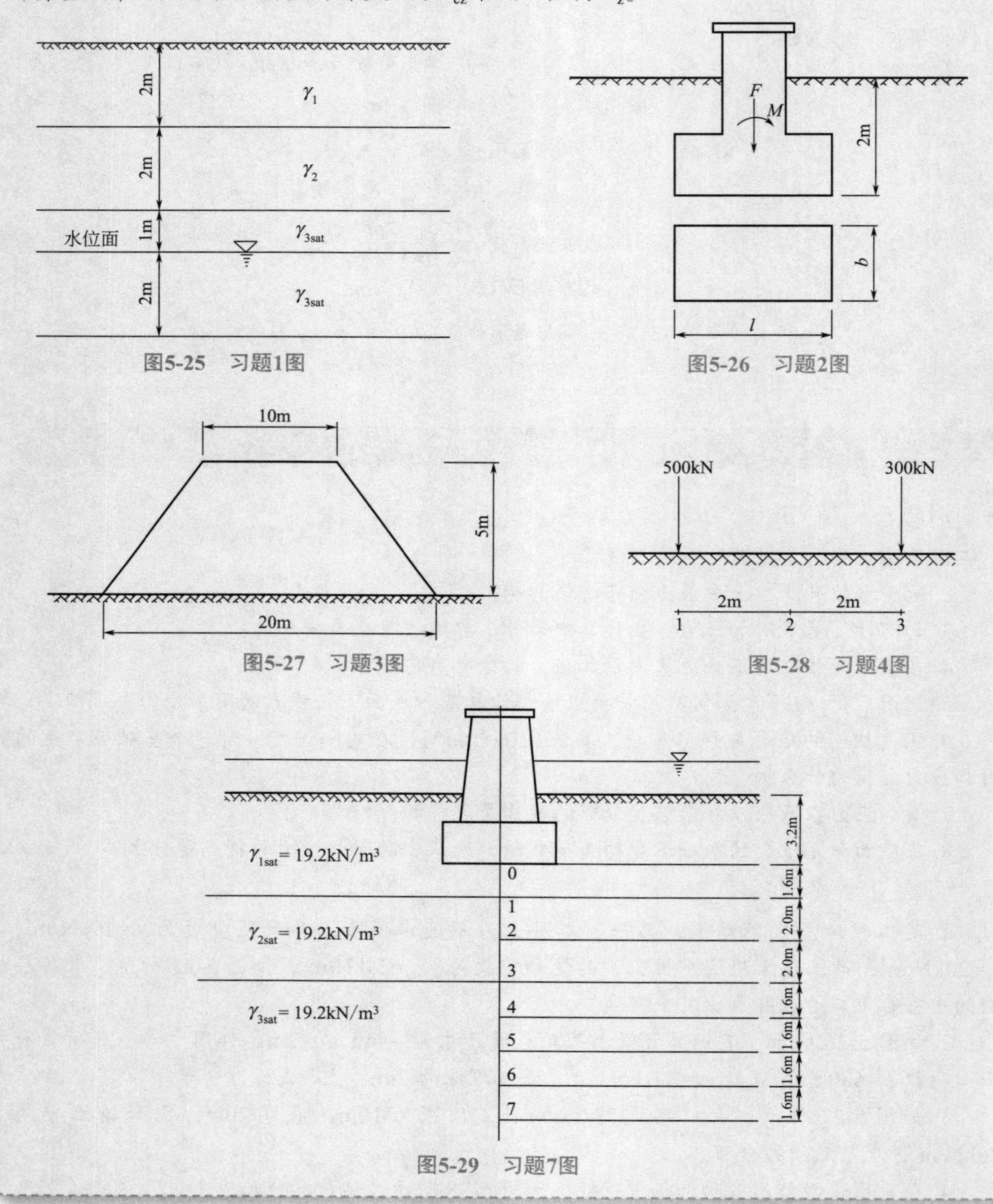


图5-29 习题7图

# 单元六

# 土的压缩性和土体变形

## 知识目标

了解土的压缩与基础沉降的实质，熟悉室内固结试验的原理。
掌握土的压缩性指标的测定方法。
掌握地基最终沉降量的各种计算方法。
了解应力历史对地基沉降的影响。
熟悉有效应力原理。
了解饱和黏性土地基单向渗透固结理论及地基沉降随时间变化的规律。

## 能力目标

会测定土的压缩性指标，并能运用这些指标对土的压缩性作出评价。
会计算基础的沉降量。

在由建筑物或构筑物等引起的基底附加压力的作用下，地基土中会产生附加应力。同其他材料一样，在附加应力的作用下，地基土会产生附加的变形，这种变形包括体积变形和形状变形。在附加应力作用下，土的体积变形通常表现为体积缩小，土的这种性能称为土的压缩性。

由于土具有压缩性，因而地基土承受基底附加压力后，必然在垂直方向产生一定的位移，这种位移称为地基沉降。地基沉降值的大小，一方面与荷载有关，即与建筑物或构筑物等荷载的大小和分布有关；另一方面与土的状况有关，即与地基土的类型、分布、土层的厚度及其压缩性有关。

地基沉降有均匀沉降和不均匀沉降两种。无论哪种沉降都会对建筑物或构筑物产生危害。轻则会影响建筑物或构筑物的正常使用和美观，例如挡水土坝，若产生较大的沉降，将不能满足抗洪蓄水的要求；重则造成建筑物或构筑物的破坏。因此，进行地基设计时，必须根据建筑物或构筑物的情况和勘探试验资料，计算地基可能发生的沉降，并设法将其控制在建筑物或构筑物所容许的范围内。

本单元主要介绍土的压缩性、地基最终沉降量计算、地基沉降与时间的关系及地基容许沉降量。

## 任务一　土的压缩试验和指标

土的压缩性是指土在压力作用下体积缩小的特性，而土的体积缩小主要是由于孔隙体积减小引起的。试验研究表明，固体土颗粒和孔隙水本身的压缩量是很微小的。在通常工程压力（<600kPa）作用下，其压缩量不足总压缩量的1/400，一般可不予考虑。对于封闭气体的压缩，只有在高饱和的土中发生，但因土中含气率很小，它的压缩量在土体总压缩量中所占的比例也很小，一般也可以忽略不计。因此，土的压缩主要是在压力作用下，由于土粒产生相对移动并重新排列，导致土的孔隙体积减小和孔隙水及气体的排除所引起的。对于透水性较大的无黏性土，由于水极易排出，这一压缩过程在极短时间内即可完成；而对于饱和黏性土，由于透水性小，排水缓慢，故需要很长时间才能达到压缩稳定。土体在压力作用下，其压缩量随时间增长的过程称为土的固结。一般情况下，无黏性土在施工完毕时固结基本完成，而黏性土尤其是饱和黏性土需要几年甚至几十年才能达到固结稳定。

为了进行基础设计，计算地基的沉降量，必须先获取土的压缩性指标。土的压缩性指标可以通过室内侧限压缩试验方法取得。

## 一、土的侧限压缩试验及*e-p*曲线

### 1. 土的侧限压缩试验

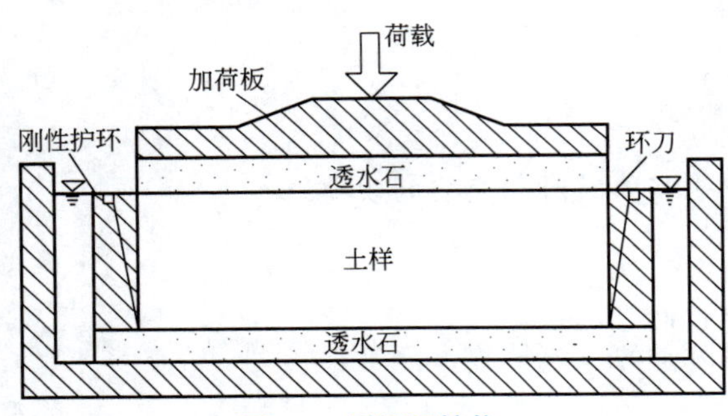


图6-1 侧限压缩仪

研究土的压缩性及其特征的室内试验方法称为压缩试验，亦称固结试验。压缩试验通常是取天然结构的原状土样，进行侧限压缩试验。所谓侧限压缩试验是指限制土体的侧向变形，使土样只产生竖向变形。对一般工程来说，在压缩土层厚度较小的情况下，侧限压缩试验的结果与实际情况比较吻合。进行压缩试验的仪器叫压缩仪，又称固结仪，试验装置如图6-1所示。

试验时，先用金属环刀（内径61.8mm或79.8mm，高20mm）从原状土样切取试样，然后将环刀和试样一起放入一刚性护环内，上下面各置一块透水石，以使试样受压后能够自由排水，传压板通过透水石上面对试样施加垂直荷载。由于被金属环刀及刚性护环限制，土样在压力作用下只能在竖向产生压缩，而不能产生侧向变形，故称为侧限压缩。详细的操作步骤见《土工试验方法标准》（GB/T 50123—2019）。

试验中，荷载逐渐增加（不少于四级荷载），在每级荷载作用下将土样压至稳定后，再加下一级荷载。一般工程压力为12.5kPa、25kPa、50kPa、100kPa、200kPa、400kPa、800kPa、1600kPa、3200kPa，最后一级的压力应大于覆土层的计算压力100~200kPa。第1级压力的大小视土的软硬程度宜采用12.5kPa、25.0kPa或50.0kPa。根据每级荷载作用下的稳定压缩变形量，可以计算各级荷载作用下的孔隙比，从而绘制出土样的压缩曲线，即*e-p*曲线。

### 2. *e-p* 曲线

*e-p*曲线又称为压缩曲线。根据土样的竖向压缩量与土样的三项基本物理性能指标，可以导出试验过程孔隙比的计算公式。

设试样初始高度为$H_0$，试样受压变形稳定后的高度为$H$，试样变形量为$\Delta H$，即$H=H_0-\Delta H$。若试样受压前初始孔隙比为$e_0$，则受压后孔隙比为$e$，如图6-2所示。

由于试验过程中土粒体积$V_s$不变和在侧限条件下试验使得试样的面积$A$不变，根据试验过程中的基本物理关系可列出下式。

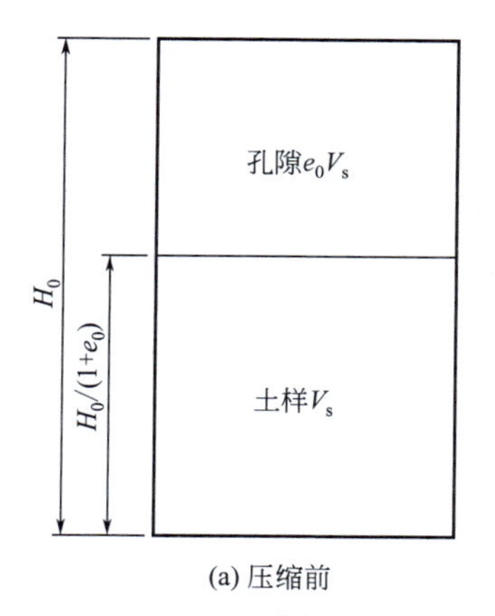


(a) 压缩前

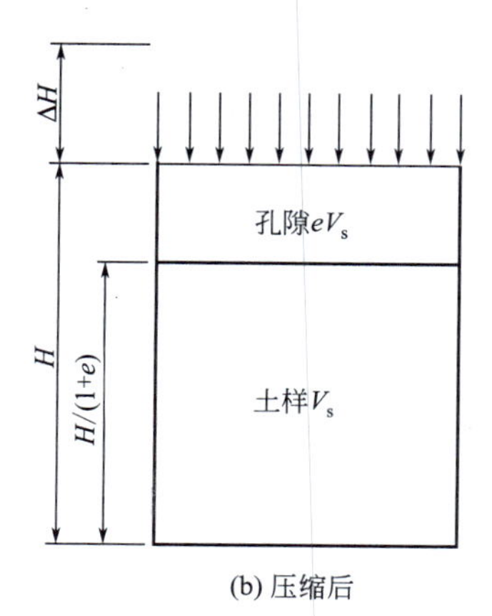


(b) 压缩后

图6-2　压缩过程中试样变形示意图

$$V_0=H_0A=V_s+e_0V_s=V_s(1+e_0)$$

由此得：

$$\frac{H_0}{1+e_0}=\frac{V_s}{A}$$

同样：

$$HA=V_s+eV_s=V_s(1+e)$$

$$\frac{H}{1+e}=\frac{V_s}{A}$$

由于$A$及$V_s$为不变量，所以有：

$$\frac{H_0}{1+e_0}=\frac{H}{1+e}$$

将$H=H_0-\Delta H$代入上式，并整理得：

$$e=e_0-\frac{\Delta H}{H_0}(1+e_0) \tag{6-1}$$

式中　$e_0$——试样受压前初始孔隙比，可由基础物理性质指标求得，即$e_0=\frac{d_s(1+w)\rho_w}{\rho}-1$；

$d_s$——土粒相对密度；

$\rho_w$——水的密度，g/cm$^3$；

$w$——试样的初始含水量；

$\rho$——试样的受压前初始密度，g/cm$^3$；

$H_0$——试样的初始高度，mm；

$\Delta H$——某级压力下试样高度变化，mm。

根据式（6-1），在$e_0$已知的情况下，只要压缩试验测得各级压力$p$作用下的压缩量，就能求出对应的孔隙比$e$，从而绘出试样压缩试验的$e$-$p$曲线，如图6-3所示。

## 二、土的压缩性指标

通常将侧限压缩试验的$e$-$p$关系用普通直角坐标绘制，如图6-3所示的$e$-$p$曲线。

### 1. 压缩系数 *a*

从图6-3可以看出，由于软黏土的压缩性大，当发生压力变化$\Delta p$时，则相应的孔隙比的变化$\Delta e$也大，因而曲线就比较陡；相反地，像密实砂土的压缩性小，当发生相同压力变

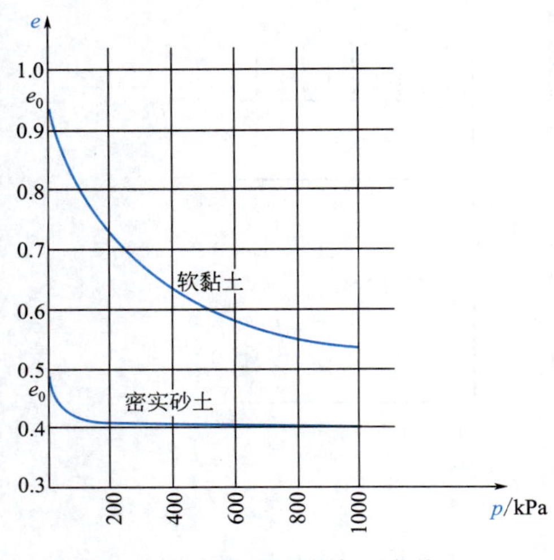


图6-3　压缩试验的$e$-$p$曲线

化 $\Delta p$ 时，相应的孔隙比的变化 $\Delta e$ 就小，因而曲线比较平缓，因此，土的压缩性大小可以用 $e$-$p$ 曲线的斜率来表示。

$e$-$p$ 曲线上任意点的切线斜率 $a$ 称为压缩系数：

$$a=-\frac{\mathrm{d}e}{\mathrm{d}p} \tag{6-2}$$

式（6-2）中，为了 $a$ 取正值而加了一个负号。

如图 6-4 所示，当压力变化范围不大时，土的 $e$-$p$ 曲线可近似用割线来表示。当压力由 $p_1$ 增至 $p_2$ 时，相应的孔隙比由 $e_1$ 减小到 $e_2$，则压缩系数近似地用割线 $M_1M_2$ 的斜率来表示，即：

$$a=-\frac{\Delta e}{\Delta p}=\frac{e_1-e_2}{p_2-p_1} \tag{6-3}$$

式中　$a$——压缩系数，$\mathrm{MPa}^{-1}$；

$p_1$——地基土中某深度处原有的垂直自重应力，kPa；

$p_2$——地基土中某深度处自重应力与附加应力之和，kPa；

$e_1$——相应于 $p_1$ 作用下压缩稳定后土的孔隙比；

$e_2$——相应于 $p_2$ 作用下压缩稳定后土的孔隙比。

压缩系数 $\boldsymbol{a}$ 表示在单位压力增量作用下土的孔隙比的减少量。因此，压缩系数 $a$ 越大，土的压缩性就越大。不同的土压缩性差异很大，即使是同一种土，其压缩性也是有差异的。由于 $e$-$p$ 曲线在压力较小时，曲线较陡，而随着压力的增大曲线越来越平缓，因此，一种土的压缩系数 $a$ 值不是一个常量。工程上提出用 $p_1$=100kPa、$p_2$=200kPa 时相对应的压缩系数 $a_{1-2}$ 来评价土的压缩性：

$a_{1-2}<0.1\mathrm{MPa}^{-1}$，属低压缩性土；

$0.1\mathrm{MPa}^{-1}\leqslant a_{1-2}<0.5\mathrm{MPa}^{-1}$，属中压缩性土；

$a_{1-2}\geqslant 0.5\mathrm{MPa}^{-1}$，属高压缩性土。

**2. 压缩指数**

土的压缩试验结果也可用 $e$-lg $p$ 曲线表示，即横坐标用对数表示，如图 6-5 所示。从图中可以看出，在压力较大部分，$e$-lg $p$ 曲线趋于直线，该直线的斜率称为压缩指数，用 $C_c$ 表示，它是无量纲量。

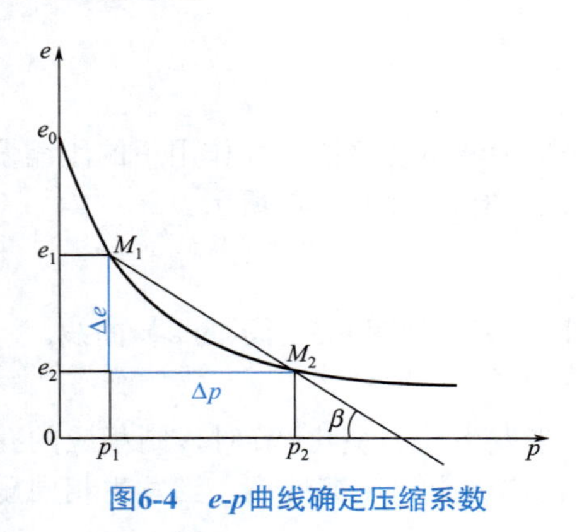


图6-4　$e$-$p$曲线确定压缩系数

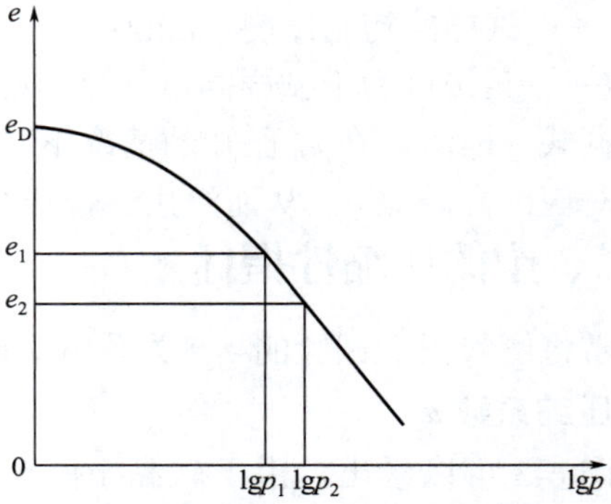

图6-5　$e$-lg$p$曲线确定压缩指数

$$C_c=\frac{e_1-e_2}{\lg p_2-\lg p_1}=\frac{e_1-e_2}{\lg\dfrac{p_2}{p_1}} \tag{6-4}$$

压缩指数 $C_c$ 与压缩系数 $a$ 不同，$a$ 值随压力变化而变化，而 $C_c$ 值在压力较大时为常数，不随压力变化而变化。由于 $e$-lg$p$ 曲线使用起来较为方便，在国内外被广泛应用于分析研究应力历史对土的压缩性的影响。

压缩指数 $C_c$ 也是表示土的压缩性高低的指标，$C_c$ 越大，压缩曲线越陡，压缩性越高；反之压缩性越低。低压缩性土的 $C_c$ 值一般小于 0.2，高压缩性土的 $C_c$ 值一般大于 0.4，中压缩性土的 $C_c$ 值一般为 0.2～0.4。

**3. 压缩模量 $E_s$**

根据 $e$-$p$ 曲线，可以得到土的另一个重要的侧限压缩性指标——侧限压缩模量，简称压缩模量，用 $E_s$ 表示。

压缩模量是指在侧限条件下，土的垂直应力增量 $\Delta p$ 与应变 $\varepsilon_z$ 之比。在土的压缩试验中，在 $p_1$ 作用下至变形稳定时，试样的高度为 $H_1$，此时试样的孔隙比为 $e_1$。当压力从 $p_1$ 增至 $p_2$ 时，压力增量 $\Delta z=p_2-p_1$，其稳定的试样高度为 $H_2$，变形量 $\Delta s=H_1-H_2$，相应的孔隙比为 $e_2$，由式（6-1）得：

$$\Delta s=\frac{e_1-e_2}{1+e_1}H_1 \tag{6-5}$$

二维码 6.1

由土的压缩模量的定义及式（6-5），可得：

$$E_s=\frac{\Delta p}{\varepsilon_z}=\frac{p_2-p_1}{\dfrac{\Delta s}{H_1}}=\frac{p_2-p_1}{\dfrac{e_1-e_2}{1+e_1}}=\frac{1+e_1}{\dfrac{e_1-e_2}{p_2-p_1}}=\frac{1+e_1}{a} \tag{6-6}$$

土的压缩模量 $E_s$ 是表示土的压缩性的又一个指标。同压缩系数 $a$ 一样，压缩模量也不是常数，而是随着压力变化而变化的。显然，在同一条 $e$-$p$ 曲线上，当压力小的时候，压缩系数 $a$ 大，压缩模量 $E_s$ 小；在压力大的时候，压缩系数 $a$ 小，压缩模量 $E_s$ 大。

压缩模量 $E_s$ 与压缩系数 $a$ 成反比，压缩系数 $a$ 越大，压缩模量越小，土的压缩性越高。一般当 $E_s$＜4MPa 时属高压缩性土；当 $E_s$ 为 4～15MPa 时属中压缩性土；当 $E_s$＞15MPa 时属低压缩性土。

实际上，土的压缩模量与其他材料的弹性模量一样，它是反映土抵抗变形的能力，但需要说明的是，两者之间有着本质的区别：①土的压缩只能竖向变形，不能侧向变形，即侧面受到约束；②土不是弹性体，而是弹塑性复合体，当应力去除后不能恢复到原来状态，土的变形既有弹性变形，又有塑性变形。

【例6-1】　某原状土的试样进行室内侧限压缩试验，其试验结果见表6-1。求土的压缩系数 $a_{1-2}$、压缩模量 $E_{s_{1-2}}$，并判别土的压缩性大小。

表6-1　土的侧限压缩试验

| $p$/kPa | 50 | 100 | 200 | 400 |
|---|---|---|---|---|
| $e$ | 0.924 | 0.908 | 0.888 | 0.859 |

**解**

$$a_{1-2}=\frac{0.908-0.888}{0.2-0.1}=0.2(\text{MPa}^{-1})$$

$$E_{s_{1-2}}=\frac{1+e_1}{a_{1-2}}=\frac{1+0.908}{0.2}=9.54(\text{MPa})$$

该土样为中等压缩性。

# 任务二　分层总和法计算地基最终沉降量

在进行地基基础设计时，无论采用天然地基还是采用人工地基，都必须先估算地基最终沉降量。地基最终沉降量是指地基在荷载作用下变形稳定后基底处的最大竖向位移。地基最终沉降量的计算方法有多种，本任务介绍常用的分层总和法，下一任务介绍《建筑地基基础设计规范》中的方法。

## 一、基本假定

所谓分层总和法，就是将地基土在计算深度范围内，分成若干土层，计算每一土层的压缩变形量，然后叠加起来，就得到地基的沉降量。在采用分层总和法计算地基最终沉降量时，为了简化计算，通常假定如下：

① 地基是均质、各向同性的半无限线性变形体，即可按弹性理论计算土中应力。

② 地基土在压缩变形时，只产生竖向压缩变形，不产生侧向变形，因此可采用侧限条件下的压缩性指标。为了弥补由于忽略地基土侧向变形而使计算结果偏小的误差，通常取基底中心点下的附加应力进行沉降量计算，以基底中点的沉降作为基础的沉降。

## 二、计算公式

### 1. 单一薄压缩土层的沉降计算

如图 6-6 所示，当基础下压缩土层厚度 $H<0.5b$（$b$ 为基础宽度），或当基础尺寸或荷载面积水平向为无限分布时，地基压缩层内只有竖向压缩变形，而没有侧向变形，因而，地基土应力与变形情况都与压缩仪中试样的应力和变形情况类似。由式（6-5）可知，薄层地基土压缩量为：

$$\Delta S=\Delta H=\frac{e_1-e_2}{1+e_1}H=\frac{\Delta e}{1+e_1}H \tag{6-7}$$

式中　$H$——薄压缩层原厚度，mm；

$e_1$——与薄压缩层自重应力值 $\sigma_c$（即初始压力 $p_1$）对应的孔隙比，可从土的 $e$-$p$ 曲线上查得；

$e_2$——与自重应力 $\sigma_c$ 和附加应力之和（即 $p_2$）对应的孔隙比，可从土的 $e$-$p$ 曲线上查得。

不难证明，式（6-7）亦可写成：

$$\Delta S=\frac{a}{1+e_1}\sigma_z H=\frac{1}{E_s}\sigma_z H \tag{6-8}$$

式中　$a$——压缩系数，$\text{MPa}^{-1}$；

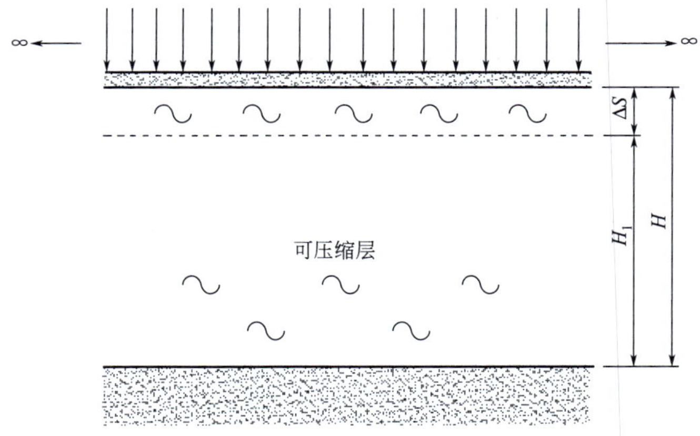


图6-6　薄压缩地基沉降

$\sigma_z$——薄地基压缩层中平均附加应力，kPa，即 $\sigma_z=p_2-p_1$；

$E_s$——压缩模量，MPa。

**2. 单向压缩分层总和法**

对于压缩土层较厚或成层，而荷载仅在局部范围分布的地基，可以采用分层总和法来计算地基最终沉降量。所谓分层总和法，就是将地基土在计算深度范围内分成若干水平土层，计算每层土的压缩量，然后叠加起来，就得到地基最终沉降量。

由于地基土的应力扩散作用，地基表面上作用的局部荷载在地基土中产生的附加应力随深度的增加而变小，而随深度增加地基土中的自重固结应力不断变大，使得地基土中附加应力引起的变形随深度增加而逐渐减低，因此，超过一定深度后，土层的压缩量对总沉降量的影响可以被忽略。满足这一条件的深度称为沉降计算深度。

对于如图 6-7 所示的地基及应力分布，可将地基分成若干层，分别计算基础中心点下地基中各个分层土的压缩变形量 $\Delta S_i$，基础的平均沉降量 $S$ 等于 $\Delta S_i$ 的总和，即：

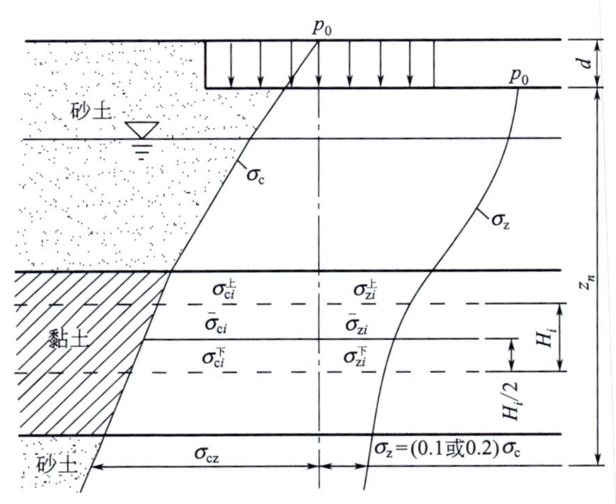


图6-7　分层总和法计算地基沉降量

$$S=\sum_{i=1}^{n}\Delta S_i=\sum_{i=1}^{n}\frac{e_{1i}-e_{2i}}{1+e_{1i}}H_i=\sum_{i=1}^{n}\frac{a_i}{1+e_{1i}}\bar{\sigma}_{zi}H_i=\sum_{i=1}^{n}\frac{\bar{\sigma}_{zi}}{E_{si}}H_i \tag{6-9}$$

式中　$e_{1i}$——与第$i$层土平均自重应力值 $\bar{\sigma}_{ci}$ 对应的孔隙比，可从土的$e$-$p$曲线上查得；

$e_{2i}$——与第 $i$ 层土平均自重应力和平均附加应力之和 $\bar{\sigma}_{ci}+\bar{\sigma}_{zi}$ 对应的孔隙比，可从土的 $e$-$p$ 曲线上查得；

$H_i$——第 $i$ 层土的厚度，mm；

$a_i$——第 $i$ 层土的压缩系数，$MPa^{-1}$；

$\bar{\sigma}_{zi}$——第 $i$ 层土的平均附加应力，kPa；

$E_{si}$——第 $i$ 层土的侧限压缩模量，MPa。

## 三、计算步骤

单向压缩分层总和法计算步骤如下。

### 1. 绘制基础中心下地基中的自重应力分布曲线和附加应力分布曲线

自重应力分布曲线由天然地面起算，基底压力 $p$ 由作用于基础上的荷载计算。地基中的附加应力分布曲线用上一单元所讲的方法计算。

### 2. 确定沉降计算深度 $z_n$

一般取附加应力与自重应力的比值为 20%（一般土）或 10%（软土）的深度处作为沉降计算深度的下限。在沉降计算深度范围内存在基岩时，$z_n$ 可取至基岩表面。

### 3. 确定沉降计算深度范围内的分层界面

成层土的层面（不同土层的压缩性及重度不同）及地下水位面划分为薄层的分层界面。此外分层厚度一般不大于基础宽度的 0.4 倍。

### 4. 计算各分层的压缩量

根据自重应力和附加应力分布曲线确定各分层的自重应力平均值 $\bar{\sigma}_{ci}$ 和附加应力平均值 $\bar{\sigma}_{zi}$（图 6-7）。

$$\bar{\sigma}_{ci}=\frac{1}{2}\left(\sigma_{ci}^{上}+\sigma_{ci}^{下}\right) \tag{6-10}$$

$$\bar{\sigma}_{zi}=\frac{1}{2}\left(\sigma_{zi}^{上}+\sigma_{zi}^{下}\right) \tag{6-11}$$

式中　$\sigma_{ci}^{上}$，$\sigma_{ci}^{下}$——第 $i$ 层分层上、下层面处的自重应力，kPa；

$\sigma_{zi}^{上}$，$\sigma_{zi}^{下}$——第 $i$ 层分层上、下层面处的附加应力，kPa。

根据 $p_{1i}=\bar{\sigma}_{ci}$ 和 $p_{2i}=\bar{\sigma}_{ci}+\bar{\sigma}_{zi}$，分别由 $e$-$p$ 压缩曲线确定相应的初始空隙比 $e_{1i}$ 和压缩稳定后的孔隙比 $e_{2i}$，则第 $i$ 分层土的沉降量为：

$$\Delta S_i=\frac{e_{1i}-e_{2i}}{1+e_{1i}}H_i \tag{6-12}$$

### 5. 计算基础最终沉降量

将地基压缩层计算深度范围内各土层压缩量相加，即得地基沉降量 $S$：

$$S=\sum_{i=1}^{n}\Delta S_i \tag{6-13}$$

式中　$n$——地基压缩层计算深度范围内的分层数。

在计算地基最终沉降量时，对地基土压缩前后的孔隙比取值，需注意以下几个问题。

① 建筑物或构筑物基础下地基变形计算，用平均自重应力 $\bar{\sigma}_{cz}$ 查曲线得到压缩前的孔隙

比 $e_1$，用平均自重应力加平均附加应力（$\bar{\sigma}_{cz}+\bar{\sigma}_z$）查 $e$-$p$ 曲线得到压缩变形后的孔隙比 $e_2$。

② 附加应力计算应考虑土体在自重作用下的固结稳定，若地基土在其自重作用下未完全固结，则附加应力中还应包括地基土本身的自重作用。即用平均自重应力 $\bar{\sigma}_{cz}$ 查 $e$-$p$ 曲线得到 $e_1$，用平均自重应力加平均附加应力（包含土的自重作用）查 $e$-$p$ 曲线得到 $e_2$。

③ 有相邻荷载作用时，应将相邻荷载在各压缩分层内引起的应力叠加到附加应力中去，用平均自重应力 $\bar{\sigma}_{cz}$ 查 $e$-$p$ 曲线得到 $e_1$，用平均自重应力加平均附加应力（含相邻荷载作用）查 $e$-$p$ 曲线得到 $e_2$。

④ 地下水位下降引起地基土中应力变化，用水位下降前平均自重应力（有效重度对应的自重应力）查 $e$-$p$ 曲线得到 $e_1$，用水位下降后平均自重应力（天然重度对应的自重应力）查 $e$-$p$ 曲线得到 $e_2$。

⑤ 建筑物或构筑物增层改造引起地基变形计算，用增层前的（$\bar{\sigma}_{cz}+\bar{\sigma}_z$）查 $e$-$p$ 曲线得到 $e_1$，用增层后的（$\bar{\sigma}_{cz}+\bar{\sigma}_z$）查 $e$-$p$ 曲线得到 $e_2$。

【例6-2】 某基础地面尺寸为4m×4m，在基底下有一土层厚1.5m，其上下层面的附加应力分别为 $\sigma_z^{上}$=80kPa，$\sigma_z^{下}$=58kPa，通过试验测得土的天然孔隙比为0.7，压缩系数为0.6，求该土层的最终沉降量。

解法一　该土层的厚度 $H$=1.5m＜0.4$b$=1.6m，因此可以采用式（6-7）或式（6-8）进行计算。

由式（6-11）得：

$$\bar{\sigma}_{zi}=\frac{1}{2}\left(\sigma_{zi}^{上}+\sigma_{zi}^{下}\right)=\frac{80+58}{2}=69\ (\text{kPa})$$

再由式（6-8）得：

$$\Delta S=\frac{a}{1+e_1}\bar{\sigma}_z H=\frac{0.6\times 69\times 10^{-3}}{1+0.7}\times 1500=36.53\ (\text{mm})$$

解法二　由式（6-6）得：

$$E_s=\frac{1+e_1}{a}=\frac{1+0.7}{0.6}=2.833\ (\text{MPa})$$

再由式（6-8）得：

$$\Delta S=\frac{\bar{\sigma}_z}{E_s}H=\frac{69\times 10^{-3}}{2.833}\times 1500=36.53\ (\text{mm})$$

【例6-3】 有一基础，其基底尺寸为 $l$=5m，$b$=4m，在基底下3～4m的土层中，已知平均自重应力为68.6kPa，平均附加应力为82.4kPa，在附加应力作用下，该土层已完全固结。由于该基础附近建造新的建筑物，该土层附加应力增加了20kPa。若土的 $e$-$p$ 压缩曲线关系为 $e$=1.2−0.0013$p$，计算该土层新增加的沉降量。

解　$p_1$=68.6+82.4=151（kPa），$e_1$=1.2−0.0013×151=1.0037

$p_2$=68.6+82.4+20=171（kPa），$e_2$=1.2−0.0013×171=0.9777

由式（6-7）得到该土层的新增加的沉降量为：

$$\Delta S=\frac{e_1-e_2}{1+e_1}H=\frac{1.0037-0.9777}{1+1.0037}\times 1000=13.0\text{（mm）}$$

【例 6-4】 某地基为粉质黏土，地下水位面深度为 2m，$\gamma_{sat}$=22kN/m³。现由于工程需要，需大范围降低地下水位 3m，降水区的天然重度为 $\gamma$=19kN/m³，降水区的 $e$-$p$ 曲线关系为 $e$=1.15−0.0016$p$。计算由降低地下水而引起的沉降量。

解 降水前，2m 处的自重应力 $\sigma_{cz}^{上}$ =19×2=38（kPa）

5m 处的自重应力 $\sigma_{cz}^{下}$ =38+（22−10）×3=74（kPa）

平均自重应力 $p_1$=（38+74）/2=56（kPa）

$$e=1.15-0.0016p_1=1.15-0.0016\times 56=1.0604$$

降水后，2m 处的自重应力 $\sigma_{cz}^{上}$ =19×2=38（kPa）

5m 处的自重应力 $\sigma_{cz}^{下}$ =19×5=95（kPa）

平均自重应力 $p_2$=（38+95）/2=66.5（kPa）

$$e_2=1.15-0.0016p_2=1.15-0.0016\times 66.5=1.0436$$

由式（6-7）计算由降水引起的沉降量为：

$$\Delta S=\frac{e_1-e_2}{1+e_1}H=\frac{1.0604-1.0436}{1+1.0604}\times 3000=24.5\text{（mm）}$$

【例 6-5】 某正方形基础，$l$=$b$=4m，埋深 $d$=1m，地基为粉质黏土，地下水位面深 3.4m，上部结构传至基础顶面荷载 $F$=1504kN。地下水位以上，土的天然重度 $\gamma$=16.0kN/m³，地下水以下，土的饱和重度 $\gamma_{sat}$=17.2kN/m³，如图 6-8 所示。试用分层总和法计算基础最终沉降量。

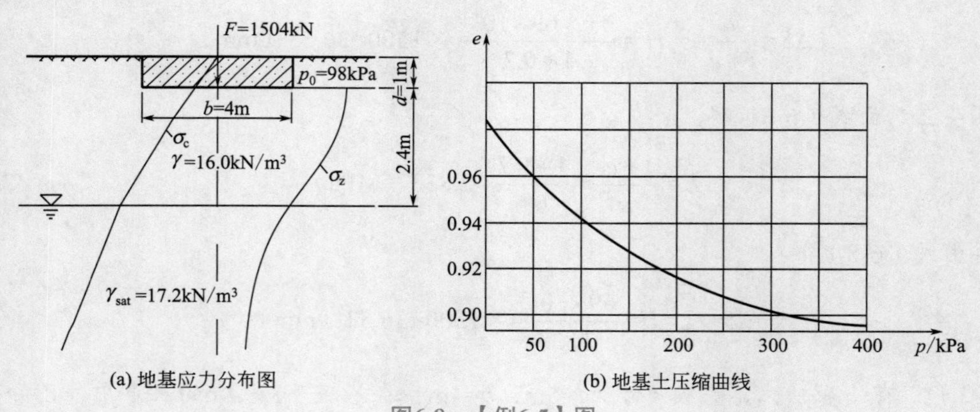


图6-8 【例6-5】图

解 （1）地基分层 考虑分层厚度＜0.4$b$=1.6m 以及地下水位，基底至地下水位分 2 层，层厚均为 1.2m，地下水位以下土层分层厚度均取 1.6m。

（2）计算自重应力 从天然地面起算，计算分层处的自重应力。地下水位以下取有效重度进行计算。计算结果见表 6-2。

表6-2　自重应力值　　单位：kPa

| 深度 /mm | 0 | 1.2 | 2.4 | 4.0 | 5.6 | 7.2 |
|---|---|---|---|---|---|---|
| 自重应力 $\sigma_{cz}$ /kPa | 16 | 35.2 | 54.4 | 65.9 | 77.4 | 89.0 |
| 平均自重应力 $\bar{\sigma}_{cz}$ /kPa | 25.6 | 44.8 | 60.2 | 71.7 | 83.2 | |

（3）计算基底附加压力

$$p=\frac{F+G}{A}=\frac{1504+20\times4\times4\times1}{4\times4}=114\text{（kPa）}$$

$$p_0=p-\gamma d=114-16\times1=98\text{（kPa）}$$

（4）计算基底中心点地基土中附加应力　地基土中的附加应力按角点法计算，将基础分为四个相同的小块。计算边长 $l=b=2$m，附加应力 $\sigma_z=4K_c p_0$，具体计算见表 6-3。

表6-3　附加应力计算表

| 深度 /m | $l/b$ | $z/b$ | 附加应力系数 $K_c$ | $\sigma_z$/kPa | $\bar{\sigma}_z$ |
|---|---|---|---|---|---|
| 0 | 1.0 | 0 | 0.2500 | 98.0 | |
| | | | | | 92.7 |
| 1.2 | 1.0 | 0.6 | 0.2229 | 87.4 | |
| | | | | | 73.4 |
| 2.4 | 1.0 | 1.2 | 0.1516 | 59.4 | |
| | | | | | 46.2 |
| 4.0 | 1.0 | 2.0 | 0.0840 | 32.9 | |
| | | | | | 26.3 |
| 5.6 | 1.0 | 2.8 | 0.0502 | 19.7 | |
| | | | | | 16.2 |
| 7.2 | 1.0 | 3.6 | 0.0326 | 12.8 | |

（5）确定压缩层深度　一般按 $\sigma_z=0.2\sigma_{cz}$ 来确定压缩层深度。$z=5.6$m 处，$\sigma_z=19.7\text{kPa}>0.2\sigma_{cz}=15.5\text{kPa}$；$z=7.2$m 处，$\sigma_z=12.8\text{kPa}<0.2\sigma_{cz}=17.8\text{kPa}$。所以压缩层深度 $z_n=7.2$m。

（6）计算各分层的压缩量　由式（6-7）计算各分层的压缩量，列于表 6-4。

表6-4　分层总和法计算地基最终沉降量

| 土层编号 | $\bar{\sigma}_{cz}$ /kPa | $\bar{\sigma}_z$ /kPa | $H_i$/mm | （$\bar{\sigma}_{cz}$+ $\bar{\sigma}_z$）/kPa | $e_1$ | $e_2$ | $\Delta S_i$ /mm |
|---|---|---|---|---|---|---|---|
| 1 | 25.6 | 92.7 | 1200 | 118.3 | 0.972 | 0.931 | 24.9 |
| 2 | 44.8 | 73.4 | 1200 | 118.2 | 0.961 | 0.931 | 18.4 |
| 3 | 60.2 | 46.2 | 1600 | 106.4 | 0.956 | 0.935 | 17.2 |
| 4 | 71.7 | 26.3 | 1600 | 98.0 | 0.950 | 0.938 | 9.8 |
| 5 | 83.2 | 16.2 | 1600 | 99.4 | 0.945 | 0.937 | 6.6 |

（7）计算基础平均最终沉降量

$$S=\sum\Delta S_i=24.9+18.4+17.2+9.8+6.6=76.9\text{（mm）}$$

# 任务三　规范法计算地基最终沉降量

分层总和法中所做的基本假定使采用该法计算的地基最终沉降量与地基实际沉降量有一定的误差，大量的沉降观测和理论计算表明：中等压缩性土，计算值与实测值相差较小；高压缩性土，计算值远小于实测值，最多可相差40%；低压缩性土，计算值大大超过实测值，最大相差可达5倍以上。

规范法是《建筑地基基础设计规范》（GB 50007—2011）提出的计算地基最终沉降量的另一种形式的分层总和法，该法仍然采用上一任务分层总和法的假设前提，但在计算中采用了平均附加应力系数，以简化分层总和法的计算。规范法在总结了大量实践经验的基础上，引入了地基沉降计算经验系数，对分层总和法进行了修正，使得计算值更接近实测值。

## 一、特点

① 规范法按地基土的天然分层面划分计算土层，简化了分层总和法。

② 引入了平均附加应力系数，所以该法也称为应力面积法。

③ 引入沉降计算经验系数 $\Psi_s$，对分层总和法计算的结果进行了修正。

④ 重新规定了沉降计算深度。

## 二、计算公式

### 1. 基本计算公式的推导

如图6-9所示，基础底面宽度为 $b$，长度为 $l$，假设地基土是均质的，且土在侧限条件下的压缩模量 $E_s$ 不随深度而变化，则地基中第 $i$ 分层土的压缩量为：

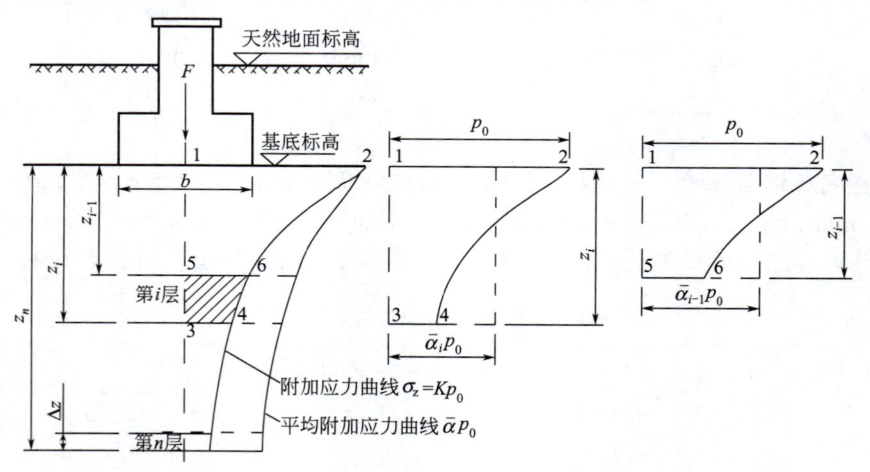


图6-9　规范法计算地基沉降量

$$\Delta S_i' = \int_{z_{i-1}}^{z_i} \varepsilon_z \mathrm{d}z = \int_{z_{i-1}}^{z_i} \frac{\sigma_z}{E_{si}} \mathrm{d}z = \frac{1}{E_{si}} \int_{z_{i-1}}^{z_i} \sigma_z \mathrm{d}z = \frac{1}{E_{si}} \left( \int_0^{z_i} \sigma_z \mathrm{d}z - \int_0^{z_{i-1}} \sigma_z \mathrm{d}z \right) \qquad (6\text{-}14)$$

其中，$\int_0^z \sigma_z \mathrm{d}z$ 表示深度 $z$ 范围内的附加应力面积。

根据附加应力计算公式 $\sigma_z=Kp_0$，附加应力面积

$$\int_0^z \sigma_z \mathrm{d}z = p_0 \int_0^z K \mathrm{d}z$$

式中　$\int_0^z K\mathrm{d}z$——深度$z$范围内的附加应力系数面积。

引入平均附加应力系数 $\bar{\alpha}$ ，其定义为：

$$\bar{\alpha}=\frac{\int_0^z K\mathrm{d}z}{z}=\frac{\int_0^z \sigma_z\mathrm{d}z}{p_0 z} \tag{6-15}$$

则附加应力面积$\int_0^z \sigma_z\mathrm{d}z=\bar{\alpha}p_0 z$，由此得到：

$$\Delta S_i'=\frac{p_0}{E_{si}}(z_i\bar{\alpha}_i-z_{i-1}\bar{\alpha}_{i-1}) \tag{6-16}$$

这样，基础平均沉降量可表示为

$$S'=\sum_{i=1}^{n}\Delta S_i'=\sum_{i=1}^{n}\frac{p_0}{E_{si}}(z_i\bar{\alpha}_i-z_{i-1}\bar{\alpha}_{i-1}) \tag{6-17}$$

式中　$S'$——按分层总和法计算的沉降量，mm；

$n$——沉降计算深度范围划分的土层数；

$p_0$——基底附加应力，kPa；

$E_{si}$——基础底面下第 $i$ 层土的压缩模量，MPa，取土的自重应力至土的自重应力与附加应力之和的压力段计算；

$z_{i-1}$，$z_i$——基础底面至第$i$层土的顶面、底面的距离，mm；

$\bar{\alpha}_{i-1}$，$\bar{\alpha}_i$——基础底面计算点至第$i$层土顶面、底面范围内平均附加应力系数。

表6-5给出了矩形面积上作用均布荷载时角点下平均竖向附加应力系数 $\bar{\alpha}$ 值。

表6-5　矩形面积上作用均布荷载时角点下平均竖向附加应力系数 $\bar{\alpha}$ 值

| $z/b$ | $l/b$ | | | | | | | | | | | | |
|---|---|---|---|---|---|---|---|---|---|---|---|---|---|
| | 1.0 | 1.2 | 1.4 | 1.6 | 1.8 | 2.0 | 2.4 | 2.8 | 3.2 | 3.6 | 4.0 | 5.0 | 10.0 |
| 0 | 0.2500 | 0.2500 | 0.2500 | 0.2500 | 0.2500 | 0.2500 | 0.2500 | 0.2500 | 0.2500 | 0.2500 | 0.2500 | 0.2500 | 0.2500 |
| 0.2 | 0.2496 | 0.2497 | 0.2497 | 0.2498 | 0.2498 | 0.2498 | 0.2498 | 0.2498 | 0.2498 | 0.2498 | 0.2498 | 0.2498 | 0.2498 |
| 0.4 | 0.2474 | 0.2479 | 0.2481 | 0.2483 | 0.2483 | 0.2484 | 0.2485 | 0.2485 | 0.2485 | 0.2485 | 0.2485 | 0.2485 | 0.2485 |
| 0.6 | 0.2423 | 0.2437 | 0.2444 | 0.2448 | 0.2451 | 0.2452 | 0.2454 | 0.2455 | 0.2455 | 0.2455 | 0.2455 | 0.2455 | 0.2456 |
| 0.8 | 0.2346 | 0.2372 | 0.2387 | 0.2395 | 0.2400 | 0.2403 | 0.2407 | 0.2408 | 0.2409 | 0.2409 | 0.2410 | 0.2410 | 0.2410 |
| 1.0 | 0.2252 | 0.2291 | 0.2313 | 0.2326 | 0.2335 | 0.2340 | 0.2346 | 0.2349 | 0.2351 | 0.2352 | 0.2352 | 0.2353 | 0.2353 |
| 1.2 | 0.2149 | 0.2199 | 0.2229 | 0.2248 | 0.2260 | 0.2268 | 0.2278 | 0.2282 | 0.2285 | 0.2286 | 0.2287 | 0.2288 | 0.2289 |
| 1.4 | 0.2043 | 0.2102 | 0.2140 | 0.2164 | 0.2180 | 0.2191 | 0.2204 | 0.2211 | 0.2215 | 0.2217 | 0.2218 | 0.2220 | 0.2221 |
| 1.6 | 0.1939 | 0.2006 | 0.2049 | 0.2079 | 0.2099 | 0.2113 | 0.2130 | 0.2138 | 0.2143 | 0.2146 | 0.2148 | 0.2150 | 0.2152 |
| 1.8 | 0.1840 | 0.1912 | 0.1960 | 0.1994 | 0.2018 | 0.2034 | 0.2055 | 0.2066 | 0.2073 | 0.2077 | 0.2079 | 0.2082 | 0.2084 |
| 2.0 | 0.1746 | 0.1822 | 0.1875 | 0.1912 | 0.1938 | 0.1958 | 0.1982 | 0.1996 | 0.2004 | 0.2009 | 0.2012 | 0.2015 | 0.2018 |
| 2.2 | 0.1659 | 0.1737 | 0.1793 | 0.1833 | 0.1862 | 0.1883 | 0.1911 | 0.1927 | 0.1937 | 0.1943 | 0.1947 | 0.1952 | 0.1955 |
| 2.4 | 0.1578 | 0.1657 | 0.1715 | 0.1757 | 0.1789 | 0.1812 | 0.1843 | 0.1862 | 0.1873 | 0.1880 | 0.1885 | 0.1890 | 0.1895 |
| 2.6 | 0.1503 | 0.1583 | 0.1642 | 0.1686 | 0.1719 | 0.1745 | 0.1779 | 0.1799 | 0.1812 | 0.1820 | 0.1825 | 0.1832 | 0.1838 |
| 2.8 | 0.1433 | 0.1514 | 0.1574 | 0.1619 | 0.1654 | 0.1680 | 0.1717 | 0.1739 | 0.1753 | 0.1763 | 0.1769 | 0.1777 | 0.1784 |
| 3.0 | 0.1369 | 0.1449 | 0.1510 | 0.1556 | 0.1592 | 0.1619 | 0.1658 | 0.1682 | 0.1698 | 0.1708 | 0.1715 | 0.1725 | 0.1733 |
| 3.2 | 0.1310 | 0.1390 | 0.1450 | 0.1497 | 0.1533 | 0.1562 | 0.1602 | 0.1628 | 0.1645 | 0.1657 | 0.1664 | 0.1675 | 0.1685 |
| 3.4 | 0.1256 | 0.1334 | 0.1394 | 0.1441 | 0.1478 | 0.1508 | 0.1550 | 0.1577 | 0.1595 | 0.1607 | 0.1616 | 0.1628 | 0.1639 |
| 3.6 | 0.1205 | 0.1282 | 0.1342 | 0.1389 | 0.1427 | 0.1456 | 0.1500 | 0.1528 | 0.1548 | 0.1561 | 0.1570 | 0.1583 | 0.1595 |

续表

| $z/b$ | $l/b$ | | | | | | | | | | | | |
|---|---|---|---|---|---|---|---|---|---|---|---|---|---|
| | 1.0 | 1.2 | 1.4 | 1.6 | 1.8 | 2.0 | 2.4 | 2.8 | 3.2 | 3.6 | 4.0 | 5.0 | 10.0 |
| 3.8 | 0.1158 | 0.1234 | 0.1293 | 0.1340 | 0.1378 | 0.1408 | 0.1452 | 0.1482 | 0.1502 | 0.1516 | 0.1526 | 0.1541 | 0.1554 |
| 4.0 | 0.1114 | 0.1189 | 0.1248 | 0.1294 | 0.1332 | 0.1362 | 0.1408 | 0.1438 | 0.1459 | 0.1474 | 0.1485 | 0.1500 | 0.1516 |
| 4.2 | 0.1073 | 0.1147 | 0.1205 | 0.1251 | 0.1289 | 0.1319 | 0.1365 | 0.1396 | 0.1418 | 0.1434 | 0.1445 | 0.1462 | 0.1479 |
| 4.4 | 0.1035 | 0.1107 | 0.1164 | 0.1210 | 0.1248 | 0.1279 | 0.1325 | 0.1357 | 0.1379 | 0.1396 | 0.1407 | 0.1425 | 0.1444 |
| 4.6 | 0.1000 | 0.1070 | 0.1127 | 0.1172 | 0.1209 | 0.1240 | 0.1287 | 0.1319 | 0.1342 | 0.1359 | 0.1371 | 0.1390 | 0.1410 |
| 4.8 | 0.0967 | 0.1036 | 0.1091 | 0.1136 | 0.1173 | 0.1204 | 0.1250 | 0.1283 | 0.1307 | 0.1324 | 0.1337 | 0.1357 | 0.1379 |
| 5.0 | 0.0935 | 0.1003 | 0.1057 | 0.1102 | 0.1139 | 0.1169 | 0.1216 | 0.1249 | 0.1273 | 0.1291 | 0.1304 | 0.1325 | 0.1348 |
| 5.2 | 0.0906 | 0.0972 | 0.1026 | 0.1070 | 0.1106 | 0.1136 | 0.1183 | 0.1217 | 0.1241 | 0.1259 | 0.1273 | 0.1295 | 0.1320 |
| 5.4 | 0.0878 | 0.0943 | 0.0996 | 0.1039 | 0.1075 | 0.1105 | 0.1152 | 0.1186 | 0.1211 | 0.1229 | 0.1243 | 0.1265 | 0.1292 |
| 5.6 | 0.0852 | 0.0916 | 0.0968 | 0.1010 | 0.1046 | 0.1076 | 0.1122 | 0.1156 | 0.1181 | 0.1200 | 0.1215 | 0.1238 | 0.1266 |
| 5.8 | 0.0828 | 0.0890 | 0.0941 | 0.0983 | 0.1018 | 0.1047 | 0.1094 | 0.1128 | 0.1153 | 0.1172 | 0.1187 | 0.1211 | 0.1240 |
| 6.0 | 0.0805 | 0.0866 | 0.0916 | 0.0957 | 0.0991 | 0.1021 | 0.1067 | 0.1101 | 0.1126 | 0.1146 | 0.1161 | 0.1185 | 0.1216 |
| 6.2 | 0.0783 | 0.0842 | 0.0891 | 0.0932 | 0.0966 | 0.0995 | 0.1041 | 0.1075 | 0.1101 | 0.1120 | 0.1136 | 0.1161 | 0.1193 |
| 6.4 | 0.0762 | 0.0820 | 0.0869 | 0.0909 | 0.0942 | 0.0971 | 0.1016 | 0.1050 | 0.1076 | 0.1096 | 0.1111 | 0.1137 | 0.1171 |
| 6.6 | 0.0742 | 0.0799 | 0.0847 | 0.0886 | 0.0919 | 0.0948 | 0.0993 | 0.1027 | 0.1053 | 0.1073 | 0.1088 | 0.1114 | 0.1149 |
| 6.8 | 0.0723 | 0.0779 | 0.0826 | 0.0865 | 0.0898 | 0.0926 | 0.0970 | 0.1004 | 0.1030 | 0.1050 | 0.1066 | 0.1092 | 0.1129 |
| 7.0 | 0.0705 | 0.0761 | 0.0806 | 0.0844 | 0.0877 | 0.0904 | 0.0949 | 0.0982 | 0.1008 | 0.1028 | 0.1044 | 0.1071 | 0.1109 |
| 7.2 | 0.0688 | 0.0742 | 0.0787 | 0.0825 | 0.0857 | 0.0884 | 0.0928 | 0.0962 | 0.0987 | 0.1008 | 0.1023 | 0.1051 | 0.1090 |
| 7.4 | 0.0672 | 0.0725 | 0.0769 | 0.0806 | 0.0838 | 0.0865 | 0.0908 | 0.0942 | 0.0967 | 0.0988 | 0.1004 | 0.1031 | 0.1071 |
| 7.6 | 0.0656 | 0.0709 | 0.0752 | 0.0789 | 0.0820 | 0.0846 | 0.0889 | 0.0922 | 0.0948 | 0.0968 | 0.0984 | 0.1012 | 0.1054 |
| 7.8 | 0.0642 | 0.0693 | 0.0736 | 0.0771 | 0.0802 | 0.0828 | 0.0871 | 0.0904 | 0.0929 | 0.0950 | 0.0966 | 0.0994 | 0.1036 |
| 8.0 | 0.0627 | 0.0678 | 0.0720 | 0.0755 | 0.0785 | 0.0811 | 0.0853 | 0.0886 | 0.0912 | 0.0932 | 0.0948 | 0.0976 | 0.1020 |
| 8.2 | 0.0614 | 0.0663 | 0.0705 | 0.0739 | 0.0769 | 0.0795 | 0.0837 | 0.0869 | 0.0894 | 0.0914 | 0.0931 | 0.0959 | 0.1004 |
| 8.4 | 0.0601 | 0.0649 | 0.0690 | 0.0724 | 0.0754 | 0.0779 | 0.0820 | 0.0852 | 0.0878 | 0.0893 | 0.0914 | 0.0943 | 0.0938 |
| 8.6 | 0.0588 | 0.0636 | 0.0676 | 0.0710 | 0.0739 | 0.0764 | 0.0805 | 0.0836 | 0.0862 | 0.0882 | 0.0898 | 0.0927 | 0.0973 |
| 8.8 | 0.0576 | 0.0623 | 0.0663 | 0.0696 | 0.0724 | 0.0749 | 0.0790 | 0.0821 | 0.0846 | 0.0866 | 0.0882 | 0.0912 | 0.0959 |
| 9.2 | 0.0554 | 0.0599 | 0.0637 | 0.0670 | 0.0697 | 0.0721 | 0.0761 | 0.0792 | 0.0817 | 0.0837 | 0.0853 | 0.0882 | 0.0931 |
| 9.6 | 0.0533 | 0.0577 | 0.0614 | 0.0645 | 0.0672 | 0.0696 | 0.0734 | 0.0765 | 0.0789 | 0.0809 | 0.0825 | 0.0855 | 0.0905 |
| 10.0 | 0.0514 | 0.0556 | 0.0592 | 0.0622 | 0.0649 | 0.0672 | 0.0710 | 0.0739 | 0.0763 | 0.0783 | 0.0799 | 0.0829 | 0.0880 |
| 10.4 | 0.0496 | 0.0537 | 0.0572 | 0.0601 | 0.0627 | 0.0649 | 0.0686 | 0.0716 | 0.0739 | 0.0759 | 0.0775 | 0.0804 | 0.0857 |
| 10.8 | 0.0479 | 0.0519 | 0.0553 | 0.0581 | 0.0606 | 0.0628 | 0.0664 | 0.0693 | 0.0717 | 0.0736 | 0.0751 | 0.0781 | 0.0834 |
| 11.2 | 0.0463 | 0.0502 | 0.0535 | 0.0563 | 0.0587 | 0.0609 | 0.0644 | 0.0672 | 0.0695 | 0.0714 | 0.0730 | 0.0759 | 0.0813 |
| 11.6 | 0.0448 | 0.0486 | 0.0518 | 0.0545 | 0.0569 | 0.0590 | 0.0625 | 0.0652 | 0.0675 | 0.0694 | 0.0709 | 0.0738 | 0.0793 |
| 12.0 | 0.0435 | 0.0471 | 0.0502 | 0.0529 | 0.0552 | 0.0573 | 0.0606 | 0.0634 | 0.0656 | 0.0674 | 0.0690 | 0.0719 | 0.0774 |
| 12.8 | 0.0409 | 0.0444 | 0.0474 | 0.0499 | 0.0521 | 0.0541 | 0.0573 | 0.0599 | 0.0621 | 0.0639 | 0.0654 | 0.0682 | 0.0739 |
| 13.6 | 0.0387 | 0.0420 | 0.0448 | 0.0472 | 0.0493 | 0.0512 | 0.0543 | 0.0568 | 0.0589 | 0.0607 | 0.0621 | 0.0649 | 0.0707 |
| 14.4 | 0.0367 | 0.0398 | 0.0425 | 0.0448 | 0.0468 | 0.0486 | 0.0516 | 0.0540 | 0.0561 | 0.0577 | 0.0592 | 0.0619 | 0.0677 |
| 15.2 | 0.0349 | 0.0379 | 0.0404 | 0.0426 | 0.0445 | 0.0463 | 0.0492 | 0.0515 | 0.0535 | 0.0551 | 0.0565 | 0.0592 | 0.0650 |
| 16.0 | 0.0332 | 0.0361 | 0.0385 | 0.0407 | 0.0425 | 0.0442 | 0.0469 | 0.0492 | 0.0511 | 0.0527 | 0.0540 | 0.0567 | 0.0625 |
| 18.0 | 0.0297 | 0.0323 | 0.0345 | 0.0364 | 0.0381 | 0.0396 | 0.0422 | 0.0442 | 0.0460 | 0.0475 | 0.0487 | 0.0512 | 0.0570 |
| 20.0 | 0.0269 | 0.0292 | 0.0312 | 0.0330 | 0.0345 | 0.0359 | 0.0383 | 0.0402 | 0.0418 | 0.0432 | 0.0444 | 0.0468 | 0.0524 |

### 2. 沉降计算深度 $z_n$ 的确定

按规范法计算地基沉降时，沉降计算深度 $z_n$ 应满足式（6-18）：

$$\Delta S'_n \leqslant 0.025\sum_{i=1}^{n}\Delta S'_i \tag{6-18}$$

式中　$\Delta S'_i$——计算深度范围内，第$i$层土的计算沉降值，mm；

$\Delta S'_n$——由计算深度向上取厚度为 $\Delta z$ 的土层计算沉降值，mm，$\Delta z$ 的取值按表 6-6 确定。

若确定的计算深度下部仍有软弱土层，则继续向下计算。

表6-6　$\Delta z$值

| 基底宽度 $b$/m | $b\leqslant 2$ | $2<b\leqslant 4$ | $4<b\leqslant 8$ | $b>8$ |
|---|---|---|---|---|
| $\Delta z$/m | 0.3 | 0.6 | 0.8 | 1.0 |

若无相邻荷载影响，基础宽度在 1～30m 时，地基沉降计算深度可按下列简化公式计算：

$$z_n=b(2.5-0.4\ln b) \tag{6-19}$$

式中　$b$——基础宽度，m。

在计算深度范围内存在基岩时，取至基岩表面。

**3. 沉降计算经验系数 $\Psi_s$**

规范法规定，按式（6-17）计算得到的沉降值 $S'$ 还应乘以一个沉降计算经验系数 $\Psi_s$，以提高计算准确度。沉降计算经验系数，根据地区沉降观测资料及经验确定，无地区经验时可采用表 6-7 的数值。

表6-7　沉降计算经验系数 $\Psi_s$

| 基底附加压力 | $\bar{E}_s$ /MPa | | | | |
|---|---|---|---|---|---|
| | 2.5 | 4.0 | 7.0 | 15.0 | 20.0 |
| $p_0\geqslant f_{ak}$ | 1.4 | 1.3 | 1.0 | 0.4 | 0.2 |
| $p_0\leqslant 0.75f_{ak}$ | 1.1 | 1.0 | 0.7 | 0.4 | 0.2 |

注：1. $\bar{E}_s$ 为沉降计算深度范围内各分层压缩模量的当量值，按式（6-20）计算。

$$\bar{E}_s=\frac{\sum A_i}{\sum \frac{A_i}{E_{si}}} \tag{6-20}$$

式中　$A_i$——第$i$层土附加应力面积，$A_i=p_0(z_i\bar{\alpha}_i-z_{i-1}\bar{\alpha}_{i-1})$。

2. $f_{ak}$ 为地基承载力标准值，表列数值可内插。

## 三、计算步骤

① 确定沉降计算分层。以自然土层界面划分沉降计算分层，不需要划分较小的土层。

② 计算平均附加应力系数。根据基础的类型（矩形、条形、圆形）和荷载分布形式（均布、三角形）计算平均附加应力系数。

③ 计算各土层的沉降量。由公式 $\Delta S_i=\frac{p_0}{E_{si}}(z_i\bar{\alpha}_i-z_{i-1}\bar{\alpha}_{i-1})$ 计算第 $i$ 土层的沉降量。

④ 确定沉降计算深度 $z_n$。由式（6-18）或式（6-19）确定沉降计算深度 $z_n$。

⑤ 确定沉降计算经验系数 $\Psi_s$。

⑥ 计算地基最终沉降量 $S$。

$$S=\Psi_s S'=\Psi_s\sum_{i=1}^{n}\frac{p_0}{E_{si}}(z_i\bar{\alpha}_i-z_{i-1}\bar{\alpha}_{i-1})$$

【例6-6】 某基础底面尺寸$b\times l$为2.5m×2.5m，埋深为2m，基底附加应力$p_0$=200kPa。地基土分层及各层的其他数据如图6-10所示。用规范法计算地基最终沉降量。

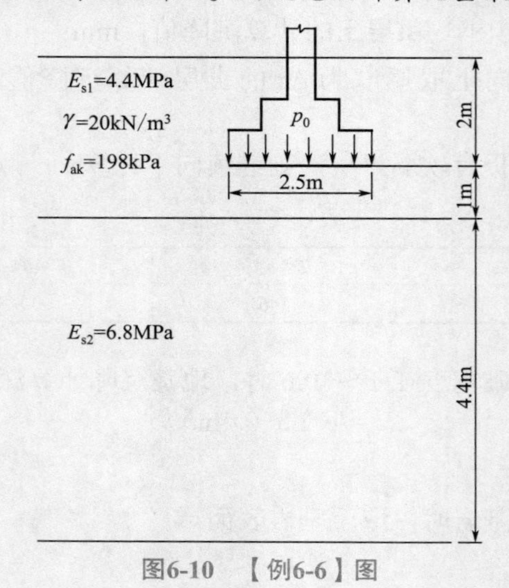

二维码 6.2

图6-10 【例6-6】图

解 （1）确定沉降计算深度

$z_n=b(2.5-0.4\ln b)=2.5\times(2.5-0.4\times\ln2.5)=5.33$（m），取$z_n$=5.4m。

（2）计算地基沉降

基础的沉降指的是基础底面中心点下计算深度范围内的沉降，因此把基础底面均分成四块，即$l_1=l/2=1.25$m，$b_1=b/2=1.25$m。

计算深度范围内土层压缩量，见表6-8。

表6-8 计算深度范围内土层压缩量

| z/m | $l_1/b_1$ | $z/b_1$ | $\bar{\alpha}_i=4\bar{\alpha}_{i1}$ | $z_i\bar{\alpha}_i$/m | $(z_i\bar{\alpha}_i-z_{i-1}\bar{\alpha}_{i-1})$/m | $E_{si}$/MPa | $\Delta S'_i$/mm |
|---|---|---|---|---|---|---|---|
| 0 | 1.0 | 0 | | | | | |
| 1.0 | 1.0 | 0.8 | 0.9384 | 0.9384 | 0.9384 | 4.4 | 42.65 |
| 5.4 | 1.0 | 4.32 | 0.4201 | 2.2685 | 1.3301 | 6.8 | 39.12 |

（3）复核计算深度

因$2<b\leqslant4$，查表6-6得$\Delta z$=0.6m，$z_{n-1}$=5.4−0.6=4.8（m），即要求计算4.8～5.4m土层的沉降量。

$z_{n-1}$=4.8m，$l_1/b_1$=1，$z_{n-1}/b_1$=4.8/1.25=3.84，查表6-5，并乘以4，得$\bar{\alpha}_{n-1}$=0.4596。

$z_n$=5.4m，$l_1/b_1$=1，$z_n/b_1$=5.4/1.25=4.32，查表6-5，并乘以4，得$\bar{\alpha}_n$=0.4201。

4.8～5.4m土层产生的沉降量：

$$\Delta S'_n=\frac{p_0}{E_{s2}}(z_i\bar{\alpha}_i-z_{i-1}\bar{\alpha}_{i-1})=\frac{200}{6.8}\times(0.4201\times5.4-0.4596\times4.8)$$

$$=1.84(\text{mm})<0.025(\Delta S'_1+\Delta S'_2)=0.025\times(42.65+39.12)=2.04\ (\text{mm})$$

满足要求。

（4）确定沉降计算经验系数

计算附加应力面积：

$$A_1=\bar{\alpha}_1 p_0 z_1=0.9384\times200\times1=187.7\text{（kPa·m）}$$

$$A_2=\bar{\alpha}_2 p_0 z_2-\bar{\alpha}_1 p_0 z_1=0.4201\times200\times5.4-0.9384\times200\times1=266\text{（kPa·m）}$$

代入式（6-20）得：

$$\bar{E}_s=\frac{\sum A_i}{\sum\frac{A_i}{E_{si}}}=\frac{A_1+A_2}{\frac{A_1}{E_{s1}}+\frac{A_2}{E_{s2}}}=\frac{187.7+266}{\frac{187.7}{4.4}+\frac{266}{6.8}}=\frac{453.7}{89.8}=5.55\text{（MPa）}$$

由$p_0\geqslant f_{ak}$，$\bar{E}_s=5.55$MPa，查表6-7内插得$\Psi_s=1.15$。

（5）计算地基最终沉降量

$$S=\Psi_s S'=\Psi_s(\Delta S'_1+\Delta S'_2)=1.15\times(42.65+39.12)=94\text{（mm）}$$

## 四、应力历史对地基沉降的影响

### 1. 土的侧限回弹曲线和再压缩曲线

如图6-11所示，在室内侧限压缩试验中，逐级加荷得到土的*e-p*曲线*abc*。现在如果加荷至*b*点开始逐级进行卸载直至零，并且测得各卸载等级下试样回弹稳定后土样高度，进而用式（6-1）求得相应的孔隙比*e*，即可绘制出卸载阶段的*e-p*曲线*bed*。曲线*bed*称为回弹曲线（或膨胀曲线）。如果卸载至零后，再逐级加载，土的试样又开始沿*db'*再压缩，至*b'*后与压缩曲线重合。曲线*db'*称为再压缩曲线。

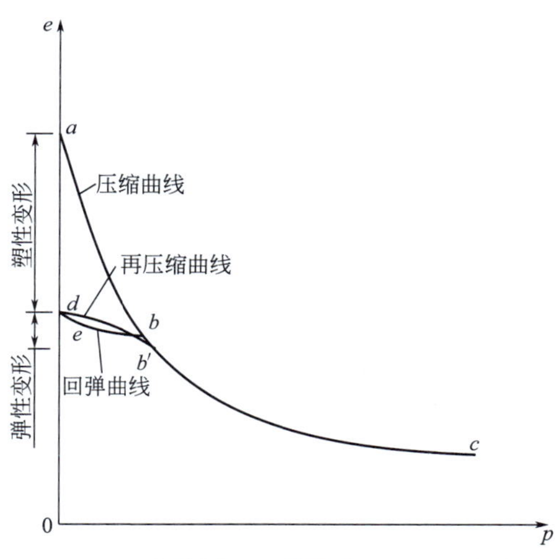


图6-11　土的侧限回弹曲线和再压缩曲线

从土的回弹和再压缩曲线可以看出：

① 土不是一般的弹性材料，其回弹曲线不和原压缩曲线相重合，卸载至零时的孔隙比没有恢复到初始压力为零时的孔隙比*e*，这就显示土残留了一部分压缩变形，称之为残余应变；

② 土的再压缩曲线比原压缩曲线斜率要小得多。说明土经过压缩后，卸载再压缩时，其压缩性明显降低。土的这一特性在工程实践中应引起足够的重视。

### 2. 黏性土的沉降

根据对饱和黏性土地基在局部荷载作用下的实际变形特征的观察，并从机理上来分析，黏性土地基最终沉降量是由三个部分组成的，如图 6-12 所示，即：

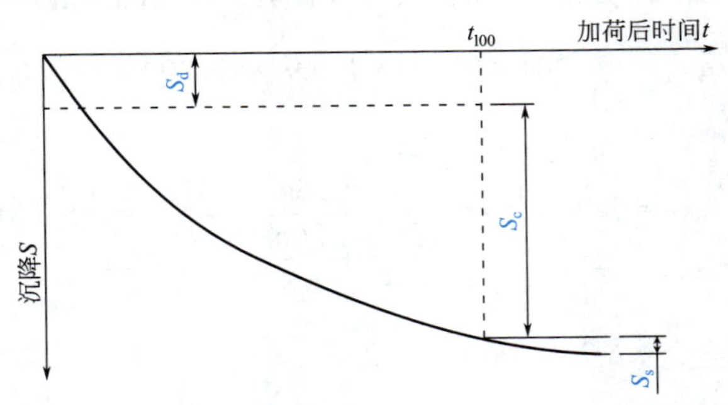


图6-12　黏性土地基沉降的三个组成部分

$$S=S_d+S_c+S_s \tag{6-21}$$

式中　$S_d$——瞬时沉降（初始沉降，不排水沉降）；

$S_c$——固结沉降（主固结沉降）；

$S_s$——次固结沉降（次压缩沉降，徐变沉降）。

（1）瞬时沉降　瞬时沉降是指加载后瞬时地基发生的沉降，在很短的时间内，孔隙中的水来不及排出，沉降量是在没有体积变形的条件下产生的。这种变形实质是地基土在荷载作用下只发生剪切变形，即形状变形。因此这一沉降计算应该考虑侧向变形，而像分层总和法等地基沉降计算方法则没有考虑这一方面。

（2）固结沉降　固结沉降是指饱和或接近于饱和的黏性土在荷载作用下，孔隙水被逐渐挤出，孔隙体积逐渐变小，从而土体被压密产生体积变形所造成的沉降。对于一般黏性土，固结沉降是地基沉降最主要的组成部分，且需要较长时间才能完成。在实用中可采用分层总和法来计算固结沉降。

（3）次固结沉降　次固结沉降是指在有效应力不变的情况下，土的骨架随时间发生的蠕动变形。一般情况下，次固结沉降所占比例很小，但对于高塑性的软黏土，次固结沉降不可忽视。

事实上，这三种沉降自从地基受荷后就开始交错发生，只是某个阶段以一种沉降变形为主而已。不同的土，三种沉降的相对大小及时间是不同的。譬如，中粗砂地基沉降可以认为是在荷载施加后瞬间发生的，其中有瞬时沉降和固结沉降，次固结沉降很小。对于饱和软黏土，瞬时沉降可占最终沉降量的 30%～40%，次固结沉降量同固结沉降量相比往往是不明显的。

**3. 土的应力历史对土的压缩性的影响**

土的应力历史是指土体在历史上曾经受到过的应力状态。土层在历史所经受过最大的固结压力，称为先（前）期固结压力 $p_c$。一般用先期固结压力 $p_c$ 与现时上覆盖土重 $p_0$ 的对比来描述土层的应力历史。据此可将土分为正常固结土、超固结土和欠固结土三类，如图 6-13 所示。

（1）正常固结土　在历史上所经受的先期固结压力等于现在的覆盖土重，即 $p_c=p_0$，如图 6-13（a）中的覆盖土层是逐渐沉积到现在的地面的。由于经历了漫长的地质年代，在土的自重作用下已经到达固结稳定状态，其先期固结压力 $p_c$（$p_c=\gamma h_c$）等于现有的覆盖土自重应力 $p_0=\gamma h$，$h=h_c$，所以这类土属于正常固结土。

（2）超固结土　在历史上所经受的先期固结压力大于现在的覆盖土重，即 $p_c>p_0$，如图 6-13（b）中的覆盖土层在历史上本来具有相当厚的覆盖沉积层，在土的自重作用下也已达到固结稳定状态，图中虚线表示当时沉积层的地表。后经过水流冲刷或其他原因，土层受剥

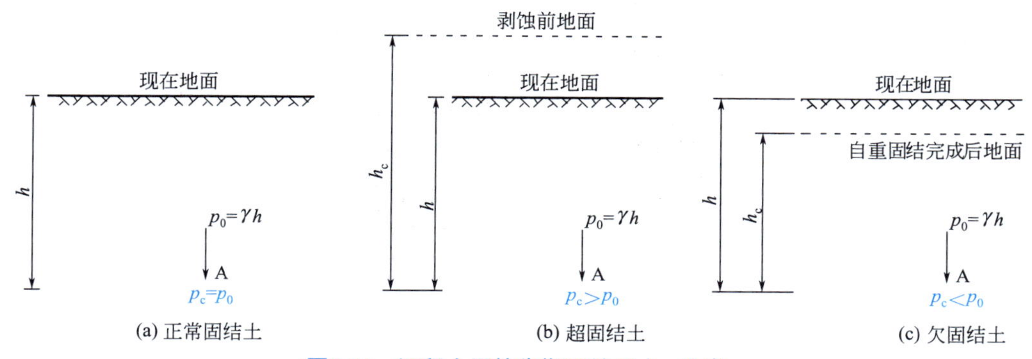


图6-13 沉积土层按先期固结压力$p_c$分类

蚀，原地表降至现地面。因此先期固结压力 $p_c=\gamma h_c$ 超过了现有的土自重应力 $p_0=\gamma h$，$h_c>h$，所以这类土是超固结土。

（3）欠固结土 欠固结土是指历史上所受的先期固结压力小于现在的覆盖土重，即 $p_c<p_0$，如图 6-13（c）中的土层，虽然也和图 6-13（a）中土层一样是逐渐沉积而成为现在地面的状况，但并没有达到固结稳定状态。如一些新近沉积黏性土、人工填土等，由于沉积年代较短，在自重作用下尚未完全固结，图中虚线表示将来固结完毕后的地表，因此 $p_c=\gamma h_c<p_0=\gamma h$，$h_c<h$，所以这类土是欠固结土。

在工程中，常见的是正常固结土，地基土的变形是由建筑物或构筑物荷载产生的附加应力引起的。超固结土相当于在其历史上已受过预压力，只有当地基中的总应力（附加应力与自重应力之和）超过其先期固结压力后，地基土才会有明显压缩变形，因此超固结土由于压缩性低，对工程有利。欠固结土不仅要考虑附加应力产生的压缩，还需考虑自重应力作用产生的压缩变形，其压缩性较高。

# 任务四 地基沉降与时间的关系

前面介绍了采用分层总和法来计算地基土在外荷载作用下压缩稳定后的沉降量，也称为最终沉降量。饱和土体的压缩过程实质上是土中孔隙水的排水过程，因此，排水的速率影响到土体沉降稳定所需的时间。对于碎石和砂土地基，由于土的透水性强，压缩性小，沉降能很快完成，一般在施工完毕时就能沉降稳定。而黏性土地基，特别是饱和黏性土地基，由于其排水过程较慢，固结稳定时间较长，因此其沉降（固结）往往要持续几年甚至几十年时间才能稳定。

土的压缩性越高，渗透性越小，达到沉降稳定所需的时间越长。对于饱和黏性土地基，不但需要估算地基的最终沉降量的大小，而且有时还要了解基础达到某一沉降量所需的时间或预估工程完工后经过某一时间可能产生的沉降量，以便安排施工顺序，控制施工进度及采取必要的措施，以消除沉降可能带来的不利影响。

关于沉降量与时间的关系，目前均以太沙基的饱和土体单向固结理论为基础，本节介绍这一理论及应用。

## 一、有效应力原理

饱和土在外荷载作用下，孔隙水被挤出，孔隙体积减小，从而产生压缩变形的过程称

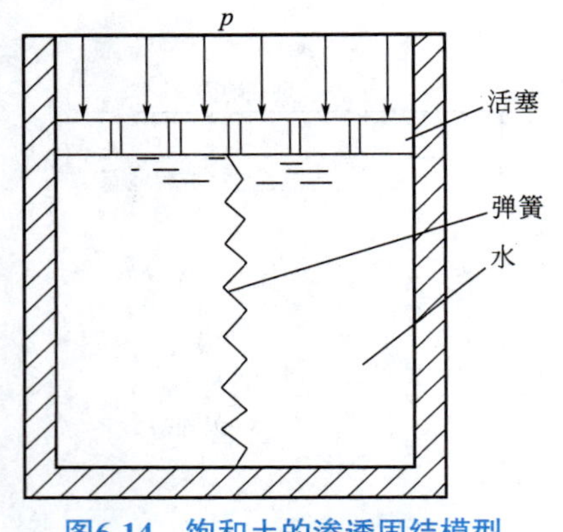

图6-14 饱和土的渗透固结模型

为渗透固结。饱和土孔隙中水的挤出速度，主要取决于土的渗透性和土的厚度。土的渗透性越低或土层越厚，孔隙水挤出所需的时间就越长。为了说明饱和土的渗透固结过程，可用一个简单的力学模型来说明。

如图 6-14 所示为太沙基（1923 年）建立的模拟饱和土渗透固结的弹簧模型。模型的容器中盛满水，水面放置一个带有很小排水孔的活塞，其下端有一个弹簧支撑。整个模型表示饱和土体，弹簧代表土的固体颗粒骨架，容器内的水代表土体中的孔隙水。

由容器内的水承担的压力相当于由外荷载 $p$ 在土体孔隙中水所引起的超静水压力，即土体中有孔隙水所传递的压力，称为孔隙水压力，记作 $u$；弹簧承担的压力相当于由骨架所传递的压力，即粒间接触压力，称为有效应力，记作 $\sigma'$。

当 $t=0$ 的加荷瞬间，容器中的水来不及排出，活塞不动，$u=p$，$\sigma'=0$。

当 $t>0$ 时，水从活塞水孔中逐渐排出，活塞下降，弹簧压缩。随着容器中水的不断排出，$u$ 不断减小，$\sigma'$ 不断增大。

当水从孔隙中充分排出，弹簧变形稳定，此时活塞不再下降，外荷载 $p$ 全部由土骨架承担，$\sigma'=p$，这表示饱和土的渗透固结完成。

由此可知，饱和土的渗透固结过程就是孔隙水压力向有效应力转化的过程。若以外荷载 $p$ 模拟土体中的总应力 $\sigma$，则在任一时刻，有效应力 $\sigma'$ 和孔隙水压力 $u$ 之和应始终等于饱和土体中的总应力 $\sigma$，即：

$$\sigma=\sigma'+u \tag{6-22}$$

式（6-22）就是在土力学中著名的饱和土体的有效应力原理。在渗透固结过程中，孔隙水压力在逐渐消散，有效应力在逐渐增长，土的体积也在逐渐减小，而土的强度随之提高。

## 二、土的单向渗透固结理论

饱和土的单向渗透固结是指土在压缩变形时，孔隙水只能沿一个方向（通常指垂直方向 $z$）渗流，土的变形也只能在垂直方向产生。这种情形类似于土的室内侧限压缩试验的情况。现将太沙基提出的饱和土单向渗透固结理论介绍如下。

### 1. 单向渗透固结理论的基本假定

① 无限大的面积上作用的均布荷载是瞬时施加的；

② 土层是均质的，完全饱和的；

③ 土粒和水是不可压缩的；

④ 土层的压缩和孔隙水的排出是沿竖向发生的，是一维的；

⑤ 土中水的渗流服从达西定律；

⑥ 土在固结过程中的渗透系数 $K$、压缩系数 $a$ 保持不变。

### 2. 单向渗透固结微分方程

如图 6-15 所示，在厚度为 $2H$ 的饱和黏性土层上作用着无限大的垂直连续均布荷载 $\sigma$，土层上下两面为透水层。在土层任意深度 $z$ 处，取一微分体 $dxdydz$，假定固体的体积为 1。在单位时间内，此微分体内挤出的水量 $\Delta q$ 等于微分体孔隙体积的压缩量 $\Delta V$。设微分体底面

渗流速度为 $v$，顶面速度为 $v+\dfrac{\partial v}{\partial z}\mathrm{d}z$，根据水流连续性原理、达西定律和有效应力原理，可建立饱和单向固结微分方程

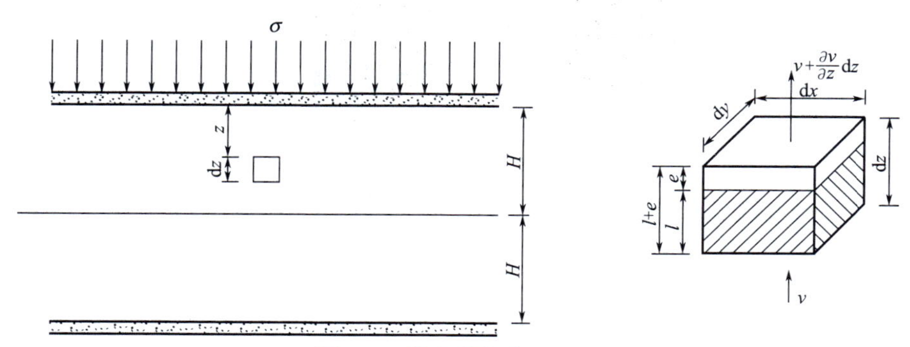


图6-15 饱和单向渗透固结

$$C_{\mathrm{v}}\frac{\partial^2 u}{\partial z^2}=\frac{\partial u}{\partial t} \tag{6-23}$$

式中 $C_{\mathrm{v}}$——土的固结系数，$\mathrm{m^2}$/年，$C_{\mathrm{v}}=\dfrac{K(1+e)}{\gamma_{\mathrm{w}}a}$；

$K$——土的渗透系数，m/年；

$e$——土层固结过程中的平均孔隙比；

$\gamma_{\mathrm{w}}$——水的重度，$10\mathrm{kN/m^3}$；

$a$——土的压缩系数，$\mathrm{MPa^{-1}}$。

### 3. 单向固结微分方程的解

根据图 6-15 的不同初始条件和边界条件可求得单向渗透固结微分方程的特解。

当 $t=0$ 和 $0\leqslant z\leqslant 2H$ 时，$u=\sigma=$ 常数；

当 $0<t<\infty$ 和 $z=0$ 时，$u=0$；

当 $0<t<\infty$ 和 $z=2H$ 时，$u=0$。

采用分离变量法可求得满足上述条件的傅里叶级数解：

$$u=\frac{4\sigma_z}{\pi}\sum_{m=1}^{\infty}\frac{1}{m}\sin\frac{m\pi z}{2H}\mathrm{e}^{-m^2\frac{\pi^2}{4}T_{\mathrm{v}}} \tag{6-24}$$

$$T_{\mathrm{v}}=\frac{C_{\mathrm{v}}}{H^2}t \tag{6-25}$$

式中 $m$——正奇整数，即1、3、5、…；

e——自然对数底数；

$H$——土层最大排水距离，m，当土层为单面排水时，$H$ 等于土层厚度，当土层为上、下双面排水时，$H$ 为土层厚度的一半；

$T_{\mathrm{v}}$——时间因数；

$t$——固结时间，年。

### 4. 地基固结度

地基固结度指的是地基在固结过程中任一时刻 $t$ 的固结沉降量 $S_t$ 与其最终固结沉降量 $S$ 之比，即：

$$U=\frac{S_t}{S} \tag{6-26}$$

式中 $S_t$，$S$——地基在某一时刻的沉降量和最终的沉降量。

地基最终沉降量的计算，由式（6-8），可写成求积的积分形式：

$$S=\int_0^H \frac{a}{1+e_1}\sigma_z \mathrm{d}z=\frac{a}{1+e_1}\int_0^H \sigma_z \mathrm{d}z$$

对于某一时刻的沉降量，则必须用有效应力 $\sigma_z'$ 进行计算，即：

$$S_t=\frac{a}{1+e_1}\int_0^H \sigma_z' \mathrm{d}z$$

将 $S$ 及 $S_t$ 表达式代入式（6-26），可得：

$$U=\frac{S_t}{S}=\frac{\frac{a}{1+e_1}\int_0^H \sigma_z'\mathrm{d}z}{\frac{a}{1+e_1}\int_0^H \sigma_z \mathrm{d}z}=\frac{\int_0^H \sigma_z'\mathrm{d}z}{\int_0^H \sigma_z \mathrm{d}z}=\frac{\text{有效应力图形面积}}{\text{总应力图形面积}} \tag{6-27}$$

根据有效应力原理，$\sigma_z'=\sigma_z-u$，式（6-27）也可写成：

$$U=\frac{\int_0^H (\sigma_z-u)\mathrm{d}z}{\int_0^H \sigma_z \mathrm{d}z}=1-\frac{\int_0^H u\mathrm{d}z}{\int_0^H \sigma_z \mathrm{d}z}=1-\frac{\text{孔隙水应力图形面积}}{\text{总应力图形面积}} \tag{6-28}$$

由此可见，地基的固结度就是土体中孔隙水压力向有效应力转化过程的完成程度。

将式（6-24）代入式（6-28），经积分可求得固结度的计算公式：

$$U_t=1-\frac{8}{\pi^2}\sum_{m=1}^{\infty}\frac{1}{m^2}\mathrm{e}^{-m^2\frac{\pi^2}{4}T_v} \tag{6-29}$$

式中符号意义同式（6-24）。

由于式（6-29）中级数收敛很快，故当 $T_v$ 值较大（如 $T_v \geqslant 0.16$）时，可只取其第一项，其精度完全可以满足工程要求。式（6-29）可简化为

$$U_t=1-\frac{8}{\pi^2}\mathrm{e}^{-\frac{\pi^2}{4}T_v} \tag{6-30}$$

固结度是时间因数 $T_v$ 的函数，与土中附加应力的分布情况有关。式（6-30）适用于以下两种情况：

① 地基为上、下双排水；

② 地基为单面排水，地基中附加应力沿深度为均布的情况。

若地基为单面排水，且在土层的上下面的附加应力不相等的情况下，要对式（6-30）进行调整，可按式（6-31）计算。

$$U_t=1-\frac{\left(\frac{\pi}{2}\alpha-\alpha+1\right)}{1+\alpha}\times\frac{32}{\pi^3}\mathrm{e}^{-\frac{\pi^2}{4}T_v} \tag{6-31}$$

式中 $\alpha$——代表大小不同的附加应力分布，如图6-16所示，$\alpha=\frac{\sigma_z'}{\sigma_z''}$；

$\sigma'_z$，$\sigma''_z$——透水面、不透水面上的附加应力。

① $\alpha$=0　即“1”型，压缩应力为土层自重应力沿深度呈三角形分布：

$$U_1=1-\frac{32}{\pi^3}e^{-\frac{\pi^2}{4}T_v} \tag{6-32}$$

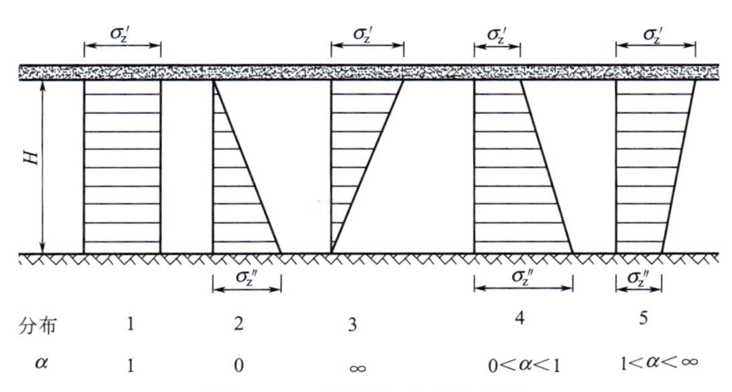


图6-16　五种附加应力分布图

② $\alpha$=1　即“0”型，有大面积荷载作用，或虽有局部荷载作用但土层很薄，其附加应力均匀分布：

$$U_0=1-\frac{8}{\pi^2}e^{-\frac{\pi^2}{4}T_v} \tag{6-33}$$

其他 $\alpha$ 值时的固结度可按式（6-31）计算，也可利用式（6-32）及式（6-33）求得 $U_1$ 及 $U_0$，按式（6-33）来计算：

$$U_\alpha=\frac{2\alpha U_0+(1-\alpha)U_1}{1+\alpha} \tag{6-34}$$

为方便查用，表 6-9 给出了不同的 $\alpha$ 下 $U_t$-$T_v$ 关系。

表6-9　单面排水，不同的 $\alpha$ 下 $U_t$-$T_v$ 关系表

| $\alpha$ | 固结度 $U_t$ | | | | | | | | | | | 类型 |
|---|---|---|---|---|---|---|---|---|---|---|---|---|
| | 0.0 | 0.1 | 0.2 | 0.3 | 0.4 | 0.5 | 0.6 | 0.7 | 0.8 | 0.9 | 1.0 | |
| 0 | 0.0 | 0.049 | 0.100 | 0.154 | 0.217 | 0.290 | 0.380 | 0.500 | 0.660 | 0.950 | ∞ | “1” |
| 0.2 | 0.0 | 0.027 | 0.073 | 0.126 | 0.186 | 0.26 | 0.35 | 0.466 | 0.63 | 0.92 | ∞ | “0-1” |
| 0.4 | 0.0 | 0.016 | 0.056 | 0.106 | 0.164 | 0.24 | 0.33 | 0.44 | 0.60 | 0.90 | ∞ | |
| 0.6 | 0.0 | 0.012 | 0.042 | 0.092 | 0.148 | 0.22 | 0.31 | 0.42 | 0.58 | 0.88 | ∞ | |
| 0.8 | 0.0 | 0.010 | 0.036 | 0.079 | 0.134 | 0.20 | 0.29 | 0.41 | 0.57 | 0.86 | ∞ | |
| 1.0 | 0.0 | 0.008 | 0.031 | 0.071 | 0.126 | 0.20 | 0.29 | 0.40 | 0.57 | 0.85 | ∞ | “0” |
| 1.5 | 0.0 | 0.008 | 0.024 | 0.058 | 0.107 | 0.17 | 0.26 | 0.38 | 0.54 | 0.83 | ∞ | “0-2” |
| 2.0 | 0.0 | 0.006 | 0.019 | 0.050 | 0.095 | 0.16 | 0.24 | 0.36 | 0.52 | 0.81 | ∞ | |
| 3.0 | 0.0 | 0.005 | 0.016 | 0.041 | 0.082 | 0.14 | 0.22 | 0.34 | 0.50 | 0.79 | ∞ | |
| 4.0 | 0.0 | 0.004 | 0.014 | 0.040 | 0.080 | 0.13 | 0.21 | 0.33 | 0.49 | 0.78 | ∞ | |
| 5.0 | 0.0 | 0.004 | 0.013 | 0.034 | 0.069 | 0.12 | 0.20 | 0.32 | 0.48 | 0.77 | ∞ | |
| 7.0 | 0.0 | 0.003 | 0.012 | 0.030 | 0.065 | 0.12 | 0.19 | 0.31 | 0.47 | 0.76 | ∞ | |
| 10.0 | 0.0 | 0.003 | 0.011 | 0.028 | 0.060 | 0.11 | 0.18 | 0.30 | 0.46 | 0.75 | ∞ | |
| 20.0 | 0.0 | 0.003 | 0.010 | 0.026 | 0.060 | 0.11 | 0.17 | 0.29 | 0.45 | 0.74 | ∞ | |
| ∞ | 0.0 | 0.002 | 0.009 | 0.024 | 0.048 | 0.09 | 0.16 | 0.23 | 0.44 | 0.73 | ∞ | “2” |

【例6-7】 某饱和黏土层如图6-17所示，其厚度为5m，底面为不透水层，在大面积荷载作用下$\sigma_z$=110kPa。该土层的$e_1$=0.8，压缩系数$a$=0.4MPa$^{-1}$，渗透系数$K$=2cm/年。试计算：①加荷一年后地基的沉降量；②沉降量达100mm所需的时间。

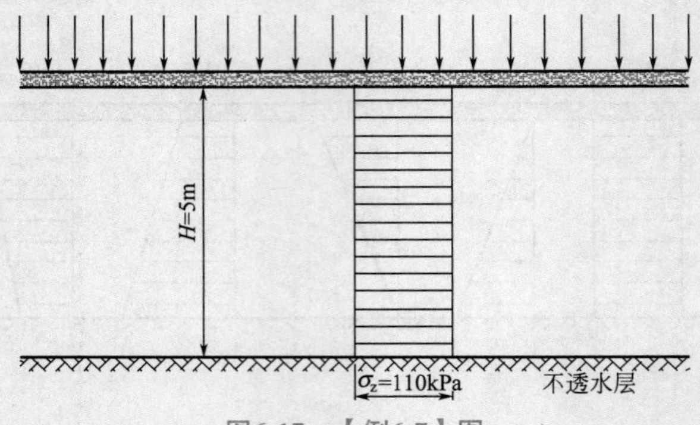


图6-17 【例6-7】图

解 ① 求$t$=1 年的沉降量

黏土的最终沉降量：

$$S=\frac{a}{1+e_1}\sigma_z H=\frac{0.0004}{1+0.8}\times 110\times 5000=122.2\text{（mm）}$$

固结系数：

$$C_v=\frac{K(1+e_1)}{\gamma_w a}=\frac{0.02\times(1+0.8)}{10\times 0.0004}=9\text{（m}^2\text{/年）}$$

时间因数：

$$T_v=\frac{C_v}{H^2}t=\frac{9}{5^2}\times 1=0.36$$

因 $\alpha$=1，由式（6-33）得地基的固结度为：

$$U_0=1-\frac{8}{\pi^2}e^{-\frac{\pi^2}{4}T_v}=1-\frac{8}{\pi^2}e^{-\frac{\pi^2}{4}\times 0.36}=0.67$$

故 $$S_t=U_0S=0.67\times 122.2=81.9\text{（mm）}$$

② 计算沉降量达 100mm 时所需时间

固结度：

$$U=\frac{S_t}{S}=\frac{100}{122.2}=0.82$$

时间因数：

$$T_v=-\frac{4}{\pi^2}\ln\frac{\pi^2}{8}(1-U)=-\frac{4}{\pi^2}\ln\frac{\pi^2}{8}(1-0.82)=0.61$$

$$t=\frac{T_vH^2}{C_v}=\frac{0.61\times 5^2}{9}=1.69\text{（年）}$$

# 任务五　地基容许沉降量与减小沉降危害的措施

## 一、地基容许沉降量

地基变形按其变形特征分为沉降量、沉降差、倾斜和局部倾斜。

① 沉降量。沉降量指独立基础或刚性很大的基础中心点的沉降值。

② 沉降差。沉降差指两相邻独立基础中心点的沉降量差值。

③ 倾斜。倾斜指独立基础在倾斜方向两端点的沉降差与其距离之比。

④ 局部倾斜。局部倾斜指砌体承重结构沿纵向 6～10m 内基础两点的沉降差与其距离之比。

目前，确定地基容许沉降量的方法主要有两类：一是理论分析法；二是经验统计法。

理论分析法的实质是综合考虑结构与地基的相互作用，在保证上部结构内部由于地基沉降引起的应力不超过其承载能力的前提下，确定地基容许变形值。该方法尚处于研究阶段，距实用仍有一定距离。因此，在实际工程中，目前主要采用经验统计法。

经验统计法是对大量的各种地基沉降进行观测，取得很多的数据，然后加以归纳整理提出各种容许变形值。

在《公路桥涵地基与基础设计规范》(JTG 3363—2019) 中，墩台的沉降不得超过下列规定。

① 相邻墩台间不均匀沉降差值（不包括施工中的沉降），不应使桥面形成大于 0.2% 的附加纵坡（折角）。

② 外超静定结构桥梁墩台间不均匀沉降差值，还应满足结构的受力要求。

表 6-10 是《建筑地基基础设计规范》列出的建筑物地基基础变形允许值。

表6-10　建筑物的地基变形允许值

| 变形特征 | | 地基土类别 | |
|---|---|---|---|
| | | 中、低压缩性土 | 高压缩性土 |
| 砌体承重结构基础的局部倾斜 | | 0.002 | 0.003 |
| 工业与民用建筑相邻柱基的沉降差 /mm | （1）框架结构 | $0.002l$ | $0.003l$ |
| | （2）砖石墙填充的边排柱 | $0.0007l$ | $0.001l$ |
| | （3）当基础不均匀沉降时不产生附加应力的结构 | $0.005l$ | $0.005l$ |
| 单层排架结构（柱距为 6m）柱基的沉降量 /mm | | 120 | 200 |
| 桥式吊车轨面的倾斜（按不调整轨道考虑） | 纵向 | 0.004 | |
| | 横向 | 0.003 | |
| 多层和高层建筑基础的倾斜 | $H_g \leqslant 24$m | 0.004 | |
| | 24m $< H_g \leqslant 60$m | 0.003 | |
| | 60m $< H_g \leqslant 100$m | 0.0025 | |
| | $H_g >$ 100m | 0.002 | |
| 体形简单的高层建筑基础的平均沉降量 /mm | | 200 | |
| 高耸结构基础的倾斜 | $H_g \leqslant 20$m | 0.008 | |
| | 20m $< H_g \leqslant 50$m | 0.006 | |
| | 50m $< H_g \leqslant 100$m | 0.005 | |
| | 100m $< H_g \leqslant 150$m | 0.004 | |
| | 150m $< H_g \leqslant 200$m | 0.003 | |
| | 200m $< H_g \leqslant 250$m | 0.002 | |
| 高耸结构基础的沉降量 /mm | $H_g \leqslant 100$m | 400 | |
| | 100m $< H_g \leqslant 200$m | 300 | |
| | 200m $< H_g \leqslant 250$m | 200 | |

## 二、减小沉降危害的措施

在工程中，由于土质软弱，土层厚薄变化大，或结构荷载相差悬殊等原因，使地基产生过量的沉降或不均匀沉降，造成结构倾斜或开裂，因此，如何采取有效措施防止或减轻沉降的危害，是一个很重要的问题。消除或减轻沉降危害的途径通常有：

① 采用桩基础或其他深基础；

② 进行地基处理；

③ 采取建筑、结构与施工措施。

下面结合建筑物地基介绍途径③的内容。

**1. 建筑措施**

（1）建筑物的体形　建筑物的体形是指其平面形状和立面轮廓。平面形状复杂的建筑物，在纵、横单元交叉处基础密集，地基中各单元荷载产生的附加应力互相重叠，使该处的沉降往往大于其他部位。同时，这类建筑物整体性差，很容易因地基不均匀沉降引起结构开裂。当建筑物高低或荷载差异大时，也必然会加大地基的不均匀沉降。因此，在具备发生较大不均匀沉降条件时，建筑物的体形力求简单。

（2）设置沉降缝　用沉降缝将建筑物由基础到屋顶分割成若干个独立单元，使分割成的单元体形简单，各部分长高比较小，整体刚度较好，沉降缝的位置通常设置在建筑物的下列部位：

① 地基土的压缩性有显著差异处；

② 地基基础处理方法不同处；

③ 平面形状复杂的建筑物转折部位；

④ 高度或荷载的差异处；

⑤ 建筑结构类型不同处；

⑥ 长高比过大的砌体承重结构或钢筋混凝土框架结构的适当部位；

⑦ 局部地下室的边缘处；

⑧ 分期建造房屋的交界处。

为避免沉降缝两侧单元相向倾斜挤压，要求沉降缝有足够的宽度，可按表 6-11 确定。

表6-11　建筑物沉降缝宽度

| 建筑物层数 / 层 | 沉降缝宽度 / mm |
| --- | --- |
| 2 ～ 3 | 50 ～ 80 |
| 4 ～ 5 | 80 ～ 120 |
| ＞5 | ≥ 120 |

（3）控制相邻基础的间距　由于地基中附加应力的扩散作用，使距离较近的相邻基础的沉降相互作用。一般既有老的基础受相邻新建基础沉降的影响，又有同时建造的基础，轻（低）建筑物受较重（高）的建筑物影响。为此，相邻基础间的净距必须加以控制，设计时可按表 6-12 选用。

表6-12　相邻建筑物基础间的净距　　单位：m

| 影响建筑物的预估平均沉降量 $S$/mm | 被影响建筑物的长高比 | |
| --- | --- | --- |
| | $2.0 \leqslant \dfrac{L}{H_f} < 3.0$ | $3.0 \leqslant \dfrac{L}{H_f} < 5.0$ |
| $70 < S \leqslant 150$ | 2 ～ 3 | 5 ～ 6 |
| $150 < S \leqslant 250$ | 3 ～ 6 | 6 ～ 9 |
| $250 < S \leqslant 400$ | 6 ～ 9 | 9 ～ 12 |
| $S > 400$ | 9 ～ 12 | ≥ 12 |

（4）调整建筑物的设计标高　建筑物各部分的标高，应根据可能产生的不均匀沉降采取下列预防措施。

① 室内地坪和地下设施的标高，应根据预估沉降量适当提高，建筑物各部分或设备之间有联系时，可将沉降较大者的标高予以提高。

② 建筑物与设备之间，应留有足够的净空；当建筑物有管道穿过时，应预留足够尺寸的空间，或采用柔性的管道接头等。

**2. 结构措施**

通常结构的自重在总荷载中所占比例很大，民用建筑约占60%～70%，工业建筑约占40%～50%，为了减少这部分重量，达到减小不均匀沉降的目的，在较弱地基可采用下列一些措施：

① 采取轻型材料；

② 选用轻型结构；

③ 减轻基础及其回填土的重量；

④ 设置圈梁和钢筋混凝土构造柱；

⑤ 减小或调整基础底面的附加压力；

⑥ 设置连系梁；

⑦ 采用联合基础或连续基础；

⑧ 使用能适应不均匀沉降的结构。

**3. 施工措施**

在工程施工中，合理安排施工顺序，注意某些施工方法，可减小或调整部分不均匀沉降。

（1）合理安排施工顺序　当结构各部分高度或荷载差异大时，应按先高后低、先重后轻的顺序进行施工；并注意高低部分相连接的合适时间，一般可根据沉降观测资料确定。

（2）注意施工方法　对高灵敏度的软黏土，基槽开挖施工中，需注意保护持力层不被扰动，通常可在基底标高以上，保留20cm厚的原土层，待基础施工时再予以挖除。如坑底已被扰动，应挖去被扰动部分，用砂、石压实处理。另外需注意控制加荷速率。

**小　结**

本单元所涉及的内容是土力学课程的重要内容之一。主要介绍了土的侧限压缩试验、方法；介绍了土的压缩曲线和压缩性指标，如压缩系数、压缩模量、压缩指数。详细介绍了分层总和法、规范法以及考虑应力历史的土的三种固结状态；同时介绍了有效应力原理、单向固结理论和地基沉降量与时间的关系。

## 能力训练

### 一、思考题

1. 地基基础沉降的主要原因是什么？
2. 压缩系数的物理意义是什么？怎样用 $a_{1-2}$ 判别土的压缩性质？
3. 地下水位升降对基础沉降有何影响？
4. 分层总和法计算地基最终沉降量的公式有哪几个？它们各自适用的条件是什么？
5. 什么叫正常固结土、超固结土和欠固结土？土的应力历史对土的压缩性有何影响？
6. 简述有效应力的基本原理。

7. 为什么要研究地基的沉降量与时间的关系？

8. 地基变形有哪些特征？如何减小沉降的危害？

二、习题

1. 某土的试样压缩试验结果如下：当荷载由 $p_1$=100kPa 增加至 $p_2$=200kPa 时，24h 内的试样的孔隙比由 0.875 减少至 0.813，求土的压缩系数 $a_{1-2}$，并计算相应的压缩模量 $E_s$，评价土的压缩性。

2. 某地基中自重应力与附加应力分布如图 6-18 所示，室内压缩试验 *e-p* 关系见表 6-13，试用分层总和法求地基的最终沉降量。

表6-13 室内压缩试验 *e-p* 关系

| *p*/kPa | 32 | 48 | 64 | 80 | 100 | 109 | 128 | 142 |
|---|---|---|---|---|---|---|---|---|
| *e* | 1.10 | 1.05 | 1.02 | 1.00 | 0.98 | 0.97 | 0.96 | 0.95 |

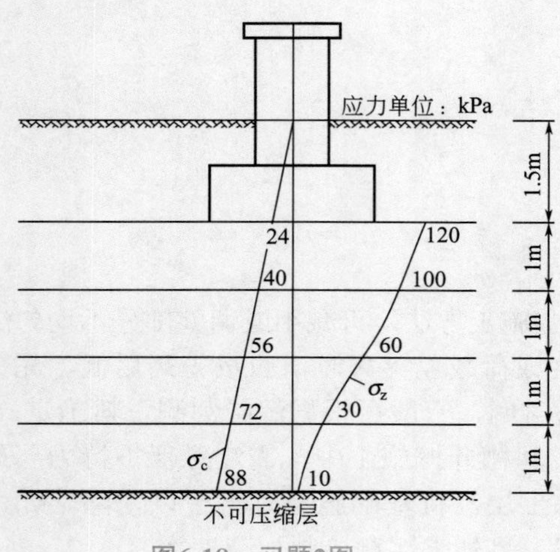


图6-18 习题2图

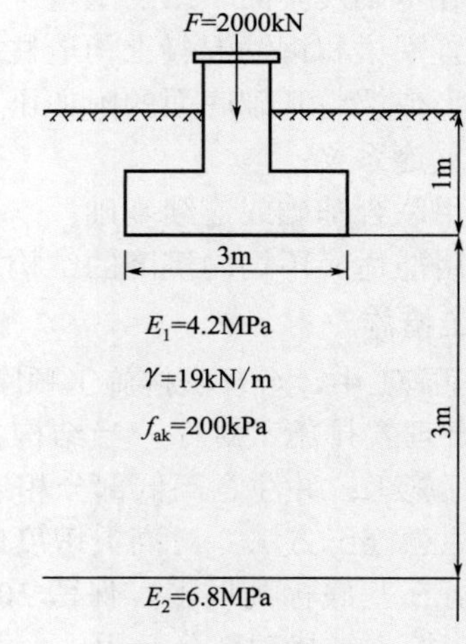


图6-19 习题3图

3. 某独立基础基底尺寸 3m × 3m，上部结构垂直荷载为 2000kN，基础埋深 1m，其他数据如图 6-19 所示，按规范法计算地基最终沉降量。

4. 某地基为饱和黏土，厚度 *H*=10m，底面为不透水层。该土层在大面积荷载作用下，$\sigma_z$=150kPa，孔隙比 $e_1$=0.8，压缩系数 $a$=0.6MPa$^{-1}$，渗透系数 *K*=2cm/ 年，试计算：

① 加荷一年后地基的沉降量；

② 沉降量达 12cm 所需的时间。

# 单元七

# 土的抗剪强度与地基承载力

## 知识目标

了解直剪试验、三轴压缩试验的基本规定。

掌握抗剪强度理论和极限平衡理论、掌握抗剪强度指标的测定方法。

理解直剪试验结果的适用范围、直剪试验中三种不同的试验方法，直剪试验优缺点。

理解三轴压缩试验结果的适用范围、三轴压缩试验中的三种试验方法，三轴压缩试验的优缺点。

了解地基破坏的模式。

掌握地基极限承载力的计算方法。

## 能力目标

能解释土的强度理论-极限平衡理论，能熟练应用抗剪强度理论。

掌握临塑荷载、临界荷载和极限荷载的计算。

会应用太沙基公式、规范法确定地基承载力。

土的抗剪强度是指土体抵抗剪切破坏的极限能力。在外荷载和自重的作用下，土中各点任意方向的平面上都会产生法向应力和剪应力。当通过土中某点的任一平面上的剪应力达到它的抗剪强度时，一部分土体将沿剪应力作用方向相对于另一部分土体产生相对滑动。随着荷载的增加，地基中各点的剪应力不断增大，当地基中局部范围的剪应力达到土的抗剪强度时，地基中将出现局部剪切破坏区。如果局部剪切破坏区的范围逐渐扩大连成滑动面，则整个地基就会丧失稳定而破坏。由此可见，土体的抗剪强度是决定土体稳定性的关键因素之一。

在建筑物由于土的原因引起的事故中，一部分是沉降过大，或是差异沉降过大造成的；另一部分是由于土体的强度破坏而引起的。对于土工建筑物（如路堤、土坝等）来说，主要是后一个原因。从事故的灾害性来说，强度问题比沉降问题要严重得多。而土体的破坏通常都是剪切破坏，研究土的强度特性，就是研究土的抗剪强度特性。为此，应研究地基在建筑物荷载或其他外荷载作用下土体的应力状态，土体产生强度破坏的特点与土的抗剪强度之间的关系，最大限度地发挥和利用土体的抗剪强度，保证土体的稳定性。

本单元将首先阐述土体强度理论的基本概念和土体抗剪强度的库仑定律，然后介绍抗剪强度指标的测定方法以及根据土体强度特性和地基破坏特点而进行的地基承载力计算。

# 任务一　土的抗剪强度理论

## 一、库仑强度理论

土的抗剪强度和其他材料的抗剪强度一样，可以通过试验的方法测定，但土的抗剪强度与之不同的是，工程实际中地基土体因自然条件、受力过程及状态等诸多因素的影响，试验时必须模拟实际受荷过程。不同类型的土其抗剪强度不同，即使同一类土，在不同条件下的抗剪强度也不相同。1773 年法国学者库仑根据砂土的试验，将土的抗剪强度表达为滑动面上法向总应力的函数，即：

$$\tau_f=\sigma\tan\varphi \tag{7-1}$$

以后又提出了适合黏性土的更普通的形式：

$$\tau_f=\sigma\tan\varphi+c \tag{7-2}$$

式中　$\tau_f$——土的抗剪强度，kPa；

$\sigma$——剪切面的法向应力，kPa；

$\varphi$——土的内摩擦角，(°)；

$c$——土的黏聚力，kPa。

上面两式也可用图 7-1 表示。

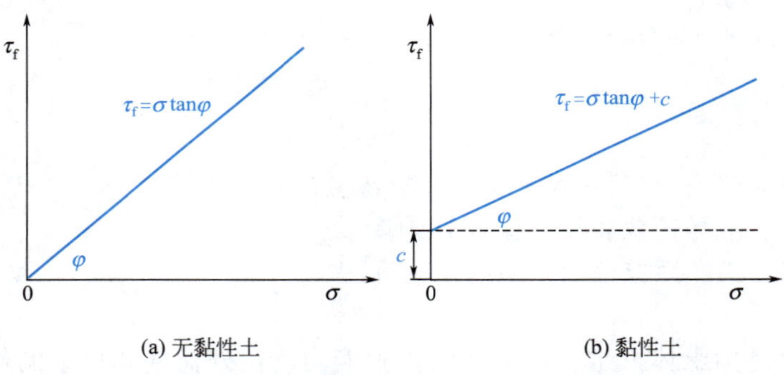


(a) 无黏性土　　(b) 黏性土

图7-1　抗剪强度与法向应力之间的关系

从上式看出在法向应力变化范围不大时，抗剪强度与法向应力的关系近似为一条直线，这就是抗剪强度的库仑定律。

库仑强度理论说明：

① 土的抗剪强度由土的内摩擦力 $\sigma\tan\varphi$ 和黏聚力 $c$ 两部分组成。

② 内摩擦力与剪切面上的法向应力成正比，其比值为土的内摩擦系数 $\tan\varphi$。

③ 表征抗剪强度的指标：土的内摩擦角 $\varphi$ 和黏聚力 $c$。

长期的试验研究指出，土的抗剪强度不仅与土的性质有关，还与试验时的排水条件、剪切速率、应力状态和应力历史等许多因素有关，其中最重要的是试验时的排水条件，根据太沙基的有效应力概念，土体内的剪应力只能由土的骨架承担，因此，土的抗剪强度 $\tau_f$ 应表示为剪切破坏面上的法向有效应力 $\sigma'$ 的函数，库仑公式应修改为：

$$\tau_f=\sigma'\tan\varphi' \tag{7-3}$$

$$\tau_f=\sigma'\tan\varphi'+c' \tag{7-4}$$

式中　$\sigma'$——剪切破坏面上的法向有效应力，kPa；

$c'$——有效黏聚力，kPa；

$\varphi'$——有效内摩擦角，(°)。

因此，土的抗剪强度有两种表达方法，一种是以总应力$\sigma$表示剪切破坏面上的法向应力，抗剪强度表达式即为库仑公式，称为抗剪强度总应力法，相应的$\varphi$和$c$称为总应力强度指标（参数）；另一种则以有效应力$\sigma'$表示剪切破坏面上的法向应力，称为抗剪强度有效应力法，$\varphi'$和$c'$称为有效应力强度指标（参数）。试验研究表明，土的抗剪强度取决于土粒间的有效应力，然而，由库仑公式建立的概念在应用上比较方便，许多土工问题的分析方法都还建立在这种概念的基础上，故在工程上仍沿用至今。

由土的抗剪强度表达式可以看出，砂土的抗剪强度是由内摩擦力构成的，而黏性土的抗剪强度则由内摩擦力和黏聚力两个部分所构成。

砂土的内摩擦力与初始孔隙比、土粒的形状、表面的粗糙程度以及土粒级配有关。密实砂土和土粒表面粗糙的砂土内摩擦角较大，级配良好的比颗粒均匀的内摩擦角大，因此密砂或粗砂的抗剪强度就高。

而黏性土的内摩擦力一是来自于剪切面上颗粒与颗粒粗糙面产生的滑动摩擦阻力；二是来自于颗粒之间嵌入和连锁作用产生的咬合摩擦阻力。滑动摩擦阻力的大小与作用于粒间的有效法向应力成正比。滑动摩擦角的大小与颗粒的矿物成分有关。咬合摩擦阻力的大小与粒间有效法向应力有密切关系。当土体发生剪切时，相互咬合的颗粒要发生相对移动，必须首先向上抬起，才能跨越相邻颗粒而移动。土粒之间的有效法向应力越大，土粒要上移就越困难，因而土的抗剪强度随剪切面上的有效法向应力增加而增加。

黏性土的黏聚力来自抵抗颗粒间相互滑动的力，它与黏性土颗粒之间的胶结作用、结合水膜以及水分子的引力作用有关。其大小则与土的种类、密实度、含水量、结构等因素有密切关系，因此，它是构成黏性土抗剪强度的重要组成部分。

## 二、莫尔-库仑强度理论及极限平衡条件

### 1. 莫尔 - 库仑强度理论

1910年，莫尔继库仑的早期研究工作之后，提出土体的破坏是剪切破坏的理论，认为在破裂面上，法向应力$\sigma$与抗剪强度$\tau_f$之间存在着函数关系，即：

$$\tau_f=f(\sigma) \tag{7-5}$$

这个函数所定义的曲线为一条微弯的曲线，如图7-2所示，称为莫尔破坏包络线（莫尔包线）或抗剪强度包线。莫尔包线表示材料受到不同应力作用达到极限状态时，剪切破坏面上法向应力与剪应力的关系。理论分析和实验都证明，莫尔理论对土比较合适，土的莫尔破坏包线通常可以近似地用直线代替，该直线方程就是库仑公式表达的方程。由库仑公式表示莫尔破坏包线的强度理论，称为莫尔-库仑强度理论。

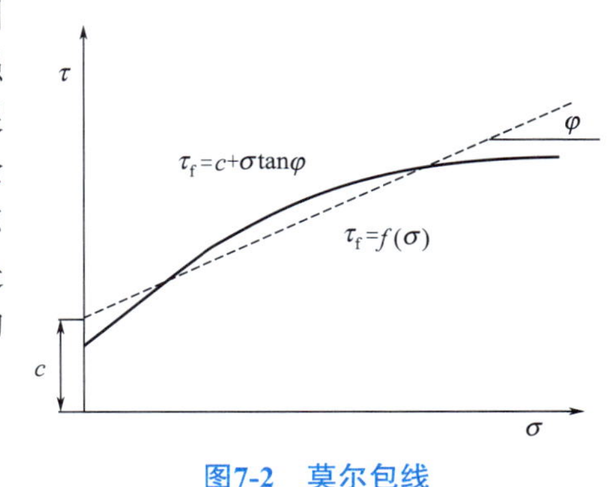


图7-2　莫尔包线

### 2. 极限平衡条件

当土体中任意一点在某一平面上发生剪切破坏时，该点即处于极限平衡状态，根据莫尔 - 库仑强度理论，可得到土体中一点的剪切破坏条件，即土的极限平衡条件，下面仅研究平面问题。

在土体中取一微单元体，如图 7-3 所示。设作用在该单元体上的两个主应力为 $\sigma_1$ 和 $\sigma_3$，在单元体内与大主应力 $\sigma_1$ 作用平面成任意角 $\alpha$ 的 $mn$ 平面上有正应力 $\sigma$ 和剪应力 $\tau$。为了建立 $\sigma$、$\tau$ 与 $\sigma_1$、$\sigma_3$ 之间的关系，取微棱柱体 $abc$ 为隔离体，将各力分别在水平和垂直方向投影，根据静力平衡条件：

$$\sigma_3 \mathrm{d}s\sin\alpha - \sigma \mathrm{d}s\sin\alpha + \tau \mathrm{d}s\cos\alpha = 0 \tag{7-6}$$

$$\sigma_1 \mathrm{d}s\cos\alpha - \sigma \mathrm{d}s\cos\alpha - \tau \mathrm{d}s\sin\alpha = 0 \tag{7-7}$$

根据材料力学理论，此土体单元内与大主应力 $\sigma_1$ 作用平面成 $\alpha$ 角的平面上的正应力 $\sigma$ 和切应力 $\tau$ 可分别表示如下：

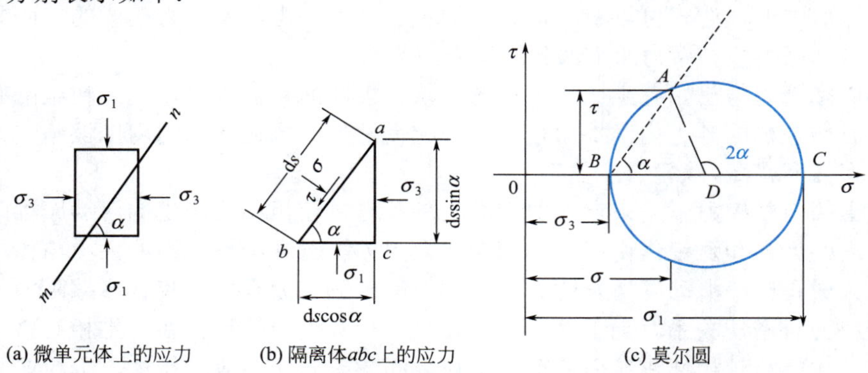

(a) 微单元体上的应力　(b) 隔离体abc上的应力　(c) 莫尔圆

图7-3　土体中任意点的应力

$$\sigma = \frac{1}{2}(\sigma_1+\sigma_3) + \frac{1}{2}(\sigma_1-\sigma_3)\cos 2\alpha \tag{7-8}$$

$$\tau = \frac{1}{2}(\sigma_1-\sigma_3)\sin 2\alpha \tag{7-9}$$

以上 $\sigma$、$\tau$ 和 $\sigma_1$、$\sigma_3$ 之间的关系也可以用莫尔应力圆表示，即在 $\sigma$-$\tau$ 直角坐标系中，按一定的比例尺，沿 $\sigma$ 轴截取 $0B$ 和 $0C$ 分别表示 $\sigma_3$ 和 $\sigma_1$，以 $D$ 为圆心，（$\sigma_1-\sigma_3$）为直径作一圆，从 $DC$ 开始逆时针旋转 $2\alpha$ 角，使 $DA$ 线与圆周交于 $A$ 点，可以证明，$A$ 点的横坐标即为斜面 $mn$ 上的正应力 $\sigma$，纵坐标即为剪应力 $\tau$。这样，莫尔圆就可以表示土体中一点的应力状态。莫尔圆圆周上各点的坐标就表示该点在相应平面上的正应力和剪应力。如果给定了土的抗剪强度参数 $\sigma$ 和 $\tau$ 以及土中某点的应力状态，则可将抗剪强度包线与莫尔应力圆画在同一张坐标图上，如图 7-4 所示。它们之间的关系有以下三种情况。

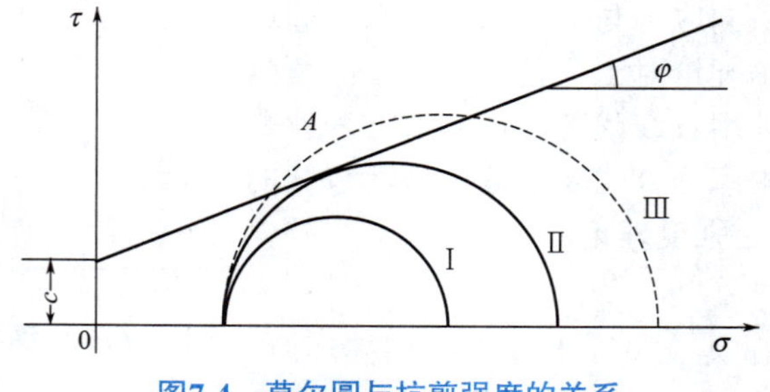

图7-4　莫尔圆与抗剪强度的关系

① 整个莫尔应力圆位于抗剪强度包线的下方（圆Ⅰ），说明该点在任何平面上的剪应力

都小于土所能发挥的抗剪强度（$\tau<\tau_f$），因此不会发生剪切破坏。

② 抗剪强度包线是莫尔圆的一条割线（圆Ⅲ），实际上这种情况是不可能存在的，因为该点任何方向上的剪应力都不可能超过土的抗剪强度（即不存在 $\tau>\tau_f$ 的情况）。

③ 莫尔圆与抗剪强度包线相切（圆Ⅱ），切点为 $A$，说明在 $A$ 点所代表的 $A$ 平面上，剪应力正好等于抗剪强度（$\tau=\tau_f$），该点就处于极限平衡状态。圆Ⅱ称为极限应力圆。根据极限应力圆与抗剪强度包线相切的几何关系（图 7-5），可建立下面的极限平衡条件：

$$\sin\varphi=\frac{\sigma_1-\sigma_3}{\sigma_1+\sigma_3+2c\cot\varphi} \tag{7-10}$$

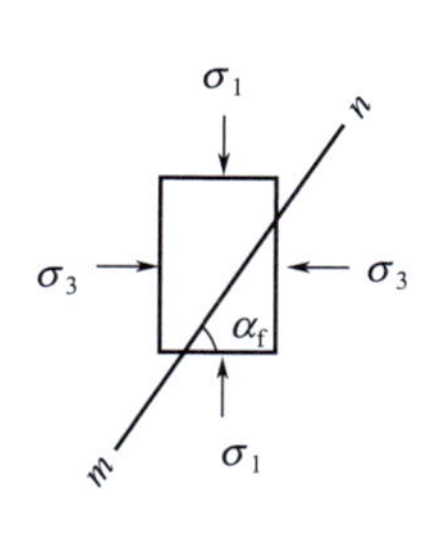

(a) 微单元体

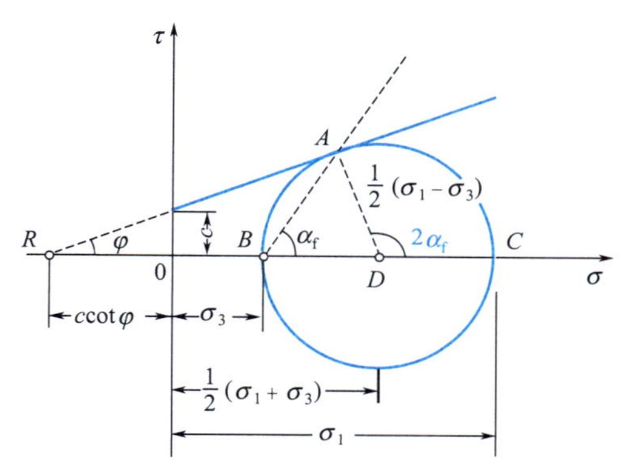

(b) 极限平衡状态时的莫尔圆

图7-5 土体中一点达极限平衡时的莫尔圆

化简得：

$$\sigma_1=\sigma_3\frac{1+\sin\varphi}{1-\sin\varphi}+2c\sqrt{\frac{1+\sin\varphi}{1-\sin\varphi}}$$

$$\sigma_3=\sigma_1\frac{1-\sin\varphi}{1+\sin\varphi}-2c\sqrt{\frac{1-\sin\varphi}{1+\sin\varphi}}$$

由三角函数可以证明：

$$\frac{1+\sin\varphi}{1-\sin\varphi}=\tan^2\left(45°+\frac{\varphi}{2}\right)$$

$$\frac{1-\sin\varphi}{1+\sin\varphi}=\tan^2\left(45°-\frac{\varphi}{2}\right)$$

最后可得黏性土的极限平衡条件：

$$\sigma_1=\sigma_3\tan^2\left(45°+\frac{\varphi}{2}\right)+2c\tan\left(45°+\frac{\varphi}{2}\right) \tag{7-11}$$

$$\sigma_3=\sigma_1\tan^2\left(45°-\frac{\varphi}{2}\right)-2c\tan\left(45°-\frac{\varphi}{2}\right) \tag{7-12}$$

对于无黏性土，由于 $c=0$，则其极限平衡条件为：

$$\sigma_1=\sigma_3\tan^2\left(45°+\frac{\varphi}{2}\right) \tag{7-13}$$

$$\sigma_3=\sigma_1\tan^2\left(45°-\frac{\varphi}{2}\right) \tag{7-14}$$

由图 7-5（b）中三角形 $ABD$ 的外角与内角的关系可得破裂角：

$$\alpha_f=45°+\frac{\varphi}{2} \tag{7-15}$$

说明破坏面与大主应力 $\sigma_1$ 的作用面的夹角为 $45°+\frac{\varphi}{2}$。

这就是莫尔 - 库仑理论的破坏准则，也是土体达到极限平衡状态的条件，故而，也称之为极限平衡条件。

理论分析和试验研究表明，在各种破坏理论中，对土最适合的是莫尔-库仑强度理论。

**3. 土的极限平衡条件的应用**

① 由最小主应力 $\sigma_3$ 及公式 $\sigma_1=\sigma_3\tan^2\left(45°+\frac{\varphi}{2}\right)+2c\tan\left(45°+\frac{\varphi}{2}\right)$ 可推求土体处于极限状态时，所能承受的最大主应力 $\sigma_{1f}$（若实测最大主应力为 $\sigma_1$）。

② 同理，由实测 $\sigma_1$ 及公式 $\sigma_3=\sigma_1\tan^2\left(45°-\frac{\varphi}{2}\right)-2c\tan\left(45°-\frac{\varphi}{2}\right)$ 可推求土体处于极限平衡状态时所能承受的最小主应力 $\sigma_{3f}$（若实测最小主应力为 $\sigma_3$）。

③ 判断：

当 $\sigma_{1f}>\sigma_1$ 或 $\sigma_{3f}<\sigma_3$ 时，土体处于稳定平衡；

当 $\sigma_{1f}=\sigma_1$ 或 $\sigma_{3f}=\sigma_3$ 时，土体处于极限平衡；

当 $\sigma_{1f}<\sigma_1$ 或 $\sigma_{3f}>\sigma_3$ 时，土体处于失稳状态。

**【例7-1】** 设砂土地基中一点的最大主应力 $\sigma_1$=400kPa，最小主应力 $\sigma_3$=200kPa，砂土的内摩擦角 $\varphi$=20°，黏聚力 $c$=0，试判断该点是否破坏。

**解** 为加深对本任务内容的理解，以下用多种方法解题。

① 按某一平面上的剪应力 $\tau$ 和抗剪强度 $\tau_f$ 的对比判断

根据式（7-15）可知，破坏时土单元中可能出现的破裂面与最大主应力 $\sigma_1$ 作用面的夹角 $\alpha_f=45°+\frac{\varphi}{2}$。因此，作用在与 $\sigma_1$ 作用面成 $45°+\frac{\varphi}{2}$ 平面上的法向应力 $\sigma$ 和剪应力 $\tau$，可按式（7-8）、式（7-9）计算；抗剪强度 $\tau_f$ 可按式（7-1）计算：

$$\sigma=\frac{1}{2}(\sigma_1+\sigma_3)+\frac{1}{2}(\sigma_1-\sigma_3)\times\cos\left[2\times\left(45°+\frac{\varphi}{2}\right)\right]$$

$$=\frac{1}{2}\times(400+200)+\frac{1}{2}\times(400-200)\times\cos\left[2\times\left(45°+\frac{20°}{2}\right)\right]=265.8\ (\text{kPa})$$

$$\tau=\frac{1}{2}(\sigma_1-\sigma_3)\sin\left[2\times\left(45°+\frac{\varphi}{2}\right)\right]=\frac{1}{2}\times(400-200)\times\sin\left[2\times\left(45°+\frac{20°}{2}\right)\right]=93.97\ (\text{kPa})$$

$$\tau_f=\sigma\tan\varphi=265.8\times\tan20°=97.74(\text{kPa})>\tau=93.97\ (\text{kPa})$$

故可判断该点未发生剪切破坏。

② 按式（7-13）判断

$$\sigma_{1f}=\sigma_3\tan^2\left(45°+\frac{\varphi}{2}\right)=200\times\tan^2\left(45°+\frac{20°}{2}\right)=407.92\ (\text{kPa})$$

由于 $\sigma_{1f}$=407.92kPa＞$\sigma_1$=400kPa，故该点未发生剪切破坏。

③ 按式（7-14）判断

$$\sigma_{3f}=\sigma_1\tan^2\left(45°-\frac{\varphi}{2}\right)=400\times\tan^2\left(45°-\frac{20°}{2}\right)=196.12\ (\text{kPa})$$

由于 $\sigma_{3f}$=196.12kPa＜$\sigma_3$=200kPa，故该点未发生剪切破坏。

另外，还可以用图解法，比较莫尔应力圆与抗剪切强度包线的相对位置关系来判断，可以得出同样的结论。

# 任务二　土的剪切试验

抗剪强度指标是土体的重要力学性能指标，在确定地基土的承载力、挡土墙的土压力以及验算土坡稳定性等工程问题中，都要用到土体的抗剪强度指标。因此，正确地测定和选择土的抗剪强度指标是土工计算中十分重要的问题。

土体的抗剪强度指标是通过土工试验确定的。抗剪强度的试验方法有多种，室内试验常用的方法有直接剪切试验、三轴剪切试验和无侧限抗压试验；现场常用的测试方法为十字板剪切试验。

## 一、直接剪切试验

直接剪切试验是最直接的测定土的抗剪强度指标的一种试验方法，本试验方法适用于细粒土。

直接剪切仪结构简单，操作方便，一般分为应变控制式和应力控制式两种，前者是等速推动试样产生位移，测定相应的剪应力，后者则是对试件分级施加水平剪应力测定相应的位移。我国普遍采用的是应变控制式直剪仪，如图 7-6 所示，该仪器的主要部件由固定的上盒和活动的下盒组成，试样放在上下盒内上下两块透水石之间。试验时，由杠杆系统通过加压活塞和上透水石对试件施加某一垂直压力 $\sigma$，然后等速转动手轮对下盒施加水平推力，使试样在上下盒之间的水平接触面上产生剪切变形，剪切变形值可由百分表测定，剪应力的大小可借助于上盒接触的量力环的变形值由式（7-16）计算确定。

$$\tau=\frac{CR}{A_0}\times 10 \tag{7-16}$$

式中　$\tau$——试样所受的剪应力，kPa；

$C$——测力计率定系数，N/0.01mm；

$R$——测力计量表读数，0.01mm；

$A_0$——试样的初始断面积，$cm^2$；

10——单位换算系数。

在剪切过程中，随着上下盒相对剪切变形的发展，土样中的抗剪强度逐渐发挥出来，直

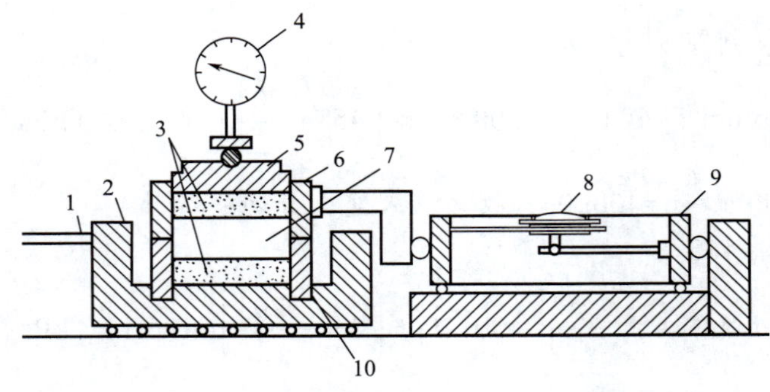


图7-6 应变控制式直剪仪结构示意图

1—轮轴；2—底座；3—透水石；4，8—量表；5—活塞；6—上盒；7—土样；9—量力环；10—下盒

到剪应力等于土的抗剪强度时，土样剪切破坏，所以土样的抗剪强度可用剪切破坏时的剪应力来度量。

将试验结果绘制成剪应力 $\tau$ 和剪切变形 $\delta$ 的关系曲线，如图 7-7（a）所示。一般情况下，将曲线的峰值作为该级法向应力 $\sigma$ 下相应的抗剪强度 $\tau_f$。对同一种土至少取 4 个重度和含水量相同的试样，分别在不同垂直压力下剪切破坏，一般可取垂直压力为 100kPa、200kPa、300kPa、400kPa，测出相应的抗剪强度 $\tau_f$。在 $\sigma$-$\tau$ 坐标上，绘制 $\sigma$-$\tau_f$ 曲线，即为土的抗剪强度曲线，也就是莫尔-库仑破坏包线，如图 7-7（b）所示。

二维码 7.1

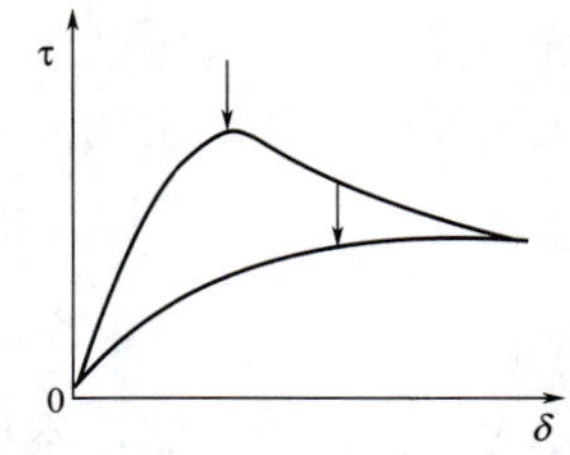


(a) 剪应力与剪切变形之间关系

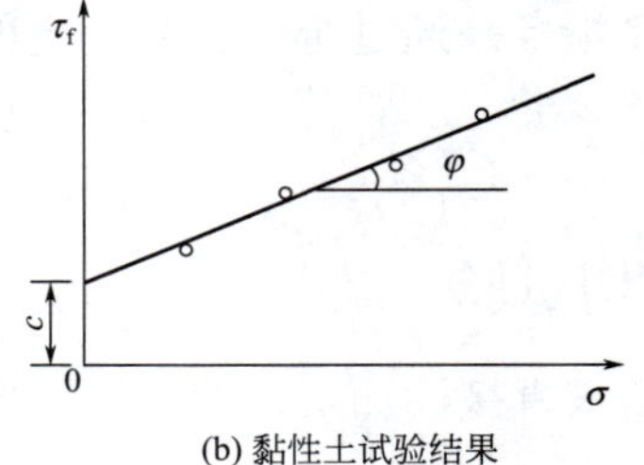


(b) 黏性土试验结果

图7-7 直接剪切试验结果

为了近似模拟土体在现场受剪的排水条件，直接剪切试验可分为快剪、固结快剪和慢剪三种方法。快剪试验是在试样施加竖向压力 $\sigma$ 后，立即快速施加水平剪应力使试样剪切破坏。快剪试验适用于场地土体渗透性较差、排水条件不良、施工速度快的情况，如斜坡的稳定性、厚度很大的饱和黏土地基等。固结快剪是允许试样在竖向压力下排水，待固结稳定后，再快速施加水平剪应力使试样剪切破坏。固结快剪适用于一般建筑物地基的稳定性计算或竣工后有大量活荷载的情况。慢剪试验则是允许试样在竖向压力下排水，待固结稳定后，以缓慢的速率施加水平剪应力使试样剪切破坏。慢剪试验适用于土体排水条件良好、地基土透水性较好、加荷速率较慢的情况。

一般情况下，快剪所得的 $\varphi$ 值最小，慢剪所得的 $\varphi$ 值最大，固结快剪居中。

直剪试验虽有一定的优点，但是直剪仪也有一些缺点：①剪切面限定在上下盒之间的平面，而不是沿土样最薄弱的面剪切破坏；②剪切面上剪应力分布不均匀，土样剪切破坏时先从边缘开始，在边缘发生应力集中现象；③在剪切过程中，土样剪切面逐渐缩小，而在计算抗剪强度时却是按土样的原截面积计算的；④试验时不能严格控制排水条件，不能测量孔隙水压力，在进行不排水剪切时，试件仍有可能排水，特别是对于饱和黏性土，由于它的抗剪强度受排水条件的影响显著，故不排水试验结果不够理想。

正是由于这些缺点的存在，使有些土的试验结果不能反映工程的实际情况，所得的抗剪强度指标过大，限定了直剪仪的使用范围。

## 二、三轴剪切试验

三轴剪切试验是测定土抗剪强度的一种较为完善的方法，本试验方法适用于细粒土和粒径小于20mm的粗粒土。三轴剪切试验的原理是在圆柱形试样上施加最大主应力（轴向压力）$\sigma_1$和最小主应力（周围压力）$\sigma_3$。保持其中之一（一般是$\sigma_3$）不变，改变另一个主应力，使试样中的剪应力逐渐增大，直至达到极限平衡而剪坏，由此求出土的抗剪强度。

三轴剪切仪由压力室、轴向加荷系统、施加周围压力系统和孔隙水压力量测系统等组成，如图7-8所示压力室是三轴剪切仪的主要组成部分，它是一个由金属上盖、底座和透明有机玻璃圆筒组成的密闭容器。

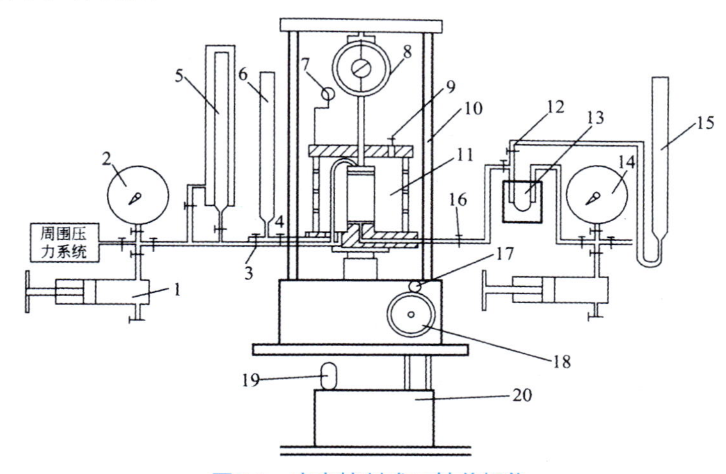


图7-8　应变控制式三轴剪切仪

1—调压筒；2—周围压力表；3—周围压力阀；4—排水阀；5—体变管；6—排水管；7—变形量表；8—量力环；9—排气孔；10—轴向加压设备；11—压力室；12—量管阀；13—零位指示器；14—孔隙压力表；15—量管；16—孔隙压力阀；17—离合器；18—手轮；19—电动机；20—变速箱

常规试验方法的主要步骤如下。将土切成圆柱体套在橡胶膜内，固定在密封压力室的底座上，然后向压力室内充水，使试件受到周围压力$\sigma_3$，并使液压在整个实验过程中保持不变，这时试件内各向的三个主应力都相等，因此不产生剪应力。然后再通过传力杆对试件施加竖向压力，这样，竖向主应力就大于水平向主应力，当水平向主应力保持不变，而竖向主应力逐渐增大时，试件终于受剪而破坏。设剪切破坏时由传力杆加在试件上的竖向压应力增量为$\Delta\sigma_1$，则试件上的大主应力为$\sigma_{1f}=\sigma_3+\Delta\sigma_1$，而小主应力为$\sigma_3$，以（$\sigma_{1f}-\sigma_{3f}$）为直径可画出一个极限应力圆，如图7-9中圆$A$，用同一种土样的若干个试件（三个及三个以上）按上述方法分别进行试验，每个试件施加不同的周围压力$\sigma_3$，可分别得出剪切破坏的大主应力$\sigma_1$，将这些结果绘成一组极限应力圆，如图7-9中的圆$A$、$B$和$C$。由于这些试件都剪切至破坏，根据莫尔-库仑理论，做一组极限应力圆的公共切线，为土的抗剪强度包线，通常近似取为一条直线，该直线与横坐标的夹角为土的内摩擦角$\varphi$，直线与纵坐标的截距为土的黏聚力$c$。

如果测量试验过程中的孔隙水压力，可以打开孔隙水压力阀，在试件上施加压力以后，由于土中孔隙水压力增加迫使零位指示器的水银面下降。为测量孔隙水压力，可用调压筒调

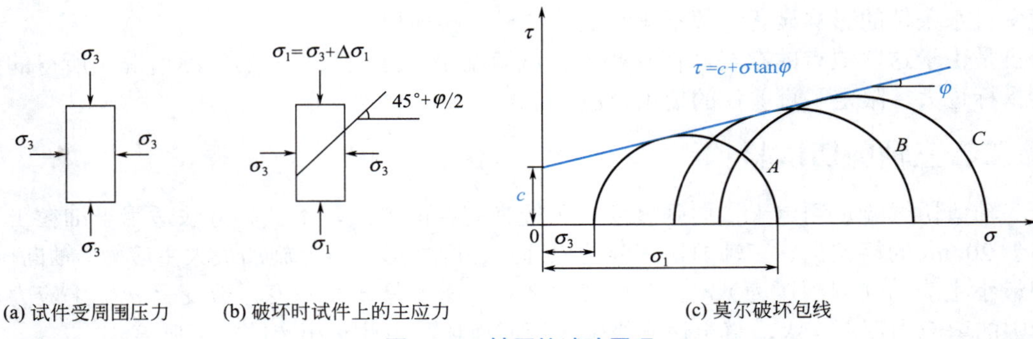


(a) 试件受周围压力　(b) 破坏时试件上的主应力　(c) 莫尔破坏包线

图7-9　三轴压缩试验原理

整零位指示器的水银面始终保持原来的位置，这样，孔隙水压力表中的读数就是孔隙水压力值。如要量测试验中的排水量，可打开排水阀门，让试件中的水排入量水管中，根据量水管中水位的变化可算出在试验过程中的排水量。

对应于直接剪切试验的快剪、固结快剪和慢剪试验，三轴剪切试验按剪切前受到周围压力 $\sigma_3$ 的固结状态和剪切时的排水条件，分为如下三种方法。

① 不固结不排水剪试验，简称不排水（剪）试验（UU 试验），试样在施加周围压力和随后施加竖向压力直至剪切破坏的整个过程中都不排水，实验自始至终关闭排水阀门；

② 固结不排水剪试验，简称固结不排水（剪）试验（CU 试验），试样在施加周围压力 $\sigma_3$ 时打开排水阀门，允许排水固结，待固结稳定后关闭排水阀门，再施加竖向压力，使试样在不排水条件下剪切破坏；

③ 固结排水剪试验，简称排水（剪）试验（CD 试验），试样在施加周围压力 $\sigma_3$ 时允许排水固结，待固结稳定后，再在排水条件下施加竖向压力至试件剪切破坏。

**1. 不固结不排水剪强度**

如前所述，不固结不排水剪试验是在施加周围压力和轴向压力直至剪切破坏的整个试验过程中都不允许排水，如果有一组饱和黏性土试件，都先在某一周围压力下固结至稳定，试件中的初始孔隙水压力为静水压力，然后分别在不排水条件下施加周围压力和轴向压力至剪切破坏，试验结果如图 7-10 所示，图中三个实线半圆 $A$、$B$、$C$ 分别表示三个试件在不同的 $\sigma_3$ 作用下破坏时的总应力圆，虚线是有效应力圆。试验结果表明，虽然三个试件的周围压力 $\sigma_3$ 不同，但破坏时的主应力差相等，在 $\tau_f$-$\sigma_3$ 图上表现出三个总应力圆直径相同，因而破坏包线是一条水平线，即：

$$\varphi_u=0 \tag{7-17}$$

$$\tau_f=c_u=\frac{\sigma_1-\sigma_3}{2} \tag{7-18}$$

式中　$\varphi_u$——不排水内摩擦角，（°）；

$c_u$——不排水抗剪强度，kPa。

出现这样的结果是由于在不排水条件下，试样在试验过程中含水量不变，体积不变，改变周围压力增量只能引起孔隙水压力的变化，并不会改变试样中的有效应力，各试件在剪切前的有效应力相等，因此抗剪强度不变。由于一组试件试验的结果，有效应力圆是同一个，因而就不能得到有效应力破坏包线和 $\varphi'$、$c'$ 值，所以这种试验一般只用于测定饱和土的不排水强度。

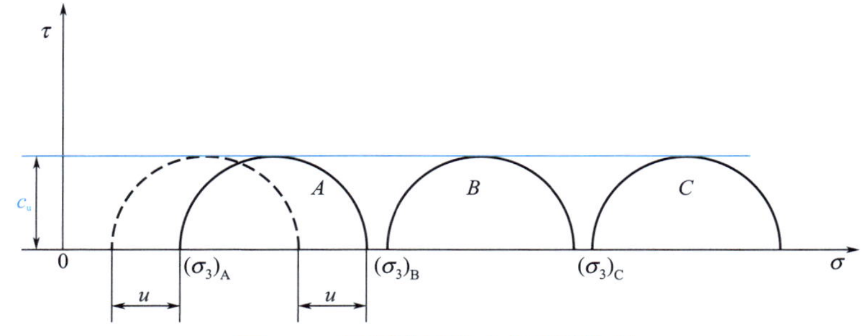


图7-10　不固结不排水剪试验结果

不固结不排水试验的“不固结”是在三轴压力室压力下不再固结，而保持试样原来的有效应力不变，如果饱和黏性土从未固结过，将是一种泥浆状土，抗剪强度也必然等于零。一般从天然土层中取出的试样，相当于在某一压力下已经固结，总具有一定的天然强度。

**2. 固结不排水剪强度**

饱和黏性的固结不排水抗剪强度在一定程度上受应力历史的影响，因此，在研究黏性土的固结不排水强度时，要区别试样是正常固结还是超固结。

饱和黏性土固结不排水试验时，试样在 $\sigma_3$ 作用下充分排水固结，在不排水条件下施加偏应力剪切时，试样中的孔隙水压力随偏应力的增加而不断变化，如图 7-11 所示，对正常固结试样剪切时体积有减少的趋势，但由于不允许排水，故产生正的孔隙水压力，由试验得出孔隙水压力系数都大于零，而超固结试样在剪切时体积有增加的趋势，强超固结试样在剪切过程中，开始产生正的孔隙水压力，以后转为负值。

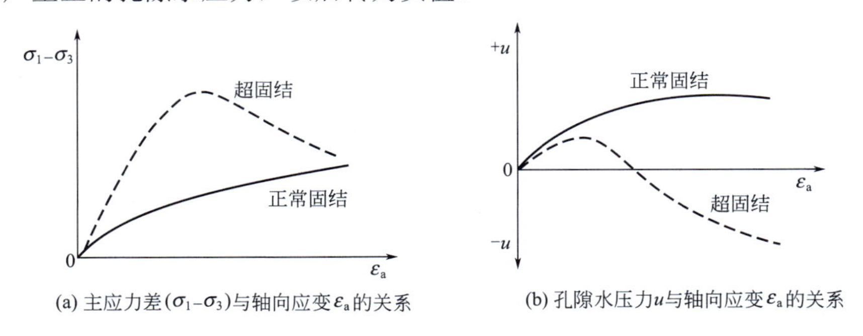


图7-11　固结不排水试验的孔隙水压力

图 7-12 表示正常固结饱和黏性土固结不排水试验结果，图中以实线表示的为总应力圆和总应力破坏包线，如果试验时测量孔隙水压力，试验结果可以用有效应力整理，图中虚线表示有效应力圆和有效应力破坏包线，由于 $\sigma_1'=\sigma_1-u_f$，$\sigma_3'=\sigma_3-u_f$，故 $\sigma_1'-\sigma_3'=\sigma_1-\sigma_3$（$u_f$ 为剪切破坏时的孔隙水压力）。

所以有效应力圆与总应力圆直径相同但位置不同，且有效应力圆在总应力圆的左方。图中可见，总应力破坏包线和有效应力破坏包线都通过原点，说明未受任何固结压力的土不会具有抗剪强度，一般情况下，有效应力破坏包线的倾角 $\varphi'$ 比总应力破坏包线的倾角 $\varphi_{cu}$ 要大。

**3. 固结排水剪强度**

固结排水试验在整个试验过程中，超孔隙水压力始终为零，总应力最后全部转化为有效应力，所以总应力圆就是有效应力圆，总应力破坏包线就是有效应力破坏包线，如图 7-13 所示。

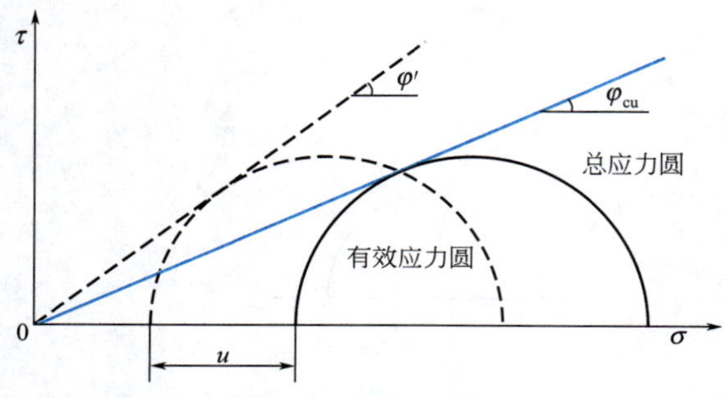


图7-12 正常固结饱和黏性土固结不排水试验结果

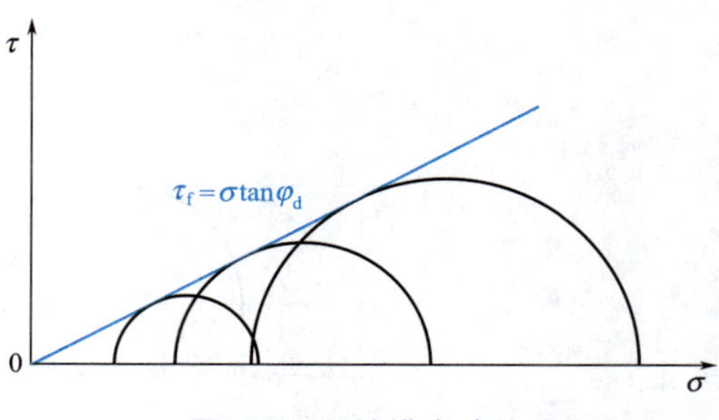


图7-13 固结排水试验结果

试验证明，固结排水剪强度参数 $c_d$、$\varphi_d$ 与固结不排水剪强度参数 $c_{cu}$、$\varphi_{cu}$ 很接近，但由于固结不排水剪过程中试样的体积保持不变，而固结排水剪试验过程中试样的体积一般要发生变化，故固结排水剪的强度参数 $c_d$、$\varphi_d$ 要略大于固结不排水剪的强度参数 $c_{cu}$、$\varphi_{cu}$。

现将三种三轴剪切试验的结果统计如下，见表 7-1。

表 7-1 三轴剪切试验结果

| 试验方法 | 分析方法 | 应力圆 | | 强度指标 | | 孔隙水压力 $u$ 变化 | |
|---|---|---|---|---|---|---|---|
| | | 圆心横坐标 | 半径 | 在纵轴上的截距 | 倾角 | 剪切前 | 剪切中 |
| 不固结不排水剪 | 总应力法 | $\frac{1}{2}(\sigma_{1f}+\sigma_{3f})$ | $\frac{1}{2}(\sigma_{1f}-\sigma_{3f})$ | $c_u$ | $\varphi_u$ | $u>0$ | $u\neq0$ 且不断变化 |
| 固结不排水剪 | 总应力法 | $\frac{1}{2}(\sigma_{1f}+\sigma_{3f})$ | $\frac{1}{2}(\sigma_{1f}-\sigma_{3f})$ | $c_{cu}$ | $\varphi_{cu}$ | $u=0$ | $u\neq0$ 且不断变化 |
| 固结排水剪 | 有效应力法 | $\frac{1}{2}(\sigma_{1f}+\sigma_{3f})$ | $\frac{1}{2}(\sigma_{1f}-\sigma_{3f})$ | $c_d$ | $\varphi_d$ | $u=0$ | 任意时刻 $u=0$ |

从上面的叙述可知，三轴剪切仪的突出优点是能较为严格地控制排水条件以及可以测量试件中孔隙水压力的变化。此外，试件中的应力状态也比较明确，破裂面是在最弱处。除抗剪强度外，尚能测定其他指标。三轴剪切试验的缺点是主应力方向固定不变，而且是在令 $\sigma_2=\sigma_3$ 的轴对称情况下进行的，与实际情况尚不能完全符合。

## 三、无侧限抗压试验

三轴试验时，如果对土样不施加周围压力，而只施加轴向压力，则土样剪切破坏的最小主应力 $\sigma_{3f}=0$，最大主应力 $\sigma_{1f}=q_u$，$q_u$ 称为土的无侧限抗压强度。

无侧限抗压强度试验所用试样为原状土样，试验时按《土工试验方法标准》（GB/T 50123—2019）中的有关规定制备。

根据试验结果，只能做一个极限应力圆（$\sigma_{1f}=q_u$、$\sigma_{3f}=0$），因此对于一般黏性土就难以做出破坏包线。而对于饱和黏性土，其破坏包线近似于一条水平线，$\varphi=0°$。这样，如仅为了测定饱和黏性土的不排水抗剪强度，就可以利用构造比较简单的无侧限抗压试验以代替三轴仪。此时，取 $\varphi=0°$，则由无侧限抗压强度试验所得的极限应力圆的水平切线就是破坏包线，如图 7-14 所示，且有：

$$\tau_f=c_u=\frac{q_u}{2} \tag{7-19}$$

式中 $c_u$——土的不排水抗剪强度，kPa；

$q_u$——无侧限抗压强度，kPa。

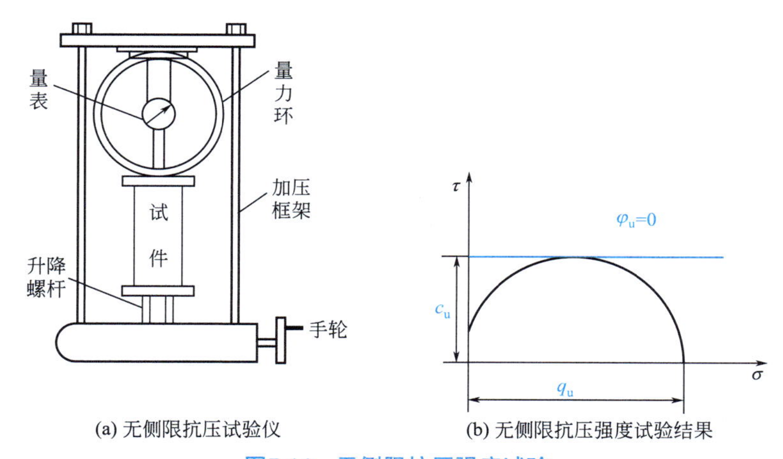


(a) 无侧限抗压试验仪　　(b) 无侧限抗压强度试验结果

图7-14　无侧限抗压强度试验

无侧限抗压强度试验的缺点是试样的中间部分完全不受约束，因此，当试样接近破坏时，往往被压成鼓形，这时试样中的应力显然不是均匀的。

无侧限抗压强度试验还可以用来测定土的灵敏度。其方法见单元二的有关内容。

## 四、十字板剪切试验

室内的抗剪强度要求取得原状土样，由于试样在采取、运送、保存和制备等方面不可避免受到扰动，特别是对于高灵敏度的软黏土，室内试验结果的精度就受到影响。因此，发展原位测试土性的仪器具有重要意义。在抗剪强度的原位测试方法中，国内广泛应用的是十字板剪切试验。

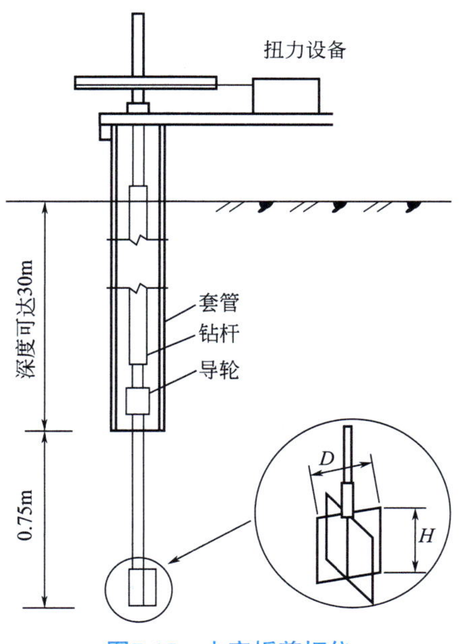


图7-15　十字板剪切仪

十字板剪切仪示意图如图 7-15 所示。在现场试验时，先钻孔至需要试验的土层深度以上 750mm 处，然后将装有十字板的钻杆放入钻孔底部，并插入土中 750mm，施加扭矩使钻杆旋转直至土体剪切破坏。土体的剪切破坏面为十字板旋转所形成的圆柱面。十字板剪切破坏扭力矩为：

$$M=\pi D^2\left(\frac{h}{6}\tau_{fh}+\frac{D}{2}\tau_{fv}\right) \tag{7-20}$$

为简化计算，令

$$\tau_f=\tau_{fh}=\tau_{fv}$$

则土的抗剪强度可按下式计算：

$$\tau_f=\frac{2M}{\pi D^2H\left(1+\frac{D}{3H}\right)}$$

式中 $\tau_{fh}$——水平面上的抗剪强度，kPa；

$\tau_{fv}$——竖直面上的抗剪强度，kPa；

$H$，$D$——十字板的高度和直径，mm。

由于十字板在现场测定的土的抗剪强度，属于不排水剪切的试验条件，因此其结果应与无侧限抗压强度试验结果接近，即：

$$\tau_f\approx\frac{q_u}{2}$$

十字板剪切试验的优点是不需钻取原状土样，对土的结构扰动较小。因此它适用于软塑状态的黏性土。但在软土层中加砂薄层时，测试结果可能失真或偏高。

【例7-2】 进行土的三轴剪切试验，得到表7-2的关系，求与这个土样有效应力相关的黏聚力$c'$和内摩擦角$\varphi'$（这个试验是按固结不排水试验进行的）。

表7-2 三轴剪切试验各参数之间的关系

| 固结压力 /kPa | 侧压力 /kPa | 最大应力差 /kPa | 最大应力差时的孔隙水压力 /kPa |
|---|---|---|---|
| 1.0 | 1.0 | 0.571 | 0.490 |
| 2.0 | 2.0 | 1.101 | 0.945 |
| 3.0 | 3.0 | 1.938 | 1.282 |

解 （1）侧压力 $\sigma_3$=1.0kPa 时

$$\sigma'_{1f}=\sigma_1-u=0.571+1.0-0.490=1.081\text{（kPa）}$$

$$\sigma'_{3f}=\sigma_3-u=1.0-0.490=0.51\text{（kPa）}$$

（2）侧压力 $\sigma_3$=2.0kPa 时

$$\sigma'_{1f}=\sigma_1-u=1.101+2.0-0.945=2.156\text{（kPa）}$$

$$\sigma'_{3f}=\sigma_3-u=2.0-0.945=1.055\text{（kPa）}$$

（3）侧压力 $\sigma_3$=3.0kPa 时

$$\sigma'_{1f}=\sigma_1-u=1.938+3.0-1.282=3.656\text{（kPa）}$$

$$\sigma'_{3f}=\sigma_3-u=3.0-1.282=1.718\text{（kPa）}$$

绘制莫尔应力圆，求得：$c'=0$，$\varphi'=20°$

【例7-3】　在饱和状态正常固结黏土上进行固结不排水的三轴压缩试验，得到如下值，当侧压力$\sigma_3$=2.0kPa时，破坏时的应力差$\sigma_1-\sigma_3$=3.5kPa，孔隙水压力$u_w$=2.2kPa，滑移面的方向和水平面成60°。求这时滑移面上的法向应力$\sigma_n$、剪应力$\tau$和$\sigma'_n$，另外，试验中的最大剪应力及其方向怎样呢？

解　根据在破坏时，$\sigma_3$=2.0kPa，$\sigma_1=\Delta\sigma+\sigma_3$=3.5+2.0=5.5（kPa）

因为　$\alpha=60°$

所以关于总应力的法向应力$\sigma_n$和剪应力$\tau$为：

$$\sigma_n=\frac{\sigma_1+\sigma_3}{2}+\frac{\sigma_1-\sigma_3}{2}\cos2\alpha=\frac{5.5+2.0}{2}+\frac{5.5-2.0}{2}\times\cos120°=2.875\text{（kPa）}$$

$$\tau=\frac{\sigma_1-\sigma_3}{2}\sin2\alpha=\frac{5.5-2.0}{2}\times\sin120°=1.516\text{（kPa）}$$

有效应力如下：

$$\sigma'_n=\sigma_n-u_w=2.875-2.2=0.675\text{（kPa）}$$

另外，最大剪应力发生在和水平面成45°的方向

其大小为：

$$\tau_{max}=\frac{\sigma_1-\sigma_3}{2}=\frac{5.5-2.0}{2}=1.75\text{（kPa）}$$

【例7-4】　某正常固结饱和黏性土试样进行不固结不排水剪试验得$\varphi_u=0°$，$c_u$=20kPa。对同样的土进行固结而不排水试验，得有效抗剪强度指标：$c'=0$，$\varphi'=30°$。如果试样在不排水条件下破坏，试求以下问题。

（1）剪切破坏时的有效大主应力和小主应力是多少？

（2）若该黏性土层某一面上的法向应力突然增至200kPa，这个面的瞬时抗剪强度是多少？经很长时间后，这个面的抗剪强度又是多少？

解　（1）由不固结不排水剪试验结果有：

$$\tau_f=c_u=\frac{\sigma_1-\sigma_3}{2}=20\text{（kPa）}$$

根据固结不排水剪试验结论得：

$$\sigma_1-\sigma_3=\sigma'_1-\sigma'_3=40\text{（kPa）}$$

又$\varphi'=30°$，根据有效应力圆上的关系有：

$$\frac{\sigma'_1-\sigma'_3}{\sigma'_1+\sigma'_3}=\sin30°=0.5$$

得：

$$\sigma'_1+\sigma'_3=2\times(\sigma'_1-\sigma'_3)=80\text{（kPa）}$$

得到有效大主应力和小主应力分别为：

$$\sigma'_1=60\text{kPa，}\sigma'_3=20\text{kPa}$$

（2）增加瞬时荷载可看作不固结不排水的抗剪强度：

$$\tau_f=c_u+\sigma\tan\varphi_u=20\text{（kPa）}$$

经过长时间，土层产生固结，抗剪强度为固结不排水剪强度：

$$\tau_f=c'+\sigma\tan\varphi'=0+200\times\tan30°=115.5\text{（kPa）}$$

# 任务三　地基的临塑荷载、临界荷载和极限荷载

地基单位面积上承受荷载的能力称为地基承载力。地基承载力的确定是一个比较复杂的问题，其影响因素较多，不仅决定于地基土的性质，还受到以下影响因素的制约。

**（1）基础形状的影响**　在用极限荷载理论公式计算地基承载力时是按条形基础考虑的，对于非条形基础应考虑形状不同对地基承载力的影响。

**（2）荷载倾斜与偏心的影响**　在用理论公式计算地基承载力时，均是按中心受荷考虑的。但荷载的倾斜和偏心对地基承载力是有影响的。

**（3）覆盖层抗剪强度的影响**　基底以上覆盖层抗剪强度越高，地基承载力显然越高，因而基坑开挖的大小和施工回填质量的好坏对地基承载力有影响。

**（4）地下水位的影响**　地下水位上升会降低土的承载力。

**（5）下卧层的影响**　确定地基持力层的承载力设计值应对下卧层的影响作具体的分析和验算。

此外，还有基底倾斜和地面倾斜的影响，地基土压缩性和试验底板与实际基础尺寸比例的影响、相邻基础的影响、加荷速率的影响、地基与上部结构共同作用的影响等。在确定地基承载力时，应根据建筑物的重要性及结构特点，对上述影响因素作具体分析。

## 一、地基破坏的类型

地基的应力状态，因承受基础传来的外荷载而发生变化。当一点的剪应力等于地基土的抗剪强度时，该点就达到极限平衡，发生剪切破坏。随着外荷载增大，地基中剪切破坏的区域逐渐扩大。当破坏区扩展到极大范围，并且出现贯穿到地表面的滑动面时，整个地基即失稳破坏。

地基土差异很大，施加荷载的条件又不尽相同，因而地基破坏的形式亦不同。工程经验和试验都表明，可能有整体剪切破坏、局部剪切破坏和冲剪破坏等几种形式（图 7-16）。

### 1. 整体剪切破坏

地基整体剪切破坏时［图 7-16（a）］，出现与地面贯通的滑动面，地基土沿此滑动面向两侧挤出。基础下沉，基础两侧地面显著隆起。对应于这种破坏形式，其 $p$-$s$ 曲线见图 7-17(b) 中 $a$ 线，当基础上的荷载较小时，基础压力与沉降的关系近乎直线变化，此时属弹性变形阶段，如图 7-17（b）中 $OA$ 段；随着荷载的增大，并达到某一数值时，首先在基础边缘处的土开始出现剪切破坏，如图 7-17(b) 中 $A$ 点；随着荷载的增大，剪切破坏地区也相应地扩大，此时压力与沉降关系呈曲线形状，属弹性塑性变形阶段，如图 7-17（b）中 $AB$ 段。若荷载继续增大，剪切破坏区不断扩大，在地基内部形成连续的滑动面，一直到达地表，如图 7-17（b）中 $BC$ 段。

对于压缩较小的土，如密实砂土或坚硬黏土，当压力 $p$ 值足够大时，一般都发生这种形式的破坏。

### 2. 刺入剪切破坏（冲剪破坏）

冲剪破坏时［图 7-16（b）］地基土发生较大的压缩变形，但没有明显的滑动面，基础四周的地面也不隆起，基础没有很大的倾斜，其 $p$-$s$ 曲线［图 7-17（b）中 $c$ 线］多具非线性关系，无明显的转折点，地基破坏是由于基础下面软弱土变形并沿基础周边产生竖向剪切，导致基础连续下沉，最后因基础侧面附近土的垂直剪切而破坏。

当基础相对埋深较大和压缩性大的松砂和软土中，多出现这种破坏形式。

### 3. 局部剪切破坏

局部剪切破坏如图 7-16（c）所示，它是介于上述两者之间的一种过渡性的破坏形式。破坏时地基的塑性变形区局限于基础下方，滑动面也不延伸到地面。可能地面有轻微隆起，但基础不会明显倾斜或倒塌，$p$-$s$ 曲线开始段为曲线，随着荷载增大，沉降量亦明显增加但其转折点不明显［图 7-17（b）中 $b$ 线］。

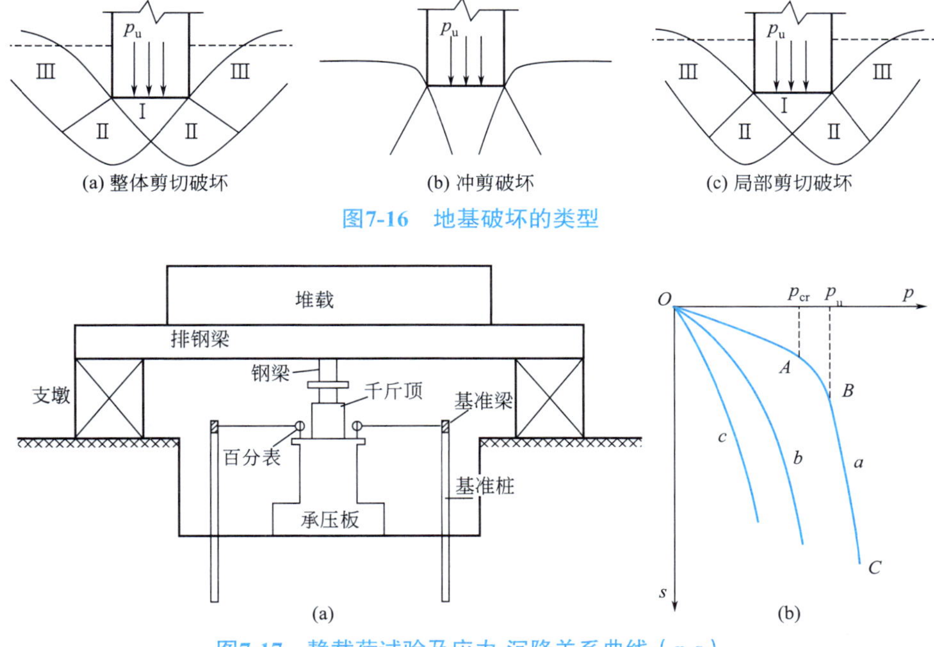


图7-16　地基破坏的类型

图7-17　静载荷试验及应力-沉降关系曲线（$p$-$s$）

$a$—整体剪切破坏；$b$—局部剪切破坏；$c$—冲剪破坏

局部剪切破坏的过程与整体剪切破坏相似，破坏也从基础边缘下开始，随着荷载增大，剪切破坏地区也相应地扩大。两者的区别在于：局部剪切破坏时，其压力与沉降的关系，从一开始就呈现非线性的变化，并且当达到破坏时，均无明显地出现转折现象。

地基发生何种形式的破坏，既取决于地基土的类型和性质，又与基础的特性和埋深以及受荷条件等有关。如密实的砂土地基，多出现整体剪切破坏；但基础埋深很大时，也会因较大的压缩变形，发生冲剪破坏。对于软黏土地基，当加荷速率较小，容许地基土发生固结变形时，往往出现冲剪破坏；但当加荷速率很大时，由于地基土来不及固结压缩，就可能已经发生整体剪切破坏；加荷速率处于以上两种情况之间时，则可能发生局部剪切破坏。

## 二、地基的临塑荷载和临界荷载

### 1. 临塑荷载

如图 7-18 所示为地基表面作用条形均布荷载 $p$ 时，讨论土中任意点 $M$ 由 $p$ 引起的最大、最小应力，并建立其极限平衡表达式，整理后得出塑性区边界方程为：

$$z=\frac{p-\gamma d}{\pi\gamma}\left(\frac{\sin 2\alpha}{\sin\varphi}-2\alpha\right)-\frac{c\cot\varphi}{\gamma}-d \tag{7-21}$$

式中 $\gamma$——地基土的重度；

$\varphi$，$c$——土的抗剪强度指标；

$d$——基底埋深，m；

$p$——基底压力，kPa；

$2\alpha$——讨论点 $M$ 到条形基础两边缘之间的夹角。

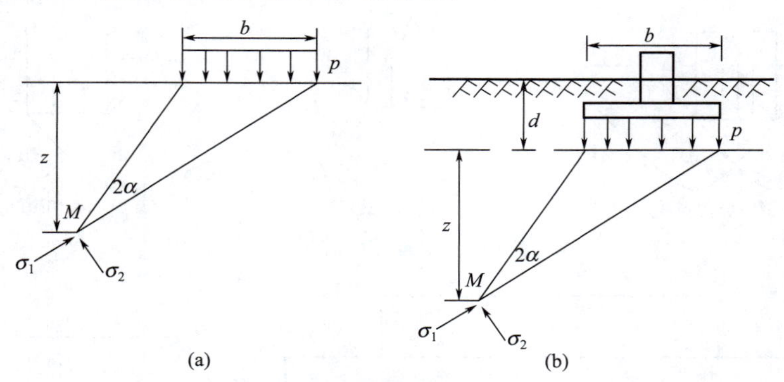


图7-18 条形均布荷载作用下的地基应力

若地基土是非均质的，即基础底部以上和以下土的重度不同，则塑性区边界方程可写成：

$$z=\frac{p-\gamma_0 d}{\pi\gamma}\left(\frac{\sin 2\alpha}{\sin\varphi}-2\alpha\right)-\frac{c\cot\varphi}{\gamma}-\frac{\gamma_0}{\gamma}d \tag{7-22}$$

式中 $\gamma$——基底土的重度，kN/m$^3$；

$\gamma_0$——基底以上土的加权平均重度，kN/m$^3$。

这就是塑性区的边界线方程式，它给出了塑性区边界线上任一点坐标 $z$ 与视角 $2\alpha$ 的关系。如果已知基础的埋深 $d$、荷载 $p$ 以及土的 $\gamma$、$c$、$\varphi$ 值，则根据式（7-22）可绘出塑性区的边界线（图 7-19）。

结合以前所学和这个公式可知，随着 $p$ 的增大，塑性区首先在基础两侧边缘出现，然后逐渐按图 7-19 的 1、2、3、4、…次序扩大。塑性区扩大的同时，其最大深度 $z_{max}$（某塑性区边界线最低点至基础底面的垂直距离）也随之增加，因此 $z_{max}$ 可以用来作为反映塑性区范围大小的一个尺度。

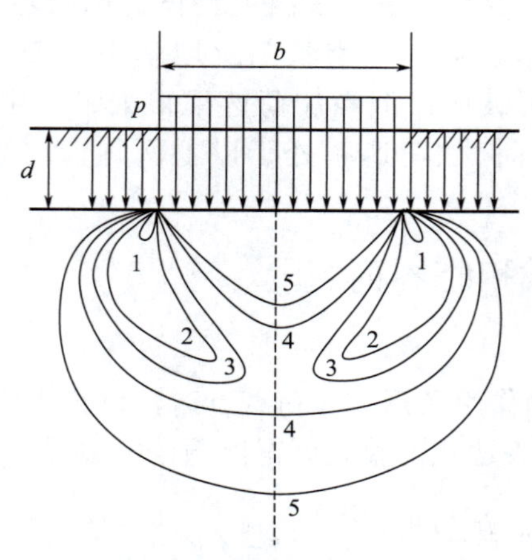


图7-19 塑性区的发展过程

如塑性变形区的最大深度 $z_{max}$=0，则地基处于刚要出现塑性变形区的状态。此时作用在地基上的荷载称为临塑荷载 $p_{cr}$，其值为：

$$p_{cr}=\frac{\pi(\gamma_0 d+c\cot\varphi)}{\cot\varphi-\frac{\pi}{2}+\varphi}+\gamma_0 d \tag{7-23}$$

**2. 临界荷载**

根据工程经验，当塑性变形区最大深度 $z_{max}$ 等于 1/3 或 1/4 的基础宽度 $b$ 时，地基仍是安全的，为此常取此塑性变形区深度对应的荷载（亦称为临界荷载），作为地基的容许承载力，将 $z_{max}=b/3$ 或 $z_{max}=b/4$ 代入式（7-23）中，可得：

$$p_{1/3}=\frac{\pi(\gamma_0 d+\frac{1}{3}\gamma b+c\cot\varphi)}{\cot\varphi-\frac{\pi}{2}+\varphi}+\gamma_0 d \tag{7-24}$$

$$p_{1/4}=\frac{\pi(\gamma_0 d+\frac{1}{4}\gamma b+c\cot\varphi)}{\cot\varphi-\frac{\pi}{2}+\varphi}+\gamma_0 d \tag{7-25}$$

达到临塑荷载时，地基中塑性开展区的最大深度为：

$$z_{max}=\frac{p-\gamma_0 d}{\pi\gamma}\left[\cot\varphi-\left(\frac{\pi}{2}-\varphi\right)\right]-\frac{c}{\gamma\tan\varphi}-\frac{\gamma_0}{\gamma}d \tag{7-26}$$

**【例7-5】** 地基上有一个条形基础，宽 $b$=12m，埋深 $d$=2m，地基土的容重 $\gamma$=10kN/m³，摩擦角 $\varphi$=14°，黏聚力 $c$=20kPa。试求 $p_{cr}$ 与 $p_{1/3}$。

**解**

$$p_{cr}=\frac{\pi(c\cot\varphi+\gamma_0 d)}{\cot\varphi-\frac{\pi}{2}+\varphi}+\gamma_0 d=\frac{\pi(20\times\cot14°+10\times2)}{\cot14°-\frac{\pi}{2}+\frac{14\pi}{180}}+10\times2$$

$$=\frac{3.14\times(80.22+20)}{4.01+\frac{14\pi}{180}-\frac{\pi}{2}}+20=137.25\text{（kPa）}$$

$$p_{1/3}=p_{cr}+\frac{\pi\gamma\times\frac{b}{3}}{\cot\varphi-\frac{\pi}{2}+\varphi}=137.25+\frac{3.14\times10\times\frac{1}{3}\times12}{\cot14°-\frac{\pi}{2}+\frac{14\pi}{180}}=137.25+46.8=184.05\text{（kPa）}$$

## 三、地基的极限荷载——太沙基公式

太沙基在 1943 年提出了确定条形浅基础的极限荷载公式。太沙基认为当基础的长宽比 $l/b\geqslant5$ 及基础埋深 $d\leqslant b$ 时，就可视为条形浅基，基底以上土体看作是作用在基础两侧的均布荷载 $q=\gamma_0 d$。

太沙基假定基础底面是粗糙的，地基的滑动面形状如图 7-20 所示，可分为以下三个区。

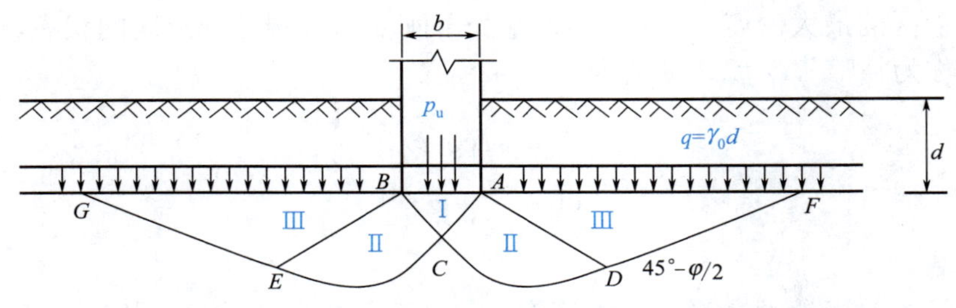


图7-20 太沙基假想的滑动面形状

Ⅰ区——基础底面下的土楔 $ABC$，由于假定基底是粗糙的，具有很大的摩擦力，因此 $AB$ 不会发生剪切位移，该区内土体处于弹性压密状态，它像一个“弹性核”随基础一起向下移动；弹性核的边界 $AC$ 或 $BC$ 为滑动面的一部分，它与水平面的夹角为 $\psi$，而它的具体数值又与基底的粗糙程度有关。

当把基底看作完全粗糙时，$\psi=\varphi$；

当把基底看作完全光滑时，土体 $ABC$ 则发生侧向变形，则 $\psi=45°+\varphi/2$，一般情况下，$\varphi<\psi<(45°+\varphi/2)$。

Ⅱ区——滑动面按对数螺旋线 $r=r_0e^{\theta\tan\varphi}$ 变化，在 $C$ 点处螺旋线的切线垂直，$D$、$E$ 点处螺旋线的切线与水平线成（$45°-\varphi/2$）角。

Ⅲ区——被动朗肯区［底角与水平线成（$45°-\varphi/2$）角的等腰三角形］。

经推导可得地基的极限承载力：

$$p_u=\frac{1}{2}\gamma bN_\gamma+qN_q+cN_c \tag{7-27}$$

式中 $c$——土的黏聚力，kPa；

$q$——基础两侧土压力 $q=\gamma_0 d$，若地基土是均质，则基础两侧土压力 $q=\gamma d$，若地基土是非均质，则 $\gamma_0$ 是基底以上土的加权平均重度；

$d$——基底埋深，m；

$b$——基础宽度，m；

$N_\gamma$，$N_q$，$N_c$——无量纲承载力系数，可根据内摩擦角从表7-3查出。

表7-3 太沙基承载力系数表

| φ/(°) | $N_\gamma$ | $N_q$ | $N_c$ | φ/(°) | $N_\gamma$ | $N_q$ | $N_c$ |
|---|---|---|---|---|---|---|---|
| 0 | 0 | 1.00 | 5.7 | 24 | 8.6 | 11.4 | 23.4 |
| 2 | 0.23 | 1.22 | 6.5 | 26 | 11.5 | 14.2 | 27 |
| 4 | 0.39 | 1.48 | 7.0 | 28 | 15 | 17.8 | 31.6 |
| 6 | 0.63 | 1.81 | 7.7 | 30 | 20 | 22.4 | 37 |
| 8 | 0.86 | 2.2 | 8.5 | 32 | 28 | 28.7 | 44.4 |
| 10 | 1.2 | 2.68 | 9.5 | 34 | 36 | 36.6 | 52.8 |
| 12 | 1.66 | 3.32 | 10.9 | 36 | 50 | 47.2 | 63.6 |
| 14 | 2.2 | 4.0 | 12 | 38 | 90 | 61.2 | 77 |
| 16 | 3.0 | 4.91 | 13 | 40 | 130 | 80.5 | 94.8 |
| 18 | 3.9 | 6.04 | 15.5 | 42 | 195 | 109.4 | 119.5 |
| 20 | 5.0 | 7.42 | 17.6 | 44 | 260 | 147 | 151 |
| 22 | 6.5 | 9.17 | 20.2 | 45 | 326 | 173.3 | 172.2 |

以上公式只适用于地基土整体剪切破坏情况，即地基土较密实，其 $p$-$s$ 曲线有明显的转折点，破坏前沉降不大等情况。对于松软土质，地基破坏是局部剪切破坏，沉降较大，其极限荷载较小。太沙基建议采用较小的 $\varphi'$、$c'$ 值代入公式计算极限荷载，即得：

$$c'=\frac{2}{3}c \qquad \tan\varphi'=\frac{2}{3}\tan\varphi$$

此时极限荷载公式为：

$$p_u=\frac{1}{2}rbN'_\gamma+qN'_q+c'N'_c \tag{7-28}$$

式中 $N'_\gamma$，$N'_q$，$N'_c$——相应于局部剪切破坏情况的承载力系数，根据降低后的摩擦角 $\varphi'$ 查图7-21中的虚线得出。

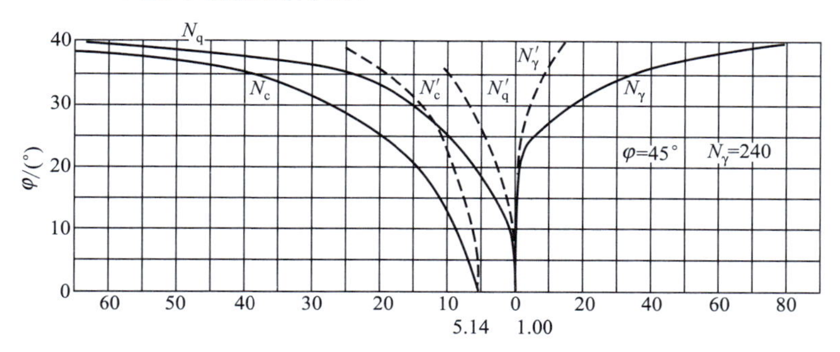


图7-21 太沙基承载力系数

上述公式只适用于条形基础，对于方形或圆形基础，太沙基建议用下列修正公式计算地基极限承载力。

圆形基础：

$$p_{ur}=0.6\gamma RN_\gamma+qN_q+1.2cN_c \quad \text{整体破坏} \tag{7-29}$$

$$p_{ur}=0.6\gamma RN'_\gamma+qN'_q+0.8c'N'_c \quad \text{局部破坏} \tag{7-30}$$

方形基础：

$$p_{us}=0.4\gamma bN_\gamma+qN_q+1.2cN_c \quad \text{整体破坏} \tag{7-31}$$

$$p_{us}=0.4\gamma bN'_\gamma+qN'_q+0.8c'N'_c \quad \text{局部破坏} \tag{7-32}$$

式中 $R$——圆形基础的半径，m；

$b$——方形基础的边长，m；

其余符号同前。

对于矩形基础（宽为 $b$，长为 $l$），可近似按 $b/l$ 值，在条形基础（$b/l=0$）与方形基础（$b/l=1$）的承载力之间用插入法求得。

【例7-6】 某路堤如图7-22所示，填土的性质 $\gamma_1=18.8\text{kN/m}^3$，$\varphi_1=20°$，$c_1=33.4\text{kPa}$。地基土（饱和黏土）性质 $\gamma_2=15.7\text{kN/m}^3$，土的不排水抗剪强度指标为 $\varphi_u=0°$，$c_u=22\text{kPa}$，土的固结排水抗剪强度指标为 $\varphi_d=22°$，$c_d=4\text{kPa}$。按下述两种情况检验路堤下地基承载力是否满足。采用太沙基公式计算地基极限荷载（取安全系数 $K=3$）。（1）路堤填土填筑速度很快，它比荷载在地基中所引起的超孔隙水压力的消散速度快。（2）路堤填土填筑速度很慢，地基中不引起超孔隙水压力。

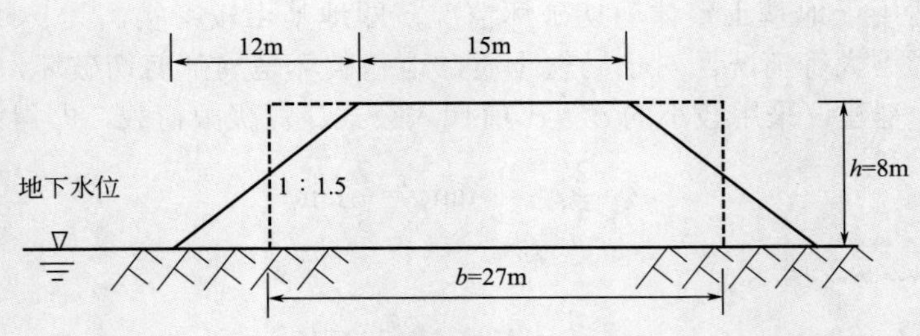


图7-22 路堤下地基承载力

解 地基土的浮重 $\gamma'_2=\gamma_2-10=5.7$（kN/m$^3$）

用太沙基公式［式（7-27）］计算极限荷载为：

$$p_u=\frac{1}{2}\gamma bN_\gamma+qN_q+cN_c$$

第一种情况：$\varphi_u=0°$，查表 7-3 得承载力系数如下。

$$N_\gamma=0、N_q=1.0、N_c=5.7$$

已知 $c_u$=22kPa，$d=0$，则 $q=\gamma d=0$，$b$=27m。

代入上式：

$$p_u=0.5\times5.7\times27\times0+0\times1+22\times5.7=125.4\text{（kPa）}$$

路堤填土压力：

$$p=r_1h=18.8\times8=150.4\text{（kPa）}$$

地基承载力安全系数：

$$K=\frac{p_u}{p}=\frac{125.4}{150.4}=0.83<3$$

所以不能满足要求。

第二种情况：$\varphi_d=22°$，查表 7-3 得承载力系数如下。

$$N_\gamma=6.5、N_q=9.17、N_c=20.2$$

代入式（7-27）有：

$$p_u=0.5\times5.7\times27\times6.5+0\times9.17+4\times20.2=580.98\text{（kPa）}$$

地基承载力安全系数：

$$K=\frac{p_u}{p}=\frac{580.98}{150.4}=3.86>3$$

所以满足要求。

【例7-7】 有一个条形基础，宽度$b$=6m，埋深$d$=1.5m，其上作用中心荷载$F$=1500kN/m，地基土质均匀，重度$\gamma$=19kN/m$^3$，土的抗剪强度指标$c$=20kPa，$\varphi=20°$，试验算地基的稳定性（假定基底完全粗糙）。

解 （1）基底压力：

$$p=\frac{F}{b}=\frac{1500}{6}=250\text{（kPa）}$$

（2）由 $\varphi=20°$，查表 7-3 得：

$$N_\gamma=5、N_q=7.42、N_c=17.6$$

$$p_u=\frac{1}{2}\gamma bN_\gamma+qN_q+cN_c=\frac{1}{2}\times19\times6\times5+19\times1.5\times7.42+20\times17.6=848.47\text{（kPa）}$$

若取：$K=2.5$，则［$p$］$=p_u/K=339.39$（kPa）。

因为 $p=250\text{kPa}<$［$p$］$=339.39\text{kPa}$，所以地基是稳定的。

# 任务四 地基承载力的确定

## 一、按地基载荷试验确定承载力

载荷试验是对现场试坑中的天然土层上的承压板施加竖直荷载，测定承压板压力与地基变形的关系，从而确定地基土承载力和变形模量等指标。根据《公路桥涵地基与基础设计规范》（JTG 3363—2019）载荷试验确定承载力的方法有两种类型。

### 1. 浅层平板载荷试验

① 浅层平板载荷试验可用于确定浅部地基承压板下压力主要影响范围内土层的承载力。承压板面积不应小于 $0.25\text{m}^2$，特殊情况下应符合下列规定：

a. 对软土地基不应小于 $0.5\text{m}^2$；

b. 对复合地基不应小于一根桩加固的面积；

c. 对强夯处理后的地基，不应小于 $2.0\text{m}^2$。

② 试验基坑宽度不应小于承压板宽度或直径的 3 倍。应保持试验土层的原状结构和天然湿度。宜在拟试压表面用粗砂或中砂层找平，其厚度不超过 20mm。

③ 加荷等级不少于 8 级，最大加载量不应小于设计要求的 2 倍。

④ 每级加载后，按间隔 10min、10min、10min、15min、15min，以后隔半小时测读一次沉降量，当连续 2h 内，每小时沉降量小于 0.1mm 时，则认为已趋稳定，可加下一级荷载。

⑤ 当出现下列情况之一时，即可终止加载：

a. 承压板周围的土明显侧向挤出；

b. 沉降量急剧增大，$p$-$s$ 曲线出现陡降段；

c. 在某一级荷载下，24h 内沉降速率不能达到稳定；

d. 沉降量与承压板宽度或直径之比大于或等于 0.06。

当满足前三种情况之一时，其对应的前一级荷载定为极限荷载。

⑥ 承载力基本容许值的确定应符合下列规定：

a. 当 $p$-$s$ 曲线上有比例界限时，取该比例界限所对应的荷载值；

b. 当极限荷载小于对应比例界限的荷载值的 2 倍时，取极限荷载值的一半；

c. 当不能按上述两款要求确定时，承压板面积为 $0.25\sim0.5\text{m}^2$，可取 $s/b=0.01\sim0.015$ 所对应的荷载，但其值不应大于最大加载量的一半。

⑦ 同一土层参加统计的试验点不应少于三点，当试验实测值的极差不超过其平均值的 30% 时，取此平均值作为该土层的地基承载力基本容许值。

### 2. 深层平板载荷试验

① 深层平板载荷试验可适用于确定深部地基及大直径桩桩端在承压板压力主要影响范围内土层的承载力。

② 深层平板载荷试验的承压板采用直径为 0.8m 的刚性板，紧靠承压板周围外侧的土层高度应不小于 80cm。

③ 加荷等级可按预估极限承载力的 1/15～1/10 分级施加。

④ 每级加荷后，第一个小时内可按间隔 10min、10min、10min、15min、15min，以后为每隔半小时测读一次沉降。当在连续 2h 内，每小时的沉降量小于 0.1mm 时，则认为已趋稳定，可加下一级荷载。

⑤ 当出现下列情况之一时，可终止加载。

a. 沉降 $s$ 急骤增大，$p$-$s$ 曲线上有可判定极限承载力的陡降段，且沉降量超过 0.04$d$（$d$ 为承压板直径）；

b. 在某级荷载下，24h 沉降速率不能达到稳定；

c. 本级沉降量大于前一级沉降量的 5 倍；

d. 当持力层土层坚硬，沉降量很小时，最大加载量不小于设计要求的 2 倍。

⑥ 承载力基本容许值的确定应符合下列规定。

a. 当 $p$-$s$ 曲线上有比例界限时，取该比例界限所对应的荷载值；

b. 满足第⑤点前三条终止加载条件之一时，其对应的前一级荷载定为极限荷载，当该值小于对应比例界限荷载值的 2 倍时，取极限荷载值的一半；

c. 当不能按上述两款要求确定时，可取 $s/b$=0.01～0.015 所对应的荷载，但其值不应大于最大加载量的一半。

⑦ 同一土层参加统计的试验点不应少于三点，当试验实测值的极差不超过其平均值的 30% 时，取此平均值作为该土层的地基承载力基本容许值。

## 二、按规范确定地基承载力

《公路桥涵地基与基础设计规范》（JTG 3363—2019）总结我国丰富的工程实践经验，提出一套根据地基土的物理力学指标，或原位测试试验的结果，确定地基承载力基本允许值 [$f_{a0}$]，见表 7-4～表 7-10。

表 7-4　岩石地基承载力基本允许值　　单位：kPa

| 坚硬程度 \ [$f_{a0}$] \ 节理发育程度 | 节理不发育 | 节理发育 | 节理很发育 |
|---|---|---|---|
| 坚硬岩、较硬岩 | ＞3000 | 3000～2000 | 2000～1500 |
| 较软岩 | 3000～1500 | 1500～1000 | 1000～800 |
| 软岩 | 1200～1000 | 1000～800 | 800～500 |
| 极软岩 | 500～400 | 400～300 | 300～200 |

表 7-5　碎石土地基承载力基本允许值　　单位：kPa

| 土名 \ [$f_{a0}$] \ 密实程度 | 密实 | 中密 | 稍密 | 松散 |
|---|---|---|---|---|
| 卵石 | 1200～1000 | 1000～650 | 650～500 | 500～300 |
| 碎石 | 1000～800 | 800～550 | 550～400 | 400～200 |
| 圆砾 | 800～600 | 600～400 | 400～300 | 300～200 |
| 角砾 | 700～500 | 500～400 | 400～300 | 300～200 |

注：1.由硬质岩组成，填充砂土者取高值；由软质岩组成，填充黏性土者取低值。
2.半胶结的碎石土，可按密实的同类土的 [$f_{a0}$] 值提高10%～30%。
3.松散的碎石土在天然河床中很少遇见，需特别注意鉴定。
4.漂石、块石的 [$f_{a0}$] 值，可参照卵石、碎石适当提高。

二维码 7.2

表7-6　砂土地基承载力基本允许值

单位：kPa

| 土名及水位情况 ╲ ［$f_{a0}$］ ╲ 密实程度 | | 密实 | 中密 | 稍密 | 松散 |
|---|---|---|---|---|---|
| 砾砂、粗砂 | 与湿度无关 | 550 | 430 | 370 | 200 |
| 中砂 | 与湿度无关 | 450 | 370 | 330 | 150 |
| 细砂 | 水上 | 350 | 270 | 230 | 100 |
| | 水下 | 300 | 210 | 190 | — |
| 粉砂 | 水上 | 300 | 210 | 190 | — |
| | 水下 | 200 | 110 | 90 | — |

表7-7　粉土地基承载力基本允许值

单位：kPa

| $e$ ╲ ［$f_{a0}$］ ╲ $w$/% | 10 | 15 | 20 | 25 | 30 | 35 |
|---|---|---|---|---|---|---|
| 0.5 | 400 | 380 | 355 | — | — | — |
| 0.6 | 300 | 290 | 280 | 270 | — | — |
| 0.7 | 250 | 235 | 225 | 215 | 205 | — |
| 0.8 | 200 | 190 | 180 | 170 | 165 | — |
| 0.9 | 160 | 150 | 145 | 140 | 130 | 125 |

表7-8　老黏性土地基承载力基本允许值

单位：kPa

| $E_s$/MPa | 10 | 15 | 20 | 25 | 30 | 35 | 40 |
|---|---|---|---|---|---|---|---|
| ［$f_{a0}$］ | 380 | 430 | 470 | 510 | 550 | 580 | 620 |

注：当老黏性土$E_s$<10MPa时，承载力基本允许值［$f_{a0}$］按一般黏性土确定。

表7-9　一般黏性土地基承载力基本允许值

单位：kPa

| $e$ ╲ ［$f_{a0}$］ ╲ $I_L$ | 0 | 0.1 | 0.2 | 0.3 | 0.4 | 0.5 | 0.6 | 0.7 | 0.8 | 0.9 | 1.0 | 1.1 | 1.2 |
|---|---|---|---|---|---|---|---|---|---|---|---|---|---|
| 0.5 | 450 | 440 | 430 | 420 | 400 | 380 | 350 | 310 | 270 | 240 | 220 | — | — |
| 0.6 | 420 | 410 | 400 | 380 | 360 | 340 | 310 | 280 | 250 | 220 | 200 | 180 | — |
| 0.7 | 400 | 370 | 350 | 330 | 310 | 290 | 270 | 240 | 220 | 190 | 170 | 160 | 150 |
| 0.8 | 380 | 330 | 300 | 280 | 260 | 240 | 230 | 210 | 180 | 160 | 150 | 140 | 130 |
| 0.9 | 320 | 280 | 260 | 240 | 220 | 210 | 190 | 180 | 160 | 140 | 130 | 120 | 100 |
| 1.0 | 250 | 230 | 220 | 210 | 190 | 170 | 160 | 150 | 140 | 120 | 110 | — | — |
| 1.1 | — | — | 160 | 150 | 140 | 130 | 120 | 110 | 100 | 90 | — | — | — |

注：1.土中含有粒径大于2mm的颗粒质量超过总质量30%以上者，［$f_{a0}$］可适当提高。

2.当$e<0.5$时，取$e=0.5$；当$I_L<0$时，取$I_L=0$。此外，超过表列范围的一般黏性土，［$f_{a0}$］$=57.22E_s^{0.57}$。

3.一般黏性土地基承载力特征值$f_{a0}$取值大于300kPa时，应有原位测试数据作依据。

表7-10　新近沉积黏性土地基承载力基本允许值

单位：kPa

| $e$ ╲ ［$f_{a0}$］ ╲ $I_L$ | ≤0.25 | 0.75 | 1.25 |
|---|---|---|---|
| ≤0.8 | 140 | 120 | 100 |
| 0.9 | 130 | 110 | 90 |
| 1.0 | 120 | 100 | 80 |
| 1.1 | 110 | 90 | — |

按规范提供的数据得到的承载力基本容许值还需经过修正才能用于设计，修正后的地基承载力允许值 $[f_a]$ 按下式确定：

$$[f_a]=[f_{a0}]+k_1\gamma_1(b-2)+k_2\gamma_2(h-3) \tag{7-33}$$

式中 $[f_{a0}]$ ——新近沉积黏性土地基承载力基本允许值，kPa，按表7-4～表7-10取值；

$b$——基础底面的最小边宽，m，当 $b<2\text{m}$ 时按 2m 计，当 $b>10\text{m}$ 时按 10m 计；

$h$——基底埋置深度，m，自天然地面起算，有水流冲刷时自一般冲刷线起算，当 $h<3\text{m}$ 时，取 $h=3\text{m}$，当 $h/b>4$ 时，取 $h=4b$；

$\gamma_1$——基底持力层土的天然重度，若持力层在水面以下且为透水者，应取浮重度；

$\gamma_2$——基底以上土层的加权平均重度，换算时若持力层在水面以下，且不透水者，不论基底以上土的透水性质如何，一律取饱和重度，当透水时，水中部分土层则应取浮重度；

$k_1$，$k_2$——基底宽度、深度修正系数，根据基底持力层土的类别按表 7-11 查用。

表7-11 基底宽度、深度修正系数 $k_1$、$k_2$

| 土类<br>系数 | 黏性土 | | | | 粉土 | 砂土 | | | | | | 碎石土 | | | | | |
|---|---|---|---|---|---|---|---|---|---|---|---|---|---|---|---|---|---|
| | 老黏性土 | 一般黏性土 | | 新近沉积黏性土 | — | 粉砂 | | 细砂 | | 中砂 | | 砾砂、粗砂 | | 碎石、圆砾、角砾 | | 卵石 | |
| | | $I_L \geq 0.5$ | $I_L<0.5$ | | — | 中密 | 密实 | 中密 | 密实 | 中密 | 密实 | 中密 | 密实 | 中密 | 密实 | 中密 | 密实 |
| $k_1$ | 0 | 0 | 0 | 0 | 0 | 1.0 | 1.2 | 1.5 | 2.0 | 2.0 | 3.0 | 3.0 | 4.0 | 3.0 | 4.0 | 3.0 | 4.0 |
| $k_2$ | 2.5 | 1.5 | 2.5 | 1.0 | 1.5 | 2.0 | 2.5 | 3.0 | 4.0 | 4.0 | 5.5 | 5.0 | 6.0 | 5.0 | 6.0 | 6.0 | 10.0 |

注：1.对于稍密和松散状态的砂、碎石土，$k_1$、$k_2$值可采用表列中密实值的50%。

2.强风化和全风化的岩石，可参照所风化成的相应土类取值；其他状态下的岩石不修正。

【例7-8】 某桥墩基础，$bl=5\text{m}\times10\text{m}$，埋深4m，作用于基底中心竖向荷载$N=8000\text{kN}$，地基土为粉砂，中密，地下水位于地表下4m，地基土的$\gamma_{sat}=20\text{kN/m}^3$，验算地基承载力是否满足要求。

**解** 由题可知，地基土为粉砂、中密、位于地下水中，分别查表 7-6 和表 7-11 得 $[f_{a0}]=110\text{kPa}$，$k_1=1$，$k_2=2$，代入式（7-33）中经修正后的地基承载力容许值为：

$$[f_a]=[f_{a0}]+k_1\gamma_1(b-2)+k_2\gamma_2(h-3)=110+1\times(20-10)\times(5-2)+2\times20\times(4-3)=180\ (\text{kPa})$$

实际基底压力：

$$f_a=\frac{N}{bl}=\frac{8000}{5\times10}=160\ (\text{kPa})<[f_a]=180\ (\text{kPa})$$

承载力满足要求。

## 三、其他确定地基承载力的方法

### 1. 按《建筑地基基础设计规范》（GB 50007—2011）确定地基承载力

（1）当荷载偏心距 $e$ 小于或等于 1/30 基底宽度时，地基承载力的特征值可根据抗剪强度指标 $\varphi_k$、$c_k$ 按式（7-34）计算确定。

$$f_a=M_b\gamma b+M_d\gamma_m d+M_c c_k \tag{7-34}$$

式中 $M_b$，$M_d$，$M_c$——承载力系数，可以根据土的内摩擦角标准值$\varphi_k$从表7-12中查出；

$b$——基础底面宽度，大于 6m 时按 6m 取值，对于砂土小于 3m 时按 3m 取值；

$\gamma$——基础底面以下土的重度，地下水位以下取浮重度；

$\gamma_m$——基础底面以上土的加权平均重度，地下水位以下取浮重度；

$c_k$——基底下一倍短边宽度深度内土的黏聚力标准值；

$d$——基础埋置深度，一般自室外地面标高算起，在填方整平地区，可自填土地面标高算起，但填土在上部结构施工后完成时，应从天然地面标高算起。对于地下室，如采用箱形基础或筏基时，基础埋置深度自室外地面标高算起；当采用独立基础或条形基础时，应从室内地面标高算起。

表 7-12　承载力系数 $M_b$、$M_d$、$M_c$

| $\varphi_k$/(°) | $M_b$ | $M_d$ | $M_c$ | $\varphi_k$/(°) | $M_b$ | $M_d$ | $M_c$ |
|---|---|---|---|---|---|---|---|
| 0 | 0 | 1.00 | 3.14 | 22 | 0.61 | 3.44 | 6.04 |
| 2 | 0.03 | 1.12 | 3.32 | 24 | 0.80 | 3.87 | 6.45 |
| 4 | 0.06 | 1.25 | 3.51 | 26 | 1.10 | 4.37 | 6.90 |
| 6 | 0.10 | 1.39 | 3.71 | 28 | 1.40 | 4.93 | 7.40 |
| 8 | 0.14 | 1.55 | 3.93 | 30 | 1.90 | 5.59 | 7.95 |
| 10 | 0.18 | 1.73 | 4.17 | 32 | 2.60 | 6.35 | 8.55 |
| 12 | 0.23 | 1.94 | 4.42 | 34 | 3.40 | 7.21 | 9.22 |
| 14 | 0.29 | 2.17 | 4.69 | 36 | 4.20 | 8.25 | 9.97 |
| 16 | 0.36 | 2.43 | 5.00 | 38 | 5.00 | 9.44 | 10.80 |
| 18 | 0.43 | 2.72 | 5.31 | 40 | 5.80 | 10.84 | 11.73 |
| 20 | 0.51 | 3.06 | 5.66 | | | | |

注：$\varphi_k$为基底下一倍短边宽度深度内土的内摩擦角标准值。

采用式（7-34）和表 7-12 确定地基承载力特征值时，地基土的抗剪强度指标内摩擦角标准值 $\varphi_k$、黏聚力标准值 $c_k$，可按下列规定计算。

① 根据室内 $n$ 组三轴压缩试验的结果，按下列公式计算某种土的性质指标的变异系数、实验平均值和标准值。

$$\delta=\frac{\sigma}{\mu} \tag{7-35}$$

$$\mu=\frac{1}{n}\sum_{i=1}^{n}\mu_i \tag{7-36}$$

$$\sigma=\sqrt{\frac{\sum_{i=1}^{n}\mu_i^2-n\mu^2}{n-1}} \tag{7-37}$$

式中　$\delta$——变异系数；

$\mu$——试验平均值；

$\sigma$——标准差。

② 按下列公式计算内摩擦角和黏聚力的统计修正系数 $\psi_\varphi$、$\psi_c$。

$$\psi_{\varphi}=1-\left(\frac{1.704}{\sqrt{n}}+\frac{4.678}{n^2}\right)\delta_{\varphi} \tag{7-38}$$

$$\psi_{c}=1-\left(\frac{1.704}{\sqrt{n}}+\frac{4.678}{n^2}\right)\delta_{c} \tag{7-39}$$

式中 $\psi_{\varphi}$——内摩擦角的统计修正系数；

$\psi_{c}$——黏聚力的统计修正系数；

$\delta_{\varphi}$——内摩擦角的变异系数；

$\delta_{c}$——黏聚力的变异系数。

③ 按下式公式计算 $\varphi_k$、$c_k$。

$$\varphi_k=\psi_{\varphi}\varphi_m \tag{7-40}$$

$$c_k=\psi_c c_m \tag{7-41}$$

式中 $\varphi_m$——内摩擦角试验平均值；

$c_m$——黏聚力试验平均值。

（2）当基础宽度大于 3m 或埋置深度大于 0.5m 时，从载荷试验或其他原位测试、经验值等方法确定的地基承载力特征值，尚应按式（7-42）修正。

$$f_a=f_{ak}+\eta_b\gamma(b-3)+\eta_d\gamma_m(d-0.5) \tag{7-42}$$

式中 $f_a$——修正后的地基承载力特征值；

$f_{ak}$——按原位测试、公式计算、经验值等方法确定的地基承载力特征值；

$\gamma$——基底以下土的重度，地下水位以下用浮重度；

$\gamma_m$——基底以上土的加权平均重度，地下水位以下取浮重度；

$b$——基础宽度，m，当宽度小于 3m 时按 3m 计，大于 6m 时按 6m 计；

$\eta_b$，$\eta_d$——基础宽度和埋置深度的承载力修正系数，按表7-13查用；

$d$——基础埋置深度，m，一般自室外地面标高算起，在填方整平地区，可自填土地面标高算起，但填土在上部结构施工后完成时，应从天然地面标高算起。对于地下室，如采用箱形基础或筏基时，基础埋置深度自室外地面标高算起；当采用独立基础或条形基础时，应从室内地面标高算起。

表7-13 承载力修正系数 $\eta_b$、$\eta_d$

| 土的类别 | | $\eta_b$ | $\eta_d$ |
|---|---|---|---|
| 淤泥和淤泥质土 | | 0 | 1.0 |
| 人工填土，$e$ 或 $I_L$ 大于等于 0.85 的黏性土 | | 0 | 1.0 |
| 红黏土 | 含水比 $\alpha_w>0.8$ | 0 | 1.2 |
| | 含水比 $\alpha_w\leqslant0.8$ | 0.15 | 1.4 |
| 大面积压实填土 | 压实系数大于 0.95、黏粒含量 $\rho_c\geqslant10\%$ 的粉土 | 0 | 1.5 |
| | 最大干密度大于 2.1t/m$^3$ 的级配砂石 | 0 | 2.0 |
| 粉土 | 黏粒含量 $\rho_c\geqslant10\%$ 的粉土 | 0.3 | 1.5 |
| | 黏粒含量 $\rho_c<10\%$ 的粉土 | 0.5 | 2.0 |
| $e$ 及 $I_L$ 均小于 0.85 的黏性土 | | 0.3 | 1.6 |
| 粉砂、细砂（不包括很湿与饱和时的稍密状态） | | 2.0 | 3.0 |
| 中砂、粗砂、砾砂和碎石土 | | 3.0 | 4.4 |

注：1.强风化和全风化的岩石，可参照所风化形成的相应土类取值，其他状态下的岩石不修正。

2.地基承载力特征值按深层平板载荷试验确定时，$\eta_d$取0。

3.含水比$\alpha_w=w/w_L$。

4.大面积压实填土是指填土范围大于两倍基础宽度的填土。

【例7-9】 偏心距$e<0.1$m的条形基础底面宽$b$=3m，基础埋深$d$=1.5m，土层为粉质黏土，基础底面以上土层平均重度$\gamma_m$=18.5kN/m$^3$，基础底面以下土层重度$\gamma$=19kN/m$^3$，饱和重度$\gamma_{sat}$=20kN/m$^3$，内摩擦角$\varphi$=20°，内聚力$c$=10kPa，当地下水从基底下很深处上升至基底底面时，地基承载力特征值有何变化？

**解** 由题可知，$0.033b=0.099\approx0.1>e$，满足公式$f_a=M_b\gamma b+M_d\gamma_m d+M_c c_k$的使用范围，根据条件，查表7-12得$M_b$=0.51、$M_d$=3.06、$M_c$=5.66。当地下水位很深时，地基承载力特征值为：

$$f_a=M_b\gamma b+M_d\gamma_m d+M_c c_k=0.51\times19\times3+3.06\times18.5\times1.5+5.66\times10=170.6\text{（kPa）}$$

当地下水从基底下很深处上升至基底底面时，地基承载力特征值为：

$$f_a=M_b\gamma' b+M_d\gamma_m d+M_c c_k=0.51\times(20-10)\times3+3.06\times18.5\times1.5+5.66\times10=155.75\text{（kPa）}$$

【例7-10】 柱基底面尺寸为3.2m×3.6m，埋置深度2m。地下水位埋深为地面下1m，埋深范围内有两层土，其厚度分别为$h_1$=0.8m和$h_2$=1.2m，天然重度分别为$\gamma_1$=17kN/m$^3$和$\gamma_2$=18kN/m$^3$，基底持力层为黏土，天然重度为$\gamma_3$=19kN/m$^3$，天然孔隙比$e_0$=0.7，液性指数$I_L$=0.6，地基承载力特征值$f_{ak}$=280kPa，求修正后的地基承载力特征值。

**解** 由$e_0$=0.7和$I_L$=0.6查表7-13得，$\eta_b$=0.3，$\eta_d$=1.6。

平均重度：

$$\gamma_m=\frac{\sum_{i=1}^{n}\gamma_i h_i}{\sum_{i=1}^{n}h_i}=\frac{0.8\times17+0.2\times18+1\times8}{0.8+0.2+1}=12.6\text{（kN/m}^3\text{）}$$

$$\begin{aligned}f_a&=f_{ak}+\eta_b\gamma(b-3)+\eta_d\gamma_m(d-0.5)\\&=280+0.3\times(19-10)\times(3.2-3)+1.6\times12.6\times(2-0.5)=310.78\text{（kPa）}\end{aligned}$$

**2. 按标准贯入试验确定地基承载力**

标准贯入试验是用质量为63.5kg的穿心锤，以76cm的落距，将标准规格的贯入器自钻孔底部预打15cm，记录再打入30cm的锤击数。该方法适用于砂土、粉土、一般黏性土。

（1）标准贯入试验应符合下列规定。

① 标准贯入试验孔采用回转钻进，并保持孔内水位略高于地下水位。当孔壁不稳定时，可用泥浆护壁，钻至试验标高以上15cm处，清除孔底残土后再进行试验。

② 采用自动脱钩的自由落锤法进行锤击，并减小导向杆与锤间的摩阻力，避免锤击时的偏心和侧向晃动，保持贯入器、探杆、导向杆连接后的垂直度，锤击速率应不小于30击 /min。

③ 贯入器打入土中15cm后，开始记录每打入10cm的锤击数，累计打入30cm的锤击数为标准贯入试验锤击数$N$。当锤击数已达50击，而贯入深度未达30cm时，可记录50击的实际贯入深度，按下式换算成相当于贯入深度为30cm的标准贯入试验锤击数$N$，并终止试验。

$$N=30\times\frac{50}{\Delta S}\tag{7-43}$$

式中　$\Delta S$——50击时的贯入度，cm。

（2）根据标准贯入击数 $N_{63.5}$ 求地基的承载力。

① 太沙基和派克（R.Peek）公式

太沙基和派克在控制地基总沉降量不超过25cm的前提下，建议根据标准贯入击数用下列公式求地基的容许承载力。

当 $B\leqslant 1.3$m时，
$$f=\frac{N_{63.5}}{8} \tag{7-44}$$

当 $B>1.3$m时，
$$f=\frac{N_{63.5}}{12}\left(1+\frac{0.3}{B}\right) \tag{7-45}$$

② 梅耶霍夫公式

$$f=\frac{N_{63.5}}{12}\left(1+\frac{D}{B}\right) \tag{7-46}$$

式中　$D$——基础埋置深度，m。

## 小结

工程中土体发生破坏，都可归结为剪切破坏，根据土的强度规律（库仑公式、莫尔-库仑强度理论）可判定土体稳定情况。归纳莫尔-库仑强度理论，可以表述为如下三个要点。

① 剪切破裂面上，材料的抗剪强度是法向应力的函数，可表达为：

$$\tau_f=f(\sigma)$$

② 当法向应力不是很大时，抗剪强度可以简化为法向应力的线性函数，即表示为库仑公式：

$$\tau_f=c+\sigma\tan\varphi$$

③ 土单元体中，任何一个面上的剪应力大于该面上土体的抗剪强度，土单元体即发生剪切破坏，用莫尔-库仑理论的破坏准则表示，即为式（7-11）～式（7-14）的极限平衡条件。

土体的强度指标可通过试验测定。常见的剪切试验方法有直剪试验、三轴试验和十字剪试验，其中直剪试验有三种试验方法：快剪、慢剪、固结快剪。三轴试验有三种试验方法：不固结不排水剪试验、固结不排水剪试验、固结排水剪试验。

地基承载力的研究是土力学的主要课题之一，其确定是一个比较复杂的问题。有多种方法可确定地基承载力：载荷试验、理论公式和规范法。

① 载荷试验分为浅层载荷试验和深层载荷试验两种，通过载荷试验得到的承载力可能比实际要高些（主要原因是尺寸效应的影响），使用时要进行宽度修正。

② 临塑荷载和临界荷载适用于条形基础，若将它们近似用于矩形基础，其结果将偏于安全；地基极限承载力的计算，重点介绍了太沙基公式，由式 $p_u=\frac{1}{2}\gamma bN_\gamma+qN_q+cN_c$ 可知，土体的抗力由三部分组成：滑裂土体自重产生的摩擦力、基础两侧均布荷载产生的抗力、滑裂面上黏聚力产生的抗力，承载力系数 $N_\gamma$、$N_q$、$N_c$ 的大小取决于滑裂面的形状，而滑裂面的大小取决于内摩擦角 $\varphi$，因此三者都是内摩擦角 $\varphi$ 的函数。

③ 规范中给出的地基容许承载力表是大量实践经验经统计分析得到的，使用时可直接查表，但需注意确定地基容许承载力时，从表中查出的值需经公式修正。

## 能力训练

### 一、思考题

1. 说明在何种条件下采用固结排水剪、不固结不排水剪、固结不排水剪试验的强度指标进行设计？

2. 土体中发生剪切破坏的平面是不是剪应力最大的平面？在什么情况下，剪切破坏面与最大剪应力面是一致的？在一般情况下，剪切破坏面与大主应力面成什么角度？

3. 地基破坏形式有哪几种类型？各在什么情况下容易发生？

4. 什么是地基的极限荷载？常用的计算极限荷载的公式有哪些？地基的极限荷载是否可作为地基承载力？

5. 地基承载力与土的抗剪强度有何关系？

6. 地下水位的升降对地基承载力有什么影响？

7. 按条形基础推导的极限荷载计算公式，用于计算方形基础下的地基极限荷载，是偏于安全还是偏于危险？为什么？

### 二、习题

1. 某饱和土样，抗剪强度指标为 $c_u$=35kPa，$\varphi_u$=0°；$c_{cu}$=12.0kPa，$\varphi_{cu}$=12°；$c'$=3kPa，$\varphi'$=28°，求以下问题。

（1）若该土样在 $\sigma_3$=200kPa 作用下进行三轴固结不排水压缩试验，则破坏时 $\sigma_1$ 约为多少？

（2）在 $\sigma_3$=250kPa，$\sigma_1$=400kPa，$u$=160kPa 时，土样可能破裂面上的剪应力是多少？土样是否会破坏？并说明之。

2. 对某一黏土土样进行固结不排水剪切试验，施加围压 $\sigma_3$=200kPa，试件破坏时主应力差 $\sigma_1$-$\sigma_3$=280kPa，破坏面与水平面的夹角 $\alpha$=60°，求内摩擦角及破坏面上的法向应力和剪应力。

3. 某建筑物宽 6m，长 80m，埋深 2m，基底以上土的容重为 $\gamma$=18kN/m$^3$，基底以下土的容重为 $\gamma$=18.5kN/m$^3$，$\varphi$=18°，$c$=15kPa，用太沙基公式求极限承载力。如地下水位距地面 2m，此时土的 $w$=30%，相对密度为 2.7，$\varphi$、$c$ 不变，求极限承载力。

4. 一条形基础宽 $b$=3.0m，埋深 $d$=2.0m，地基土为砂土，其饱和容重 $\gamma$=21kN/m$^3$，$\varphi$=30°，地下水位与地面齐平，求：

（1）地基的极限荷载；

（2）埋深不变，宽度变为 6.0m 的极限荷载；

（3）宽度仍为 3.0m，埋深增至 4.0m 的极限荷载；

（4）从以上三种计算结果可看出什么问题？

5. 某一黏土层 $\gamma$=18.5kN/m$^3$，$\varphi$=15°，$c$=46kPa，欲在其上面建造建筑物，若基础为方形，$b$=2.0m，埋深 $d$=3.0m，试用太沙基方法确定地基承载力。

6. 圆形基础直径 10m，建在均质黏土地基上，埋深 2m，$\gamma$=18kN/m$^3$，$\varphi$=18°，$c$=20kPa，用太沙基公式求解极限承载力。如果地基是发生局部剪切破坏，极限承载力又是多少？

7. 条形基础如图 7-23 所示，已知粉质黏土的重度 $\gamma$=18kN/m$^3$，黏土层的重度 $\gamma$=19.8kN/m$^3$，$\varphi$=25°，$c$=15kPa，作用在基础底面的荷载为 250kPa，试求临塑荷载、临界荷载和用太沙基公式求极限荷载，并验算地基承载力是否满足要求（安全系数取 3）。

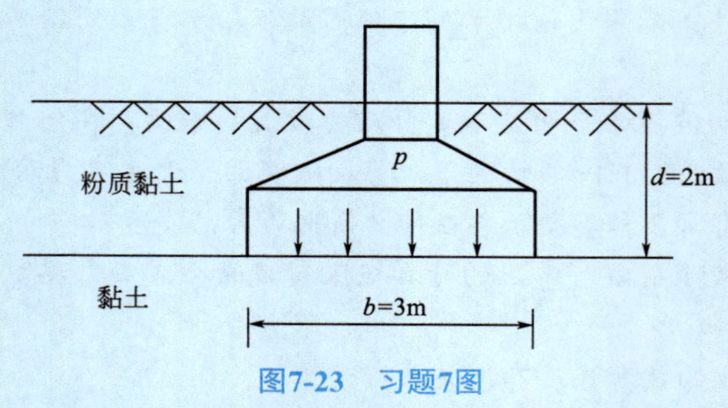


图7-23　习题7图

# 单元八

# 土压力与挡土墙

## 知识目标

了解静止土压力、主动土压力和被动土压力的定义、产生条件及其与墙身位移的关系。

掌握朗肯土压力理论和库仑土压力理论。

掌握车辆荷载引起的土压力相关理论。

了解挡土墙的类型。

熟悉重力式挡土墙的构造与计算。

## 能力目标

能够采用朗肯土压力理论计算挡土墙的土压力。

会初步设计重力式挡土墙。

在土木工程、水利工程、交通及路桥等工程中，挡土墙（也称挡土结构物）是一种常见构筑物，例如码头、隧道的侧墙、道路边坡的挡土墙、连接路堤与桥梁的桥台、地下室的外墙等，如图 8-1 所示。挡土墙的作用就是用来挡住墙后的填土并承受来自填土的压力，土体作用在挡土结构物上的压力称为土压力。土压力是进行挡土墙断面设计和稳定验算的重要荷载，因此设计挡土墙时需要确定土压力的性质、大小、方向和作用点。土压力的计算是一个比较复杂的问题，其值与挡土墙可能位移的方向、墙后填土的性质、墙背倾斜方向等因素有关。

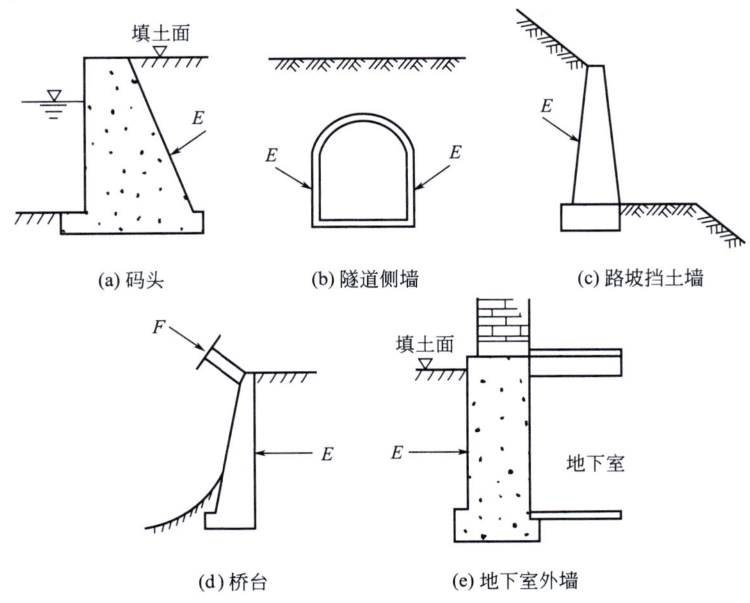


图8-1　挡土墙

土坡是岩石工程中常见的构筑物，它指的是具有倾斜坡面的土体。由于土坡表面倾斜，在本身自重及其他外力作用下，整个土体都有从高处向低处滑动的趋势。如果土体内部某一个面上的滑动力超过土体抵抗滑动的能力，就会发生滑坡。在工程建设中，常见的滑坡有两种类型：一种是天然土坡由于水流冲刷、地壳运动或人类活动破坏了它原来的地质条件而产生滑坡，通常采用地质条件对比法来衡量其稳定的程度；另一种是开挖或填筑的人工土坡，由于设计的坡度太陡或工作条件变化改变了土体内部的应力状态，使局部区域出现剪切破坏，发展成一条连贯的剪切破坏面，土体的稳定平衡状态遭到破坏，因而发生滑坡。本单元讨论的内容主要为上面第二种类型的土坡。土坡的坍塌常造成严重的工程事故，并危及人身安全，因此应验算土坡的稳定性并根据需要采取适当的工程措施加固土坡。

# 任务一　土压力理论

## 一、土压力的类型

挡土墙土压力的大小及其分布规律受到墙体可能的移动方向、墙后填土的种类、填土面的形式、墙的截面刚度和地基的变形等一系列因素的影响，但挡土墙的移动方向和位移量是计算中要考虑的主要因素。根据挡土墙相对土体的位移情况及墙后土体所处的应力状态，土压力可分为以下三种。

① 静止土压力　当挡土墙静止不动，在土压力的作用下不向任何方向发生移动，墙后土体处于弹性平衡状态时，该种情况下作用在挡土墙上的土压力称为静止土压力，一般用 $E_0$ 表示，如图 8-2（a）所示。地下室外墙（上部结构完工后）可视为受静止土压力的作用。

② 主动土压力　若挡土墙向离开土体方向偏移，墙后土压力逐渐减小，当挡土墙偏移至墙后土体达到极限平衡状态时，作用在挡土墙上的土压力称为主动土压力，一般用 $E_a$ 表示，如图 8-2（b）所示。

③ 被动土压力　若挡土墙在外力作用下向土体方向偏移，墙后土压力逐渐增大，当挡土墙偏移至土体达到极限平衡状态时，作用在挡土墙上的土压力称为被动土压力，一般用 $E_p$ 表示，如图 8-2（c）所示。桥台受到桥上荷载推向土体时，土对桥台产生的侧压力属被动土压力。

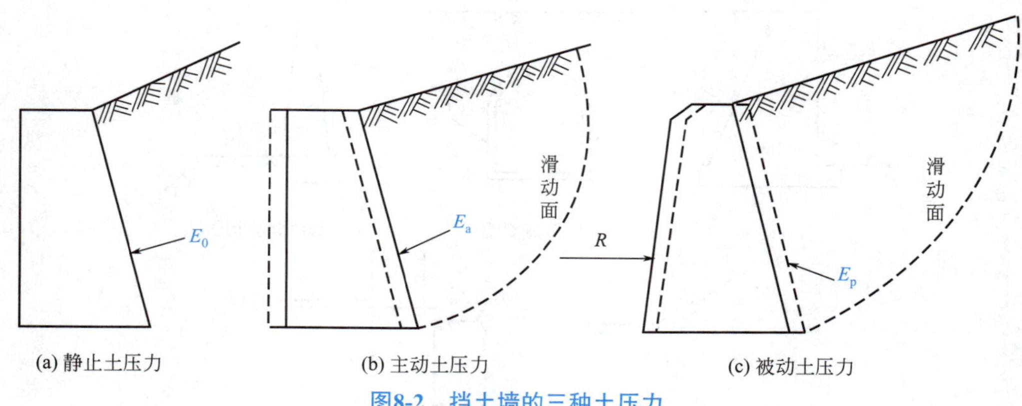


图8-2　挡土墙的三种土压力

上述三种土压力产生的条件及其与挡土墙位移的关系如图 8-3 所示。试验研究表明，在相同条件下，主动土压力小于静止土压力，而静止土压力又小于被动土压力，即有：

$$E_a < E_0 < E_p \quad (8\text{-}1)$$

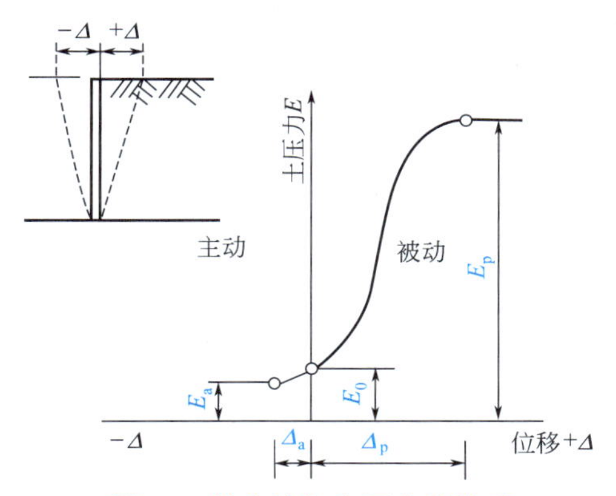


图8-3　挡土墙与土压力的关系

而且，产生主动土压力所需的挡土墙位移量 $\Delta_a$ 比产生被动土压力所需的挡土墙位移量 $\Delta_p$ 小得多。试验表明，产生被动土压力挡土墙的位移量为：当挡土墙墙后填土为密砂时，位移量 $\Delta$ 约为 $0.05H$（$H$ 为挡土墙高度）；当填土为密实黏性土时，$\Delta$ 约为 $0.1H$，如此大的位移量往往是工程结构所不能允许的。产生主动土压力所需挡土墙的位移量 $\Delta$ 较小，一般约为 $-0.001H \sim 0.005H$。

## 二、静止土压力

### 1. 静止土压力的计算公式

静止土压力只发生在挡土墙为刚性且墙体不发生任何位移的情况下。在实际工程中，作用在箱形基础侧墙或桥台上的土压力，可近似看作静止土压力。

由于墙静止不动，土体无侧向位移，因此可按水平向自重应力的计算公式来确定。若墙后填土为均质体，则单位面积上静止土压力为：

$$p_0 = K_0 \gamma z \quad (8\text{-}2)$$

式中　$K_0$——静止侧压力系数；

$\gamma$——土的重度，kN/m$^3$；

$z$——土压力计算点的深度，m。

由式（8-2）可以看出，静止土压力的大小沿深度呈线性变化趋势，其分布规律如图 8-4 所示，每延米总的静止土压力合力大小为：

$$E_0 = \frac{1}{2} K_0 \gamma H^2 \quad (8\text{-}3)$$

式中　$H$——墙高，合力的作用点位于离墙脚$H/3$处。

### 2. 静止土压力系数 $K_0$ 的确定

静止土压力计算的关键是静止侧压力系数 $K_0$ 的确定。$K_0$ 可由室内的或现场的静止侧压力试验来测定。对于砂或正常固结黏土，也可根据 $\varphi'$ 近似确定：

$$K_0 = 1 - \sin\varphi' \quad (8\text{-}4)$$

式中　$\varphi'$——填土的有效内摩擦角。

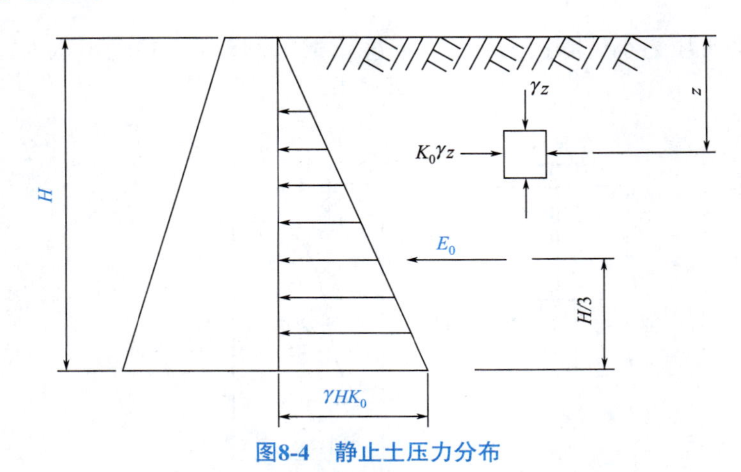

图8-4　静止土压力分布

几种典型土的 $K_0$ 值也可按表 8-1 来估算。

表8-1　静止土压力系数$K_0$值

| 土的名称 | $K_0$ | 土的名称 | $K_0$ |
|---|---|---|---|
| 砾石、卵石 | 0.20 | 粉质黏土 | 0.45 |
| 砂土 | 0.25 | 黏土 | 0.55 |
| 粉土 | 0.35 | | |

# 任务二　朗肯土压力理论

## 一、基本假定及适用条件

1857 年，朗肯（Rankine）提出朗肯土压力理论。朗肯土压力理论认为当墙后填土达到极限平衡状态时，与墙背接触的任意一土单元体都处于极限平衡状态，然后根据土单元体处于极限平衡状态时应力所满足的条件建立土压力的计算公式。

朗肯土压力理论的基本假设为：①挡土墙是无限均质土体的一部分；②墙背垂直光滑；③墙后填土面是水平的。采用这样的假定，目的是使墙后土单元体在水平方向和竖直方向为主应力方向，墙后深度为 $z$ 处的土单元体所受的应力如图 8-5（a）所示。

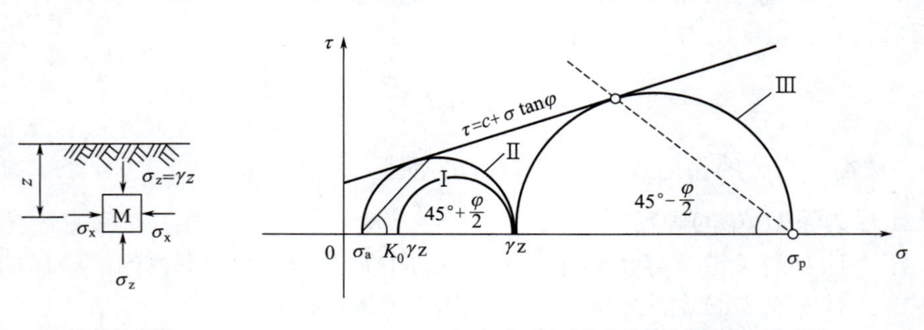

(a) 单元土体　　(b) 主动、被动朗肯状态的莫尔应力圆表示

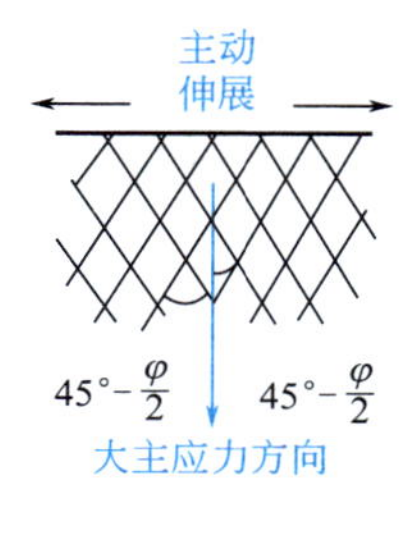


(c) 主动朗肯状态

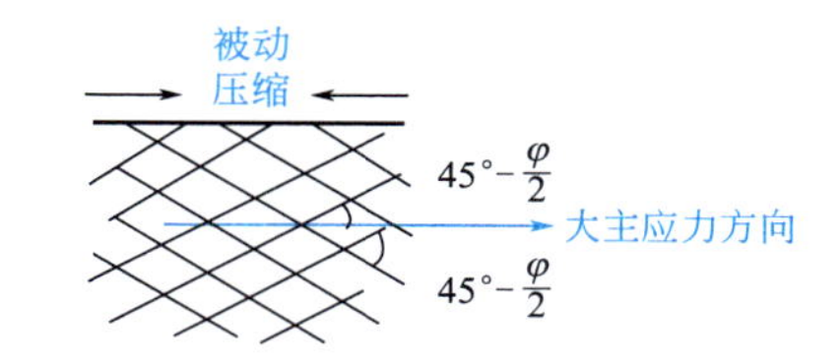


(d) 被动朗肯状态

图8-5　半无限土体的极限平衡状态

如果挡土墙不发生位移，墙后土单元体所处的应力状态可以用图 8-5（b）中的莫尔应力圆Ⅰ表示，此时 $\sigma_1=\sigma_z$，$\sigma_3=\sigma_x=K_0\sigma_z$；如果墙体向离开填土的方向移动时，随着位移量的增加，竖向应力 $\sigma_z$（$\sigma_1$）保持不变，水平向应力 $\sigma_x$（$\sigma_3$）则逐渐减小，当应力圆增大到与强度包线相切（图 8-5 中的应力圆Ⅱ）时，该单元体达到主动极限平衡状态，作用在墙上的土压力（即主动土压力）大小等于该单元体的最小水平应力值 $\sigma_{x\min}$（最小主应力 $\sigma_3$）；反之，如果墙体向填土方向移动使土体挤压时，随着位移量的增加，竖向应力 $\sigma_z$ 保持不变，水平向应力 $\sigma_x$ 逐渐增加，并且大、小主应力的方向发生改变，$\sigma_z$ 由 $\sigma_1$ 转变成 $\sigma_3$，$\sigma_x$ 由 $\sigma_3$ 转变成 $\sigma_1$，当应力圆增大到与强度包线相切（图 8-5 中的应力圆Ⅲ）时，该单元体达到被动极限平衡状态，作用在墙上的土压力（即被动土压力）大小就等于该单元体的最大水平应力值 $\sigma_{x\max}$（最大主应力 $\sigma_1$）。

当土体处于主动朗肯状态时，大主应力所作用的面是水平面，故剪切破坏面与竖直面的夹角为（45°−φ/2）[图 8-5（c）]；当土体处于被动朗肯状态时，大主应力的作用面是竖直面，故剪切面与水平面的夹角为（45°−φ/2）[图 8-5（d）]。

## 二、朗肯主动土压力计算

由单元七中土的抗剪强度理论可知：当土体中某点处于极限平衡状态时，其大主应力 $\sigma_1$ 与小主应力 $\sigma_3$ 之间满足以下极限平衡条件。

黏性土：

$$\sigma_1=\sigma_3\tan^2\left(45°+\frac{\varphi}{2}\right)+2c\tan\left(45°+\frac{\varphi}{2}\right) \tag{8-5}$$

或

$$\sigma3=\sigma1\tan2\left(45°-\frac{\varphi}{2}\right)-2c\tan\left(45°-\frac{\varphi}{2}\right) \tag{8-6}$$

无黏性土：

$$\sigma_1=\sigma_3\tan^2\left(45°+\frac{\varphi}{2}\right) \tag{8-7}$$

或

$$\sigma3=\sigma1\tan2\left(45°-\frac{\varphi}{2}\right) \tag{8-8}$$

如图 8-6 所示挡土墙，如墙体向偏离土体方向移动，直到墙后土体达到主动朗肯状态，作用在挡土墙上的土压力强度 $p_a=\sigma_3$，由式（8-6）和式（8-8）可得朗肯主动土压力强度计算公式如下。

黏性土：

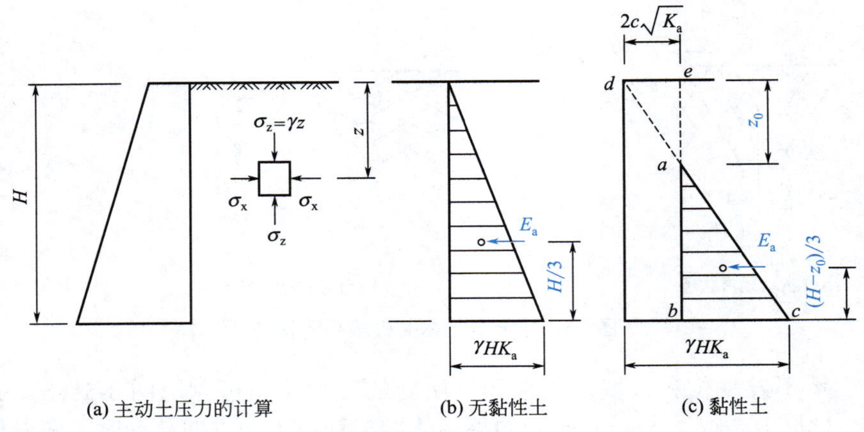


图8-6　主动土压力强度分布图

$$p_a=\gamma z\tan^2\left(45°-\frac{\varphi}{2}\right)-2c\tan\left(45°-\frac{\varphi}{2}\right) \tag{8-9}$$

或
$$p_a=\gamma zK_a-2c\sqrt{K_a} \tag{8-10}$$

无黏性土：

$$p_a=\gamma z\tan^2\left(45°-\frac{\varphi}{2}\right) \tag{8-11}$$

或
$$p_a=\gamma zK_a \tag{8-12}$$

式中　$K_a$——主动土压力系数，$K_a=\tan^2\left(45°-\frac{\varphi}{2}\right)$；

$\gamma$——墙后填土重度，kN/m$^3$，地下水位以下用有效重度；

$c$——填土的黏聚力，kPa；

$\varphi$——填土的内摩擦角，(°)；

$z$——计算点离填土面的深度，m。

由式（8-12）可知：无黏性土的主动土压力强度与 $z$ 成正比，即沿墙高呈三角形分布，如图 8-6（b）所示，作用于单位墙长上主动土压力的合力 $E_a$ 为该三角形的面积，即

$$E_a=\frac{1}{2}\gamma H^2K_a=\frac{1}{2}\gamma H^2\tan^2\left(45°-\frac{\varphi}{2}\right) \tag{8-13}$$

$E_a$通过该三角形的形心，在距墙底$H/3$处，作用方向水平。

由式（8-10）可知，黏性土的主动土压力强度包括两部分：一部分是由土自重引起的土压力 $\gamma zK_a$，另一部分是由黏聚力 $c$ 引起的负侧压力 $2c\sqrt{K_a}$，这两部分土压力叠加的结果如图 8-6（c）所示，其中 $ade$ 部分是负侧压力，对墙背是拉力，实际上墙与土在很小的拉力作用下就会分离，故在计算土压力时，这部分应略去不计，因此黏性土的土压力分布仅是 $abc$ 部分。

$a$ 点离地面的深度 $z_0$ 常称为临界深度，可令式（8-10）为零求得，即：

$$p_a=\gamma zK_a-2c\sqrt{K_a}=0$$

得
$$z_0=\frac{2c}{\gamma\sqrt{K_a}} \tag{8-14}$$

作用于单位墙长上主动土压力的合力为：

$$E_a=\frac{1}{2}(H-z_0)(\gamma HK_a-2c\sqrt{K_a})=\frac{1}{2}\gamma H^2K_a-2cH\sqrt{K_a}+\frac{2c^2}{\gamma} \tag{8-15}$$

$E_a$通过三角形$abc$的形心，在距墙底（$H-z_0$）/3处，作用方向水平。

## 三、朗肯被动土压力计算

当墙体在外荷载作用下向土体方向产生位移时［图 8-7（a）］，填土中任意深度一点的竖向应力 $\sigma_z$ 不变，而水平向应力 $\sigma_x$ 却逐渐增大，直至出现被动朗肯状态。此时，$\sigma_x$ 达到最大限值 $p_p$，即为被动土压力强度，也是最大主应力 $\sigma_1$，而 $\sigma_z$ 则是小主应力 $\sigma_3$。由式（8-5）和式（8-7）可得被动土压力强度计算公式。

黏性土：

$$p_p=\gamma zK_p+2c\sqrt{K_p} \tag{8-16}$$

无黏性土：

$$p_p=\gamma zK_p \tag{8-17}$$

式中　$K_p$——被动土压力系数，$K_p=\tan^2\left(45°+\frac{\varphi}{2}\right)$。

其余符号同前。

由式（8-16）和式（8-17）可知，黏性土的被动土压力强度沿墙高呈梯形分布［图 8-7（c）］，无黏性土的被动土压力强度沿墙高呈三角形分布［图 8-7（b）］，单位墙长被动土压力合力如下。

黏性土：

$$E_p=\frac{1}{2}\gamma H^2K_p+2cH\sqrt{K_p} \tag{8-18}$$

无黏性土：

$$E_p=\frac{1}{2}\gamma H^2K_p \tag{8-19}$$

$E_p$为通过梯形或三角形土压力分布图的形心，且作用方向水平。

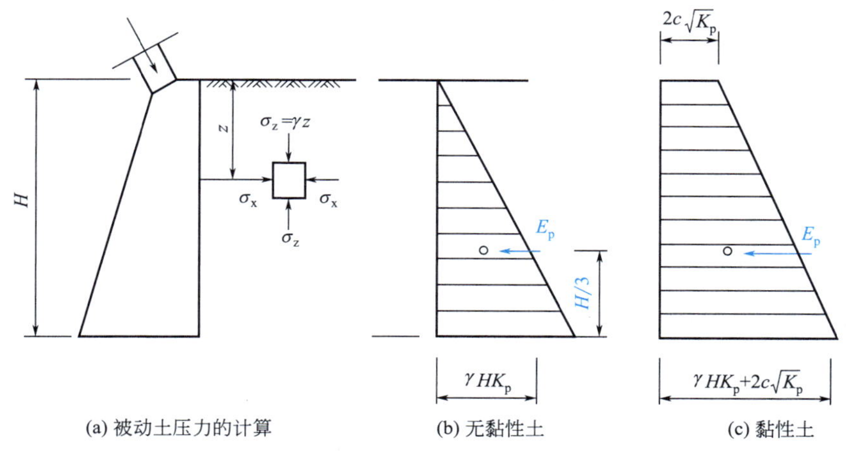


图8-7　被动土压力的计算

由以上朗肯土压力公式可知：只要掌握了黏性土土压力强度计算公式［式（8-10）及式（8-16)］，无黏性土土压力强度计算公式可令其中 $c=0$ 而得出。如果要计算作用于挡土墙墙背上的土压力合力 $E_a$ 或 $E_p$，可首先根据土压力强度计算公式求得作用于墙背上土压力强度分布图，然后求出该分布图的面积即为 $E_a$ 或 $E_p$。

【例8-1】 某挡土墙高6m，墙背直立、光滑，填土面水平。填土的物理力学性质指标为：$\gamma=18\text{kN/m}^3$，$\varphi=20°$，$c=10\text{kPa}$。试求主动土压力合力及其作用点，并绘出主动土压力强度分布图。

解 主动土压力系数 $K_a=\tan^2(45°-\dfrac{\varphi}{2})=\tan^2 35°=0.49$，$\sqrt{K_a}=0.7$。

由式（8-10）可得以下结论。

墙顶：

$$p_a=\gamma z K_a-2c\sqrt{K_a}=-2c\sqrt{K_a}=-2\times10\times0.7=-14\ (\text{kPa})$$

墙底：

$$p_a=\gamma z K_a-2c\sqrt{K_a}=18\times6\times0.49-2\times10\times0.7=38.92\ (\text{kPa})$$

临界深度：

$$z_0=\frac{2c}{\gamma\sqrt{K_a}}=\frac{2\times10}{18\times0.7}=1.59\ (\text{m})$$

据此可绘出墙背上土压力分布图，如图 8-8 所示。

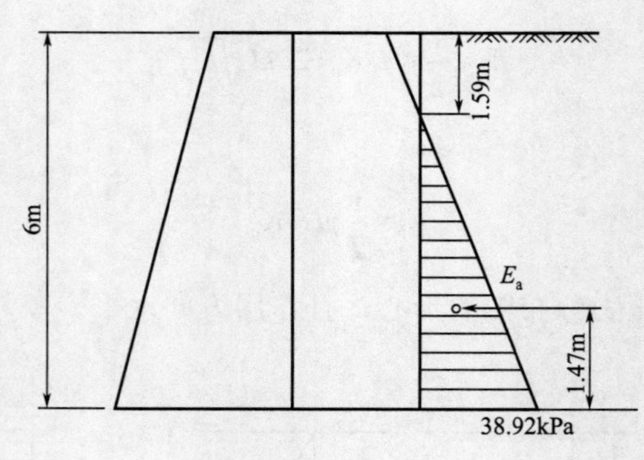


图8-8 【例8-1】图

土压力合力即为其应力分布图的面积，即：

$$E_a=\frac{1}{2}\times38.92\times(6-1.59)=85.82\ (\text{kN/m})$$

$E_a$ 的作用点距墙底的距离为：

$$\frac{H-z_0}{3}=\frac{6-1.59}{3}=1.47\ (\text{m})$$

其作用方向水平。当然 $E_a$ 也可按式（8-15）直接计算。

# 任务三　库仑土压力理论

## 一、基本假定及适用条件

朗肯土压力理论是以土单元体的极限平衡条件来建立主动和被动土压力计算公式的。库仑土压力理论则是根据墙后土体处于极限平衡状态并形成一个滑动楔体时，由楔体的静力平衡条件得出的土压力计算理论。

库仑土压力理论的基本假定是：①挡土墙是刚性的，墙后的填土是理想的散粒体（即黏聚力 $c$=0）；②当墙身向前或向后移动以产生主动土压力或被动土压力时的滑动楔体是沿着墙背和一个通过墙踵的平面发生滑动；③滑动土楔体可视为刚体。

挡土墙土压力的计算，一般作为平面问题考虑，故在下述讨论中仍均沿墙的长度方向取单位长度（1m）进行分析。

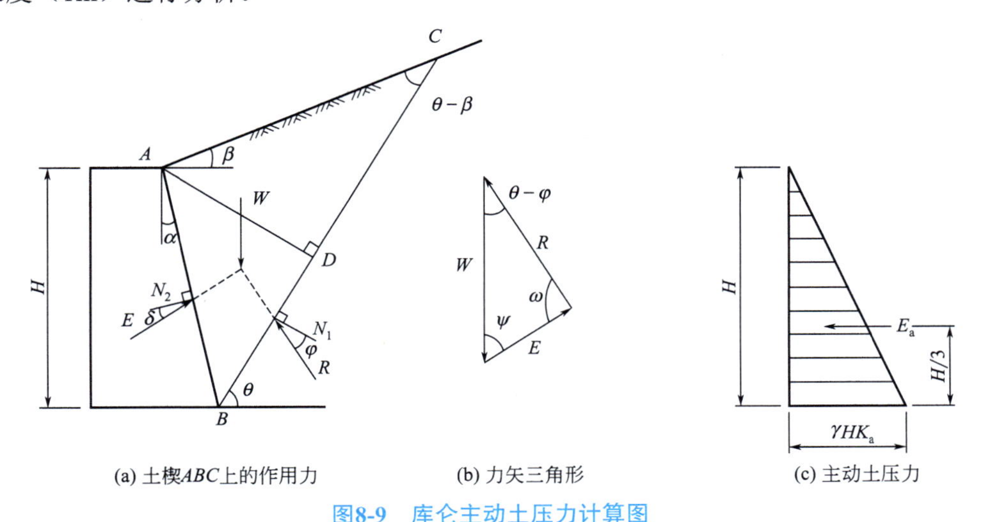


(a) 土楔ABC上的作用力　(b) 力矢三角形　(c) 主动土压力

图8-9　库仑主动土压力计算图

## 二、库仑主动土压力计算

如图 8-9（a）所示为一个挡土墙，墙背俯斜，与竖直线夹角为 $\alpha$，填土表面与水平面夹角为 $\beta$，墙背与土体的摩擦角为 $\delta$。在土压力作用下，如挡土墙向离开土体方向平移或转动而使其后土体达到极限平衡状态，则土体将沿着破裂面 $BC$ 与墙背 $AB$ 形成一个滑动土楔体 $ABC$，破裂面 $BC$ 与水平面的夹角为 $\theta$。取单位墙长，则作用于滑动土楔体 $ABC$ 上的力有：

① 土楔体的自重 $W$，其等于三角形土楔体 $ABC$ 的面积乘以土的重度 $\gamma$，作用方向竖直向下；

② 破裂面 $BC$ 上的反力 $R$，该力为滑裂面上的切向摩擦力与法向反力的合力，其大小未知，它与破裂面 $BC$ 的法线之间的夹角等于土的内摩擦角 $\varphi$，并位于法线下侧；

③ 墙背对土楔体的反力 $E$，即为墙背对土楔体的切向摩擦力与法向反力的合力，该力的方向与墙背的法线成 $\delta$ 角，$\delta$ 角为墙背与填土之间的摩擦角（或称为外摩擦角），并位于该法线的下侧，与反力 $E$ 大小相等、方向相反的作用力就是墙背上的土压力。

土楔体在以上三力作用下处于静力平衡状态，因此必构成一个闭合的力矢三角形，如图 8-9（b）所示，按正弦定律可得：

$$E=W\frac{\sin(\theta-\varphi)}{\sin[180°-(\theta-\varphi+\psi)]}=W\frac{\sin(\theta-\varphi)}{\sin(\theta-\varphi+\psi)} \tag{8-20}$$

式中，$\psi=90°-\alpha-\delta$。

土楔自重：

$$W=S_{\mathrm{ABC}}\gamma=\frac{1}{2}\overline{BC}\ \overline{AD}\gamma \tag{8-21}$$

在三角形 $ABC$ 中，由正弦定理可得：

$$\overline{BC}=\overline{AB}\frac{\sin(90°-\alpha+\beta)}{\sin(\theta-\beta)}=H\frac{\cos(\alpha-\beta)}{\cos\alpha\sin(\theta-\beta)} \tag{8-22}$$

由直角三角形 $ADB$ 可得：

$$\overline{AD}=\overline{AB}\cos(\theta-\alpha)=H\frac{\cos(\theta-\alpha)}{\cos\alpha} \tag{8-23}$$

将式（8-22）和式（8-23）代入式（8-21），再将式（8-21）代入式（8-20）可得：

$$E=\frac{1}{2}\gamma H^2\frac{\cos(\alpha-\beta)\cos(\theta-\alpha)\sin(\theta-\varphi)}{\cos^2\alpha\sin(\theta-\beta)\sin(\theta-\varphi+\psi)} \tag{8-24}$$

式（8-24）中，当其他参数给定时，$E$ 只是 $\theta$ 的函数，即 $E=f(\theta)$。由不同的 $\theta$ 值，可得到不同的 $E$ 值，$E$ 的最大值即为墙背的主动土压力值，其对应的 $\theta$ 值为真正滑裂面的倾角。为此，可令 $\frac{\mathrm{d}E}{\mathrm{d}\theta}=0$，求得 $\theta$ 值后，再代回式（8-24），即得作用于墙背上主动土压力的合力为：

$$E_{\mathrm{a}}=\frac{1}{2}\gamma H^2K_{\mathrm{a}} \tag{8-25}$$

其中：

$$K_{\mathrm{a}}=\frac{\cos^2(\varphi-\alpha)}{\cos^2\alpha\cos(\alpha+\delta)\left[1+\sqrt{\frac{\sin(\varphi+\delta)\sin(\varphi-\beta)}{\cos(\alpha+\delta)\cos(\alpha-\beta)}}\right]^2} \tag{8-26}$$

式中 $K_{\mathrm{a}}$——库仑主动土压力系数，可按式（8-26）计算或查表8-2确定；

$\gamma$，$\varphi$——填土的重度和内摩擦角；

$\alpha$——墙背与竖直线之间的夹角，以竖直线为准，逆时针为正，也称俯斜［图 8-9（a）］，顺时针为负，也称仰斜；

$\beta$——墙后填土的倾角，水平面以上为正，水平面以下为负；

$\delta$——墙背与填土之间的摩擦角，可由试验确定，当无试验资料时，也可按表 8-3 取值。

表8-2 库仑主动土压力系数表

| δ/(°) | α/(°) | β/(°) | φ/(°) | | | | | | | |
|---|---|---|---|---|---|---|---|---|---|---|
| | | | 15 | 20 | 25 | 30 | 35 | 40 | 45 | 50 |
| 0 | 0 | 0 | 0.589 | 0.490 | 0.406 | 0.333 | 0.271 | 0.217 | 0.172 | 0.132 |
| | | 10 | 0.704 | 0.569 | 0.462 | 0.374 | 0.300 | 0.238 | 0.186 | 0.142 |
| | | 20 | | 0.883 | 0.573 | 0.441 | 0.344 | 0.267 | 0.204 | 0.154 |
| | | 30 | | | | 0.750 | 0.436 | 0.318 | 0.235 | 0.172 |

续表

| δ/(°) | α/(°) | β/(°) | φ/(°) | | | | | | | |
|---|---|---|---|---|---|---|---|---|---|---|
| | | | 15 | 20 | 25 | 30 | 35 | 40 | 45 | 50 |
| 0 | 10 | 0 | 0.652 | 0.560 | 0.478 | 0.407 | 0.343 | 0.288 | 0.238 | 0.194 |
| | | 10 | 0.784 | 0.655 | 0.550 | 0.461 | 0.384 | 0.318 | 0.261 | 0.211 |
| | | 20 | | 1.015 | 0.685 | 0.548 | 0.444 | 0.360 | 0.291 | 0.231 |
| | | 30 | | | | 0.925 | 0.566 | 0.433 | 0.337 | 0.262 |
| | 20 | 0 | 0.736 | 0.648 | 0.569 | 0.498 | 0.434 | 0.375 | 0.322 | 0.274 |
| | | 10 | 0.896 | 0.768 | 0.663 | 0.572 | 0.492 | 0.421 | 0.358 | 0.302 |
| | | 20 | | 1.205 | 2.834 | 0.688 | 0.576 | 0.484 | 0.405 | 0.337 |
| | | 30 | | | | 1.169 | 0.740 | 0.586 | 0.474 | 0.385 |
| | -10 | 0 | 0.540 | 0.433 | 0.344 | 0.270 | 0.209 | 0.158 | 0.117 | 0.083 |
| | | 10 | 0.644 | 0.500 | 0.389 | 0.301 | 0.229 | 0.171 | 0.125 | 0.088 |
| | | 20 | | 0.785 | 0.482 | 0.353 | 0.261 | 0.190 | 0.136 | 0.094 |
| | | 30 | | | | 0.614 | 0.331 | 0.226 | 0.155 | 0.104 |
| | -20 | 0 | 0.497 | 0.380 | 0.287 | 0.212 | 0.153 | 0.106 | 0.070 | 0.043 |
| | | 10 | 0.595 | 0.439 | 0.323 | 0.234 | 0.166 | 0.114 | 0.074 | 0.045 |
| | | 20 | | 0.707 | 0.401 | 0.274 | 0.188 | 0.125 | 0.080 | 0.047 |
| | | 30 | | | | 0.498 | 0.239 | 0.147 | 0.090 | 0.051 |
| 10 | 0 | 0 | 0.533 | 0.447 | 0.373 | 0.309 | 0.253 | 0.204 | 0.163 | 0.127 |
| | | 10 | 0.664 | 0.531 | 0.431 | 0.350 | 0.282 | 0.225 | 0.177 | 0.136 |
| | | 20 | | 0.897 | 0.549 | 0.420 | 0.326 | 0.254 | 0.195 | 0.148 |
| | | 30 | | | | 0.762 | 0.423 | 0.306 | 0.226 | 0.166 |
| | 10 | 0 | 0.603 | 0.520 | 0.448 | 0.384 | 0.326 | 0.275 | 0.230 | 0.189 |
| | | 10 | 0.759 | 0.626 | 0.524 | 0.440 | 0.369 | 0.307 | 0.253 | 0.206 |
| | | 20 | | 1.064 | 0.674 | 0.534 | 0.432 | 0.351 | 0.284 | 0.227 |
| | | 30 | | | | 0.969 | 0.564 | 0.427 | 0.332 | 0.258 |
| | 20 | 0 | 0.659 | 0.615 | 0.543 | 0.478 | 0.419 | 0.365 | 0.316 | 0.271 |
| | | 10 | 0.890 | 0.752 | 0.646 | 0.558 | 0.482 | 0.414 | 0.354 | 0.300 |
| | | 20 | | 1.308 | 0.844 | 0.687 | 0.573 | 0.481 | 0.403 | 0.337 |
| | | 30 | | | | 1.268 | 0.758 | 0.594 | 0.478 | 0.388 |
| | -10 | 0 | 0.477 | 0.385 | 0.309 | 0.245 | 0.191 | 0.146 | 0.106 | 0.078 |
| | | 10 | 0.590 | 0.455 | 0.354 | 0.275 | 0.211 | 0.159 | 0.116 | 0.082 |
| | | 20 | | 0.773 | 0.450 | 0.328 | 0.242 | 0.177 | 0.127 | 0.088 |
| | | 30 | | | | 0.605 | 0.313 | 0.212 | 0.146 | 0.098 |
| | -20 | 0 | 0.427 | 0.330 | 0.252 | 0.188 | 0.137 | 0.096 | 0.064 | 0.039 |
| | | 10 | 0.529 | 0.388 | 0.286 | 0.209 | 0.149 | 0.103 | 0.068 | 0.041 |
| | | 20 | | 0.675 | 0.364 | 0.248 | 0.170 | 0.114 | 0.073 | 0.044 |
| | | 30 | | | | 0.475 | 0.220 | 0.135 | 0.082 | 0.047 |
| 15 | 0 | 0 | 0.518 | 0.434 | 0.363 | 0.301 | 0.248 | 0.201 | 0.160 | 0.125 |
| | | 10 | 0.656 | 0.522 | 0.423 | 0.343 | 0.277 | 0.222 | 0.174 | 0.135 |
| | | 20 | | 0.914 | 0.546 | 0.415 | 0.323 | 0.251 | 0.194 | 0.147 |
| | | 30 | | | | 0.777 | 0.422 | 0.305 | 0.225 | 0.165 |
| | 10 | 0 | 0.592 | 0.511 | 0.441 | 0.378 | 0.323 | 0.273 | 0.228 | 0.189 |
| | | 10 | 0.076 | 0.623 | 0.520 | 0.437 | 0.366 | 0.305 | 0.252 | 0.206 |
| | | 20 | | 1.103 | 0.679 | 0.535 | 0.432 | 0.351 | 0.284 | 0.228 |
| | | 30 | | | | 1.005 | 0.571 | 0.430 | 0.334 | 0.260 |

续表

| δ/(°) | α/(°) | β/(°) | φ/(°) | | | | | | | |
|---|---|---|---|---|---|---|---|---|---|---|
| | | | 15 | 20 | 25 | 30 | 35 | 40 | 45 | 50 |
| 15 | 20 | 0 | 0.690 | 0.611 | 0.540 | 0.476 | 0.419 | 0.366 | 0.317 | 0.273 |
| | | 10 | 0.904 | 0.757 | 0.649 | 0.560 | 0.484 | 0.416 | 0.357 | 0.303 |
| | | 20 | | 1.383 | 0.862 | 0.697 | 0.579 | 0.486 | 0.408 | 0.341 |
| | | 30 | | | | 1.341 | 0.778 | 0.606 | 0.487 | 0.395 |
| | -10 | 0 | 0.458 | 0.371 | 0.298 | 0.237 | 0.186 | 0.142 | 0.106 | 0.076 |
| | | 10 | 0.576 | 0.442 | 0.344 | 0.267 | 0.205 | 0.155 | 0.114 | 0.081 |
| | | 20 | | 0.776 | 0.441 | 0.320 | 0.237 | 0.174 | 0.125 | 0.087 |
| | | 30 | | | | 0.607 | 0.308 | 0.209 | 0.143 | 0.097 |
| | -20 | 0 | 0.405 | 0.314 | 0.240 | 0.180 | 0.132 | 0.093 | 0.062 | 0.038 |
| | | 10 | 0.509 | 0.372 | 0.275 | 0.201 | 0.144 | 0.100 | 0.066 | 0.040 |
| | | 20 | | 0.667 | 0.352 | 0.239 | 0.164 | 0.110 | 0.071 | 0.042 |
| | | 30 | | | | 0.470 | 0.214 | 0.131 | 0.080 | 0.046 |
| 20 | 0 | 0 | | | 0.357 | 0.297 | 0.245 | 0.199 | 0.160 | 0.125 |
| | | 10 | | | 0.419 | 0.340 | 0.275 | 0.220 | 0.174 | 0.135 |
| | | 20 | | | 0.547 | 0.414 | 0.322 | 0.251 | 0.193 | 0.147 |
| | | 30 | | | | 0.798 | 0.425 | 0.306 | 0.225 | 0.166 |
| | 10 | 0 | | | 0.438 | 0.377 | 0.322 | 0.273 | 0.229 | 0.190 |
| | | 10 | | | 0.521 | 0.438 | 0.367 | 0.306 | 0.254 | 0.208 |
| | | 20 | | | 0.690 | 0.540 | 0.436 | 0.354 | 0.286 | 0.230 |
| | | 30 | | | | 1.051 | 0.582 | 0.437 | 0.338 | 0.264 |
| | 20 | 0 | | | 0.543 | 0.479 | 0.422 | 0.370 | 0.321 | 0.277 |
| | | 10 | | | 0.659 | 0.568 | 0.490 | 0.423 | 0.363 | 0.309 |
| | | 20 | | | 0.891 | 0.715 | 0.592 | 0.496 | 0.417 | 0.349 |
| | | 30 | | | | 1.434 | 0.807 | 0.624 | 0.501 | 0.406 |
| | -10 | 0 | | | 0.291 | 0.232 | 0.182 | 0.140 | 0.105 | 0.076 |
| | | 10 | | | 0.337 | 0.262 | 0.202 | 0.153 | 0.113 | 0.080 |
| | | 20 | | | 0.437 | 0.316 | 0.233 | 0.171 | 0.124 | 0.086 |
| | | 30 | | | | 0.614 | 0.306 | 0.207 | 0.142 | 0.096 |
| | -20 | 0 | | | 0.231 | 0.174 | 0.128 | 0.090 | 0.061 | 0.038 |
| | | 10 | | | 0.266 | 0.195 | 0.140 | 0.097 | 0.064 | 0.039 |
| | | 20 | | | 0.344 | 0.233 | 0.160 | 0.108 | 0.069 | 0.042 |
| | | 30 | | | | 0.468 | 0.210 | 0.129 | 0.079 | 0.045 |

表8-3 土对挡土墙背的摩擦角

| 挡土墙情况 | 摩擦角 δ | 挡土墙情况 | 摩擦角 δ |
|---|---|---|---|
| 墙背平滑、排水良好 | $(0\sim0.33)\varphi$ | 墙背很粗糙、排水良好 | $(0.5\sim0.67)\varphi$ |
| 墙背粗糙、排水良好 | $(0.33\sim0.5)\varphi$ | 墙背与填土间不可能滑动 | $(0.67\sim1.0)\varphi$ |

当墙背垂直（$\alpha=0$）、光滑（$\delta=0$），填土面水平（$\beta=0$）时，式（8-25）可写为：

$$E_a=\frac{1}{2}\gamma H^2\tan^2\left(45°-\frac{\varphi}{2}\right)$$

可见，在上述条件下，库仑主动土压力公式与朗肯主动土压力公式相同。由此可见，朗肯土压力理论是库仑土压力理论的特殊情况。在公路工程中，挡土墙后的填土一般是水平的，即 $\beta=0$，可得破裂角如下。

① 当墙背俯斜时（即 $\alpha>0$）

$$\cot\theta=-\tan(\varphi+\delta+\alpha)+\sqrt{[\cot\varphi+\tan(\varphi+\delta+\alpha)][\tan(\varphi+\delta+\alpha)-\tan\alpha]} \tag{8-27}$$

② 当墙背仰斜时（即 $\alpha<0$）

$$\cot\theta=-\tan(\varphi+\delta-\alpha)+\sqrt{[\cot\varphi+\tan(\varphi+\delta+\alpha)][\tan(\varphi+\delta-\alpha)+\tan\alpha]} \tag{8-28}$$

③ 当墙背垂直时（即 $\alpha=0$）

$$\cot\theta=-\tan(\varphi+\delta)+\sqrt{\tan(\varphi+\delta)[\cot\varphi+\tan(\varphi+\delta)]} \tag{8-29}$$

由式（8-25）可知，主动土压力 $E_a$ 与墙高的平方成正比，为求得离墙顶为任意深度 $z$ 处的主动土压力强度 $p_a$，可将 $E_a$ 对 $z$ 取导数，即：

$$p_a=\frac{dE_a}{dz}=\frac{d}{dz}\left(\frac{1}{2}\gamma z^2K_a\right)=\gamma zK_a \tag{8-30}$$

由式（8-30）可见，主动土压力强度沿墙高呈三角形分布，如图 8-9（c）所示。主动土压力的作用点在离墙底 $H/3$ 处，方向与墙背法线的夹角为 $\delta$。必须注意，在图 8-9（c）中所示的土压力分布图只表示其大小，而不代表其作用方向。

## 三、库仑被动土压力计算

挡土墙在外力作用下向填土方向移动或转动，如图 8-10 所示，直至墙后土体达到极限平衡状态而沿破裂面 $BC$ 向上移动，此时作用于滑动土楔体上的力仍为三个：即土楔体 $ABC$ 自重 $W$；滑裂面 $BC$ 上的反力 $R$，其作用方向在 $BC$ 面法线的上方；墙背 $AB$ 对土楔体的反力 $E$，作用方向也在墙背法线的上方。由三力的静力平衡，按照与求主动土压力相同的方法，可得库仑被动土压力计算公式为：

$$E_p=\frac{1}{2}\gamma H^2K_p \tag{8-31}$$

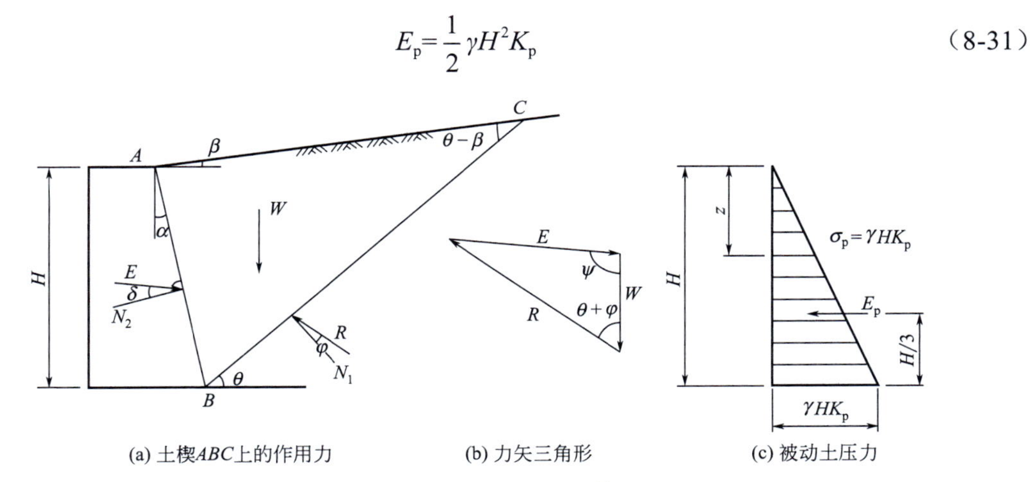


图8-10　库仑被动土压力计算图

其中：

$$K_p=\frac{\cos^2(\varphi+\alpha)}{\cos^2\alpha\cos(\alpha-\delta)\left[1-\sqrt{\frac{\sin(\varphi+\delta)\sin(\varphi+\beta)}{\cos(\alpha-\delta)\cos(\alpha-\beta)}}\right]^2} \tag{8-32}$$

式中　$K_p$——被动土压力系数。

其余符号同前。

当墙背垂直（$\alpha$=0）、光滑（$\delta$=0），填土面水平（$\beta$=0）时，则式（8-31）变为：

二维码 8.1

$$E_p=\frac{1}{2}\gamma H^2\tan^2\left(45°+\frac{\varphi}{2}\right)$$

可见，在上述条件下，库仑被动土压力公式与朗肯被动土压力公式相同。被动土压力强度可按式（8-33）计算：

$$p_p=\frac{dE_p}{dz}=\frac{d}{dz}\left(\frac{1}{2}\gamma z^2K_p\right)=\gamma zK_p \tag{8-33}$$

被动土压力强度沿墙高也呈三角形分布，如图 8-10（c）所示，土压力合力的作用点在距墙底 $H/3$ 处。

【例8-2】 已知某挡土墙高4m，墙背俯斜$\alpha$=10°，填土面坡脚$\beta$=20°，填土重度$\gamma$=18kN/m$^3$，$\varphi$=30°，$c$=0，填土与墙背的摩擦角$\delta$=10°。试求库仑主动土压力的大小、分布及作用点位置。

解 根据 $\alpha$=10°，$\beta$=20°，$\delta$=10°，$\varphi$=30°，由式（8-26）计算或查表 8-2 得主动土压力系数 $K_a$=0.534。由式（8-30）可得主动土压力强度如下。

在墙顶：

$$p_a=\gamma zK_a=0$$

在墙底：

$$p_a=\gamma zK_a=18\times4\times0.534=38.45\ (\text{kPa})$$

据此可绘出土压力强度分布图，如图 8-11 所示。

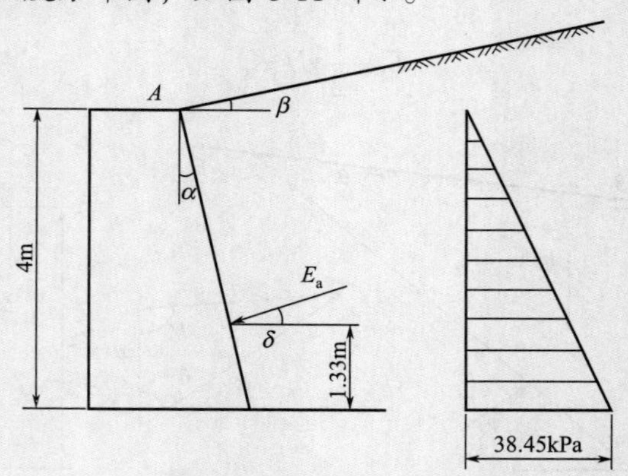


图8-11 土压力强度分布图

主动土压力合力为：

$$E_a=\frac{1}{2}\gamma H^2K_a=\frac{1}{2}\times18\times4^2\times0.534=76.90\ (\text{kN/m})$$

土压力合力作用点在距墙底 $H/3$=4/3=1.33（m）处，与墙背法线成 10° 夹角。应注意土压力强度分布图只表示大小，不表示作用方向。

对于墙后为黏性土的土压力计算可参考《建筑地基基础设计规范》（GB 50007—2011）所推荐的公式。

# 任务四　几种特殊情况下的土压力计算

## 一、填土中有地下水时的土压力计算

挡土墙后的填土常会部分或全部处于地下水位以下，由于地下水的存在将使土的含水量增加，抗剪强度降低，而使土压力增大。因此，挡土墙应该有良好的排水措施。

当墙后填土有地下水时，作用在墙背上的侧压力有土压力和水压力两部分，计算压力时假设地下水位上下土的内摩擦角 $\varphi$、墙与土之间的摩擦角 $\delta$ 相同，水位以下要用浮重度 $\gamma'$。以无黏性填土为例，如图 8-12 所示，*abdec* 部分为土压力分布图，*cef* 部分为水压力分布图，总侧压力为土压力和水压力之和。

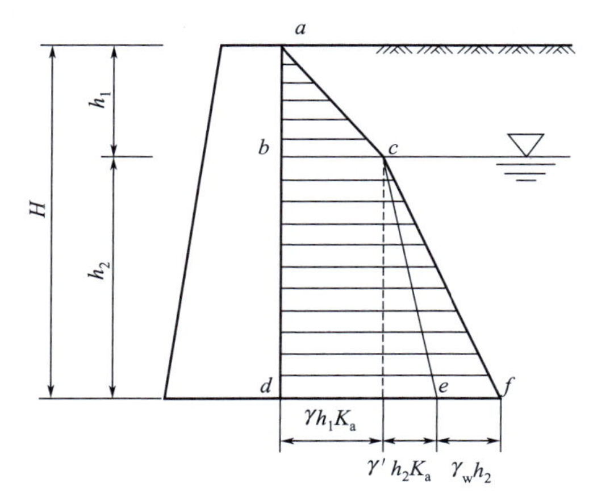


图8-12　填土中有地下水的土压力计算

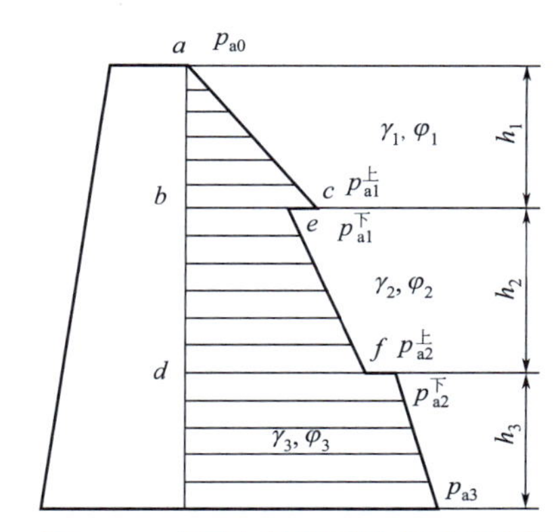


图8-13　成层土条件下的土压力计算

土压力强度分布：

$$p_a=\gamma h_1 K_a+\gamma' h_2 K_a \tag{8-34}$$

水压力强度分布：

$$p_w=\gamma_w h_2 \tag{8-35}$$

## 二、成层土条件下的土压力计算

如图 8-13 所示的挡土墙，墙后有三层不同种类的水平土层，以无黏性填土（$\varphi_1<\varphi_2$）为例。在计算土压力时，第一层的土压力按均质土计算，土压力的分布为图 8-13 中的 *abc* 部分。计算第二层土压力时，将第一层土按重度换算为与第二层土相同的当量土层厚度，其当量土层厚度 $h_1'=h_1\dfrac{\gamma_1}{\gamma_2}$，然后以 $h_1'+h_1$ 为墙高，按均质土计算土压力，但只在第二层厚度范围内有效，如图 8-13 中的 *bdfe* 部分；依次可算出具有多层填土的土压力。必须注意，由于各层土的性质不同，主动土压力系数 $K_a$ 也不同；另外，在两层土的分界面上，土压力会出现两个数值，一个代表上一层底面的土压力，另一个代表下一层顶面的土压力。

图 8-13 中，墙后填土分层处土压力强度按下列各式计算。

*b*点上：

$$p_{a1}^{上}=K_{a1}\gamma_1 h_1$$

*b*点下：

$$p_{a1}^{下}=K_{a2}\gamma_1 h_1\text{（已在第二层土内）}$$

$d$点上：

$$p_{a_2}^{上}=K_{a2}(\gamma_1 h_1+\gamma_2 h_2)$$

$d$点下：

$$p_{a_2}^{下}=K_{a3}(\gamma_1 h_1+\gamma_2 h_2)\text{（已在第三层土内）}$$

【例8-3】 某挡土墙高$H$=5m，如图8-14所示。墙后填土分两层，第一层为砂土，$\varphi_1=32°$，$c_1=0$，$\gamma_1=17\text{kN/m}^3$，厚度2m，其下为黏性土，$\varphi_2=18°$，$c_2=10\text{kPa}$，$\gamma_2=18\text{kN/m}^3$，厚度3m。若填土面水平，墙背垂直且光滑，求作用在墙背上的主动土压力和分布形式。

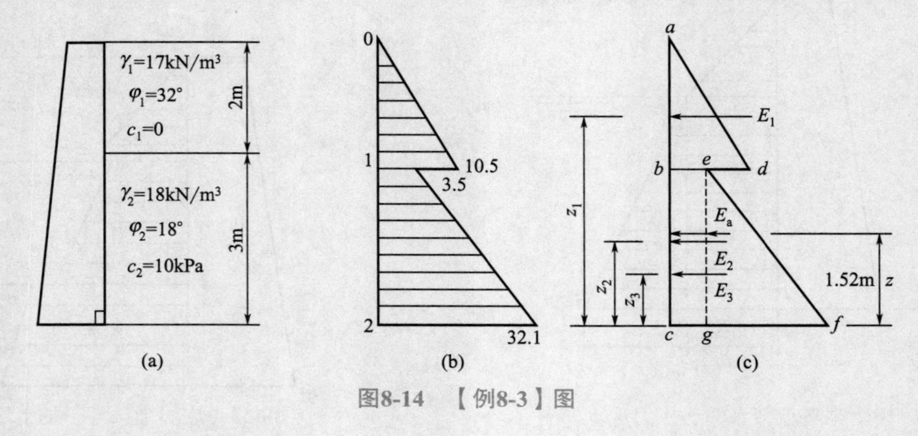


图8-14 【例8-3】图

解 计算主动土压力系数$K_a$。

第一层土：

$$K_{a1}=\tan^2\left(45°-\frac{\varphi_1}{2}\right)=\tan^2\left(45°-\frac{32°}{2}\right)=0.31$$

第二层土：

$$K_{a2}=\tan^2\left(45°-\frac{\varphi_2}{2}\right)=\tan^2\left(45°-\frac{18°}{2}\right)=0.53$$

第一层土顶面：

$$p_{a0}=0$$

第一层土底面：

$$p_{a1}^{上}=\gamma_1 h_1 K_{a1}=17\times2\times0.31=10.5\text{（kPa）}$$

第二层土顶面：

$$p_{a1}^{下}=\gamma_1 h_1 K_{a2}-2c_2\sqrt{K_{a2}}=17\times2\times0.53-2\times10\times\sqrt{0.53}=3.5\text{（kPa）}$$

第二层土底面：

$$\begin{aligned}p_{a2}&=(\gamma_1 h_1+\gamma_2 h_2)K_{a2}-2c_2\sqrt{K_{a2}}\\&=(17\times2+18\times3)\times0.53-2\times10\times\sqrt{0.53}=32.1\text{（kPa）}\end{aligned}$$

总土压力为 $abcfeda$ 的面积：

$$E_a=\frac{1}{2}\times 2\times 10.5+\frac{1}{2}\times 3\times(3.5+32.1)=63.9\ (\text{kN/m})$$

合力作用点的位置（距墙底高度），按图 8-14（c）方法求得：

$$z=\frac{E_1z_1+E_2z_2+E_3z_3}{E_a}$$

其中，

$$E_1=S_{abd}=\frac{1}{2}\times 10.5\times 2=10.5\text{kN/m},\ z_1=\frac{1}{3}\times 2+3=3.67\ (\text{m})$$

$$E_2=S_{bcge}=3.5\times 3=10.5\text{kN/m},\ z_2=\frac{1}{2}\times 3=1.5\ (\text{m})$$

$$E_3=S_{egf}=\frac{1}{2}\times 3\times(32.1-3.5)=42.9\text{kN/m},\ z_3=\frac{1}{3}\times 3=1\ (\text{m})$$

则：

$$z=\frac{10.5\times 3.67+10.5\times 1.5+42.9\times 1}{63.9}=1.52\ (\text{m})$$

## 三、填土面有均布荷载条件下的土压力计算

当挡土墙后填土面有连续均布荷载 $q$ 时，通常土压力的计算方法是将均布荷载换算成当量的土重，即用假想的土重代替均布荷载。当填土面水平时，如图 8-15 所示，当量的土层厚度为：

$$h=\frac{q}{\gamma} \tag{8-36}$$

式中　$\gamma$——填土的重度，$\text{kN/m}^3$。

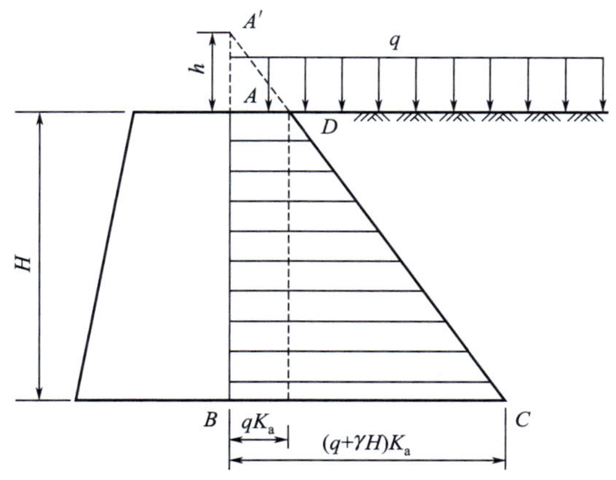


图8-15　填土面有均布荷载条件下的土压力计算

以 $A'B$ 为墙背，按填土面无荷载的情况计算土压力。以无黏性填土为例，则填土面 $A$ 点的主动土压力强度为：

$$p_{aA}=\gamma hK_a=qK_a \tag{8-37}$$

墙底 $B$ 点的土压力强度为：

$$p_{aB}=\gamma(h+H)K_a=(q+\gamma H)K_a \tag{8-38}$$

压力分布如图 8-15 所示，实际的土压力分布图为梯形 $ABCD$ 部分，土压力的作用点在梯形的形心。

【例8-4】 某挡土墙$h$=4m，如图8-16所示，填土分层为，第一层土：$\varphi_1=30°$，$c_1=0$，$\gamma_1=19\text{kN/m}^3$。第二层土：$\varphi_2=20°$，$c_2=10\text{kPa}$，$\gamma_{sat}=20\text{kN/m}^3$，地下水位距地面2m，若填土面水平并作用有均布超载$q$=20kPa，墙背垂直且光滑。求作用于墙背上的主动土压力和分布形式。

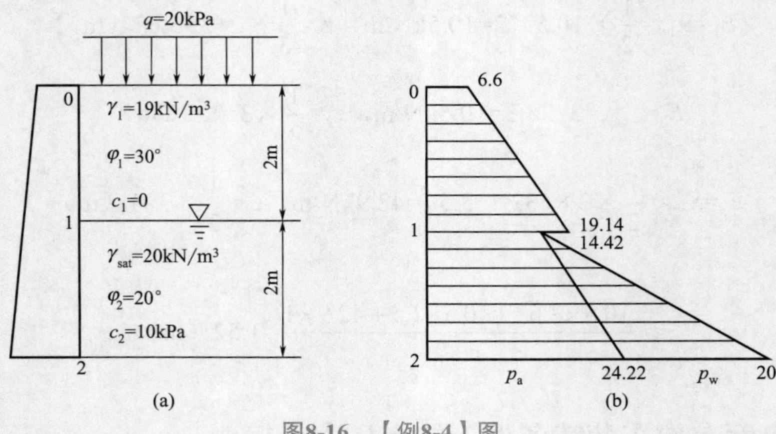


图8-16 【例8-4】图

解 计算主动土压力系数 $K_a$。

第一层土：

$$K_{a1}=\tan^2\left(45°-\frac{\varphi_1}{2}\right)=\tan^2\left(45°-\frac{30°}{2}\right)=0.33$$

第二层土：

$$K_{a2}=\tan^2\left(45°-\frac{\varphi_2}{2}\right)=\tan^2\left(45°-\frac{20°}{2}\right)=0.49,\ \sqrt{K_{a2}}=0.7$$

第一层土顶面：

$$p_{a0}=qK_{a1}=20\times0.33=6.6\ (\text{kPa})$$

第一层土底面：

$$p_{a1}^{上}=(q+\gamma_1h_1)K_{a1}=(20+19\times2)\times0.33=19.14\ (\text{kPa})$$

第二层土顶面：

$$p_{a1}^{下}=(q+\gamma_1h_1)K_{a2}-2c_2\sqrt{K_{a2}}=(20+19\times2)\times0.49-2\times10\times0.7=14.42\ (\text{kPa})$$

第二层土底面：

$$p_{a2}=[q+\gamma_1h_1+(\gamma_{sat}-10)h_2]K_{a2}-2c_2\sqrt{K_{a2}}=[20+19\times2+(20-10)\times2]\times0.49-2\times10\times0.7=24.22\ (\text{kPa})$$

总土压力：

$$E_a=\frac{1}{2}\times2\times(6.6+19.14)+\frac{1}{2}\times2\times(14.42+24.22)=64.38\ (\text{kN/m})$$

总水压力：

$$E_w=\frac{1}{2}\gamma_w H_2^2=\frac{1}{2}\times10\times2^2=20\ (\text{kN/m})$$

主动土压力合力作用点位置（距墙底高度）：

$$z_a=\frac{6.6\times2\times3+\frac{1}{2}\times2\times(19.14-6.6)\times2.67+14.42\times2\times1.0+\frac{1}{2}\times2\times(24.22-14.44)\times0.67}{64.38}$$

$$=1.69\ (\text{m})$$

水压力作用点位置（距墙底高度）：

$$z_w=\frac{1}{3}\times2=0.67\ (\text{m})$$

## 四、车辆荷载引起的土压力计算

在挡土墙或桥台设计时，应考虑车辆荷载引起的土压力。《公路桥涵设计通用规范》(JTG D60—2015）中对车辆荷载引起的土压力计算方法，做出了具体规定。计算原理按照库仑土压力理论，把填土破坏棱体范围内的车辆荷载，换算成等代均布土层厚度 $h_e$ 来计算，然后用库仑土压力公式计算，如图 8-17 所示。

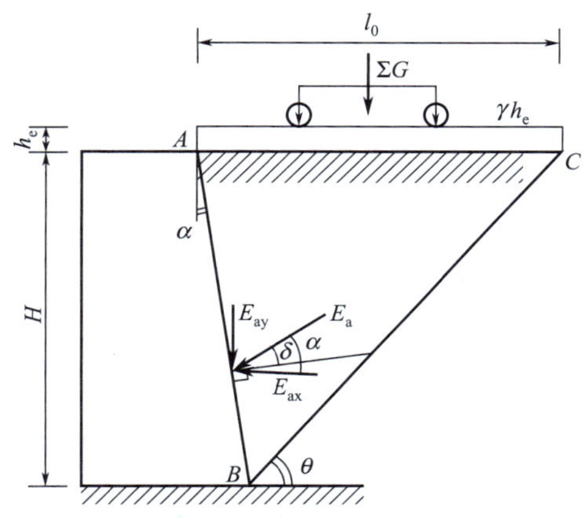


图8-17　汽车荷载产生的土压力

### 1. 汽车荷载

《公路桥涵设计通用规范》（JTG D60—2015）中的汽车荷载分为公路-Ⅰ级和公路-Ⅱ级两个等级，由车道荷载和车辆荷载组成。其中的车道荷载由均布荷载和集中荷载组成。一般桥梁结构的整体计算采用车道荷载；桥梁结构的局部加载、涵洞、桥台和挡土墙土压力等的计算采用车辆荷载。车辆荷载与车道荷载的作用不得叠加。各级公路桥涵设计的汽车荷载等级应符合表 8-4 的规定。

表8-4　各级公路桥涵的汽车荷载等级

| 公路等级 | 高速公路 | 一级公路 | 二级公路 | 三级公路 | 四级公路 |
|---|---|---|---|---|---|
| 汽车荷载等级 | 公路-Ⅰ级 | 公路-Ⅰ级 | 公路-Ⅰ级 | 公路-Ⅱ级 | 公路-Ⅱ级 |

注：1.二级公路作为集散公路且交通量小、重型车辆少时，其桥涵的设计可采用公路-Ⅱ级汽车荷载；

2.对交通组成中重载交通比重较大的公路桥涵，宜采用与该公路交通组成相适应的汽车荷载模式进行结构整体和局部验算。

公路-Ⅰ级和公路-Ⅱ级汽车荷载采用相同的车辆荷载标准值。其中车辆荷载的立面、平面尺寸应符合图 8-18 的规定，横向布置应符合图 8-19 的规定，其主要技术指标见表 8-5。

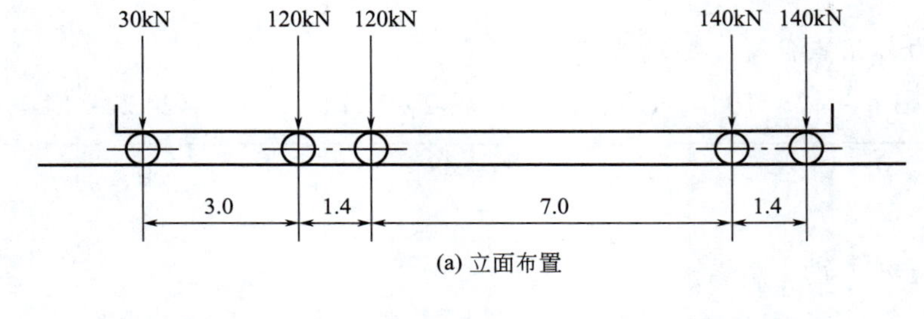


(a) 立面布置

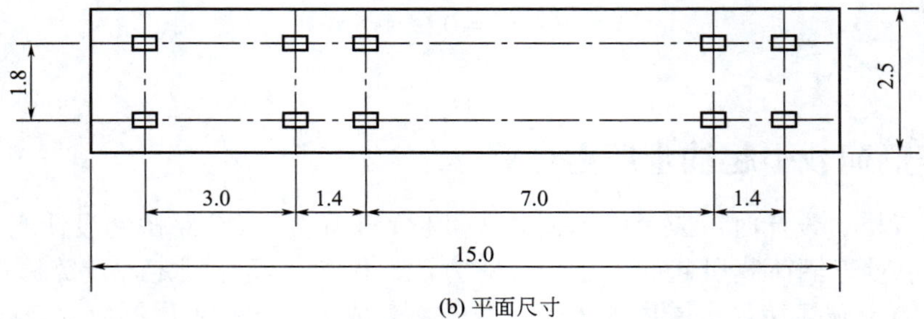


(b) 平面尺寸

**图8-18　车辆荷载的立面、平面尺寸（尺寸单位为m）**

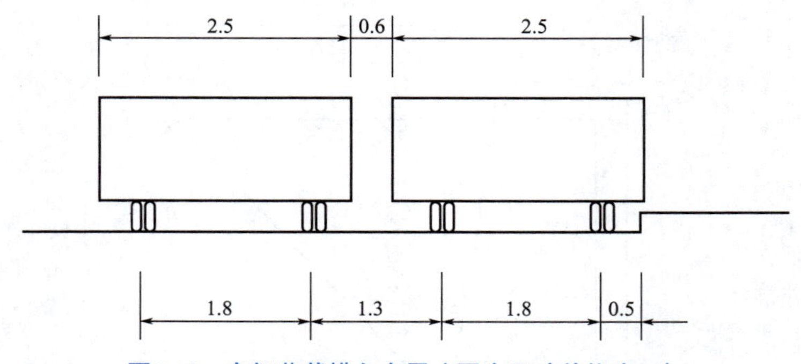


**图8-19　车辆荷载横向布置（图中尺寸单位为m）**

**表8-5　车辆荷载的主要技术指标**

| 项目 | 单位 | 技术指标 | 项目 | 单位 | 技术指标 |
|---|---|---|---|---|---|
| 车辆重力标准值 | kN | 550 | 轮距 | m | 1.8 |
| 前轴重力标准值 | kN | 30 | 前轮着地宽度及长度 | m | 0.3×0.2 |
| 中轴重力标准值 | kN | 2×120 | 中、后轮着地宽度及长度 | m | 0.6×0.2 |
| 后轴重力标准值 | kN | 2×140 | 车辆外形尺寸（长 × 宽） | m | 15×2.5 |
| 轴距 | m | 3+1.4+7+1.4 | | | |

### 2. 等代均布土层厚度

等代均布土层厚度由式（8-39）计算：

$$h_e=\frac{\sum G}{Bl_0\gamma} \tag{8-39}$$

式中　$\gamma$——土的重度，kN/m$^3$；

$l_0$——桥台或挡土墙后填土的破坏棱体长度，m，如图8-17所示，对于墙顶以上有填土的路堤式挡土墙，$l_0$为破坏棱体范围内的路基宽度部分；

$B$——桥台的计算宽度或挡土墙的计算长度，m；

$\sum G$——布置在$Bl_0$面积内的车轮的总重力，kN，车辆荷载应按图8-19规定作横向布置，车辆外侧车轮中线距路面边缘0.5m，计算中设计多车道加载时，车轮总重力应按规定进行相应折减。

（1）破坏棱体长度$l_0$　破坏棱体长度$l_0$按式（8-40）计算：

$$l_0=H(\tan\alpha+\cot\theta) \tag{8-40}$$

式中　$\alpha$——墙背倾角；

$\theta$——滑动面的倾角，根据墙背的形状按式（8-27）～式（8-29）计算；

$H$——挡土墙高度。

（2）桥台的计算宽度或挡土墙的计算长度$B$《公路桥涵设计通用规范》（JTG D60—2015）对挡土墙的计算长度作了如下规定：

① 桥台的计算宽度为桥台横向全宽；

② 挡土墙的计算长度可按式（8-41）计算，但不应超过挡土墙分段长度。

$$B=13+H\tan30^\circ \tag{8-41}$$

式中　$H$——挡土墙高度，对墙顶以上有填土的挡土墙，为两倍墙顶填土厚度加墙高。

当挡土墙分段长度小于13m时，$B$取分段长度，并在该长度内按不利情况布置轮重。

**3. 主动土压力**

墙后填土和汽车荷载引起的土压力由下式计算：

$$E_a=\frac{1}{2}\gamma H(H+2h_e)K_a \tag{8-42}$$

$$E_{ax}=E_a\cos(\delta+\alpha) \tag{8-43}$$

$$E_{ay}=E_a\sin(\delta+\alpha) \tag{8-44}$$

式中　$\delta$——墙背的外摩擦角；

$K_a$——主动土压力系数。

$E_{ax}$的作用点距墙脚的竖直距离$C_x$为：

$$C_x=\frac{H}{3}\times\frac{H+3h_e}{H+2h_e} \tag{8-45}$$

$E_{ay}$的作用点距墙脚的水平距离$C_y$为：

$$C_y=C_x\tan\alpha \tag{8-46}$$

【例8-5】 某公路路肩挡土墙如图8-20所示。路面宽为7m，荷载为汽车-20级，填土重度为18kN/m$^3$，内摩擦角$\varphi$为35°，凝聚力为0，挡土墙高度为8m，墙背摩擦角$\delta$为$\frac{2}{3}\varphi$，伸缩缝间距为10m，计算作用于挡土墙上的土压力。

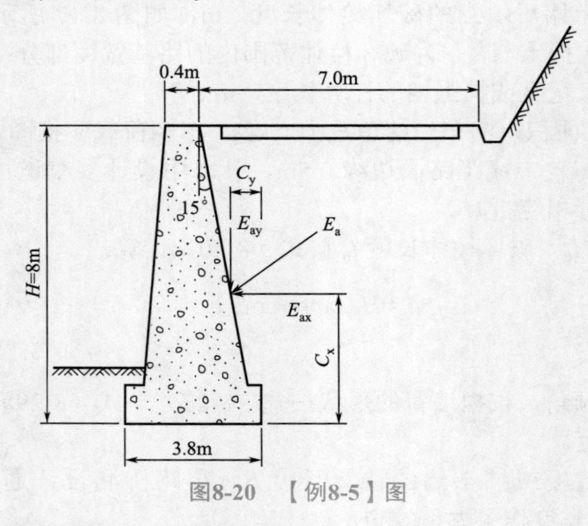


图8-20 【例8-5】图

解 （1）求破坏棱体长度$l_0$、滑动面的倾角$\theta$：

$$\cot\theta=-\tan(\varphi+\delta+\alpha)+\sqrt{[\cot\varphi+\tan(\varphi+\delta+\alpha)][\tan(\varphi+\delta+\alpha)-\tan\alpha]}$$

$$=-\tan 73.3°+\sqrt{[\cot 35°+\tan 73.3°]\times[\tan 73.3°-\tan 15°]}=0.487$$

破坏棱体长度：

$$l_0=H(\tan\alpha+\cot\theta)=8\times(\tan 15°+0.487)=6.04\ (\text{m})$$

（2）求挡土墙的计算长度$B$ 根据《公路桥涵设计通用规范》（JTG D60—2015），已知挡土墙的分段长度为10m，小于13m，故$B$=10m。

（3）求等代均布土层厚度$h_e$ 在$l_0$=6.04m长度范围内按公路-Ⅱ级车辆荷载进行布载，如图8-21所示。所以在$Bl_0$面积内可布置的车轮重力$\sum G$为：

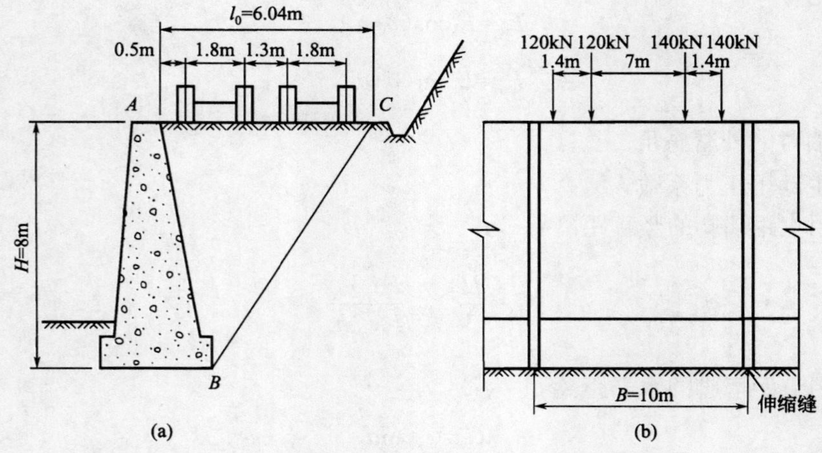


图8-21 汽车荷载的布置

$$\sum G=2\times(140+140+120+120)=1040\ (\text{kN})$$

$$h_e=\frac{\sum G}{Bl_0\gamma}=\frac{1040}{10\times 6.04\times 18}=0.96\ (\text{m})$$

（4）主动土压力　由$\varphi=35°$，$\alpha=15°$，$\delta=\frac{2}{3}\varphi$，$\beta=0$计算主动土压力系数$K_a=0.372$。

$$E_a=\frac{1}{2}\gamma H(H+2h_e)K_a=\frac{1}{2}\times 18\times 8\times(8+2\times 0.96)\times 0.372=265.7\ (\text{kN/m})$$

土压力与水平向的夹角：

$$\delta+\alpha=23.3°+15°=38.3°$$

水平方向及垂直方向的分量分别为：

$$E_{ax}=E_a\cos(\delta+\alpha)=265.7\times\cos 38.3°=208.5\ (\text{kN/m})$$

$$E_{ay}=E_a\sin(\delta+\alpha)=265.7\times\sin 38.3°=164.7\ (\text{kN/m})$$

作用点位置分别为：

$$C_x=\frac{H}{3}\times\frac{H+3h_e}{H+2h_e}=\frac{8\times(8+3\times 0.96)}{3\times(8+2\times 0.96)}=2.92\ (\text{m})$$

$$C_y=C_x\tan\alpha=2.92\times\tan 15°=0.78\ (\text{m})$$

# 任务五　挡土墙

## 一、挡土墙的类型

常用的挡土墙形式有重力式、悬臂式、扶壁式、锚杆及锚定板式和加筋挡土墙等。一般应根据工程需要、土质情况、材料供应、施工技术以及造价等因素合理选择。

### 1. 重力式挡土墙

一般由块石或混凝土材料砌筑，墙身截面较大。根据墙背的倾斜方向可分为仰斜式、直立式和俯斜式三种，如图 8-22（a）～(c) 所示，墙高一般小于 8m。当 $H$ 为 8～12m 时，宜采用衡重式［图 8-22(d)］。重力式挡土墙依靠墙身自重抵抗土压力引起的倾覆力矩。其结构简单，施工方便，能就地取材，在土建工程中应用最广。

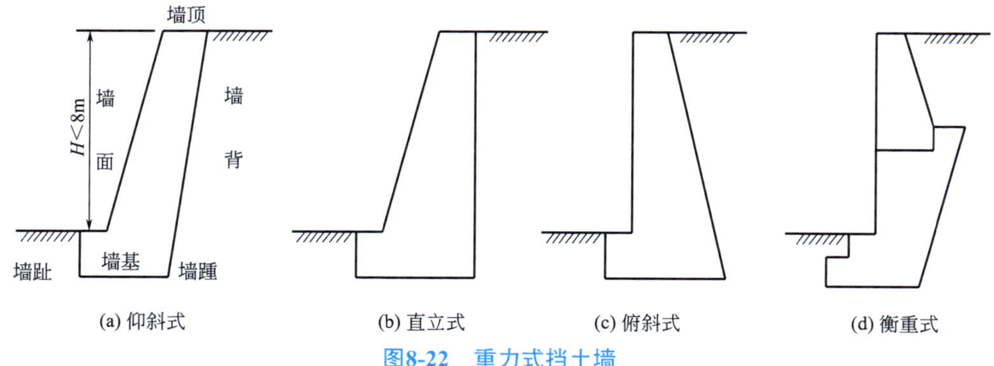


图8-22　重力式挡土墙

### 2. 悬臂式挡土墙

一般由钢筋混凝土材料建造，墙的稳定主要依靠墙踵悬臂以上土重维持。墙体内设置钢筋承受拉应力，故墙身截面较小。初步设计时可按图 8-23 选取截面尺寸。其适用于墙高大于 5m、地基土质较差，当地缺少石料的情况。悬臂式挡土墙多用于市政工程及贮料仓库。

### 3. 扶壁式挡土墙

当墙高大于 10m 时，挡土墙立壁挠度较大，为了增加立壁的抗弯性能，常沿墙的纵向每隔一定的距离［(0.3～0.6)$h$］设置一道扶壁，称为扶壁式挡土墙，如图 8-24 所示。扶壁间填土可增加抗滑和抗倾覆能力，一般用于重要的土建工程。

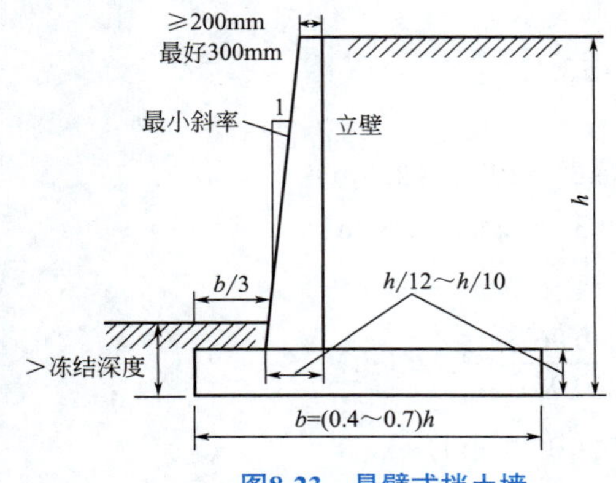


图8-23 悬臂式挡土墙

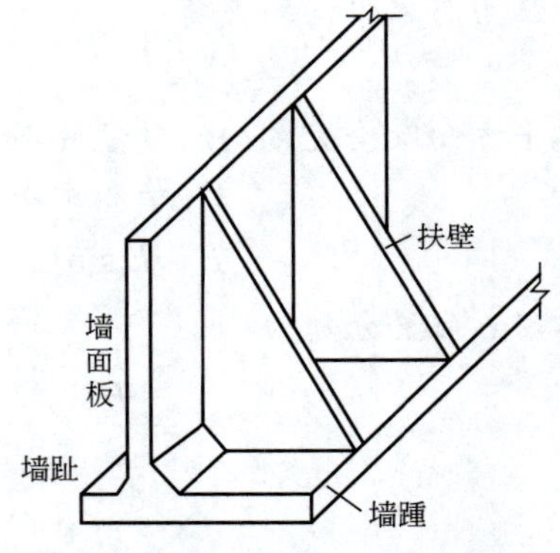


图8-24 扶壁式挡土墙

### 4. 锚杆及锚定板式挡土墙

锚定板式挡土墙由预制的钢筋混凝土立柱、墙面、钢拉杆和埋置在填土中的锚定板在现场拼装而成，依靠填土与结构的相互作用力维持其自身稳定。与重力式挡土墙相比，其结构柔性大、工程量少、造价低、施工方便，特别适用于地基承载力不大的地区。设计时，为了维持锚定板挡土结构的内力平衡，必须保证锚定板挡土结构周边的整体稳定和土的摩擦阻力大于由土自重和超载引起的土压力。

锚杆式挡土墙是利用嵌入坚实岩层的灌浆锚杆作为拉杆的一种挡土结构。1974 年建成的山西太焦铁路上的锚杆、锚定板挡土结构（图 8-25），次年铺轨通车，运行几十年情况良好。此后，锚杆式挡土墙迅速推广，常用于铁路路基、护坡、桥台及基坑开挖支挡临近建筑等工程。

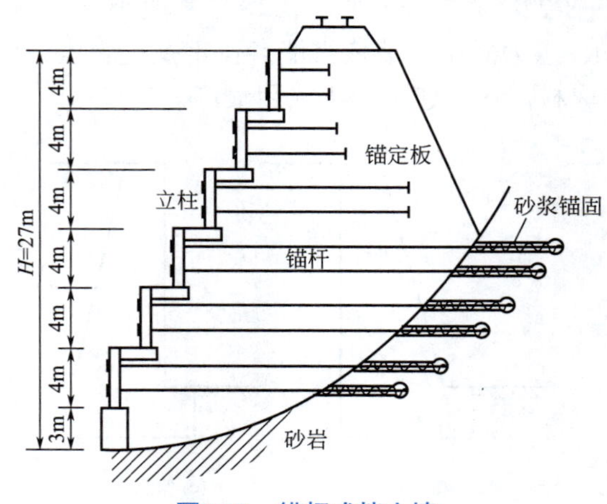


图8-25 锚杆式挡土墙

### 5. 其他形式的挡土结构

此外，还有混合式挡土墙、构架式挡土墙、板桩墙、加筋土挡土墙以及近年来发展较快的土工合成材料挡土墙等。

## 二、重力式挡土墙的计算

挡土墙截面尺寸一般按算法确定，即先根据挡土墙的工程地质、填土性质、荷载情况以及墙体材料和施工条件凭经验初步拟定截面尺寸、然后进行验算，如果不满足要求，则修改截面尺寸或采取其他措施。

### 1. 挡土墙计算的内容

① 稳定性验算：包括抗滑移稳定性验算和抗倾覆稳定性验算。

② 地基承载力验算。

③ 墙身材料刚度验算，应符合现行《混凝土结构设计规范》和《砌体结构设计规范》等规定要求。

### 2. 作用在挡土墙上的荷载

如图 8-26（a）所示，作用在挡土墙上的荷载有墙身自重 $W$、土压力和基底反力。土压力是作用在挡土墙上的主要荷载，包括墙背作用的主动土压力 $E_a$；若挡土墙基础有一定的埋深，则埋深部分前趾上因整个挡土墙前移而受挤压，故对墙体还作用着被动土压力 $E_p$，设计时 $E_p$ 可忽略不计，使结果偏于安全。

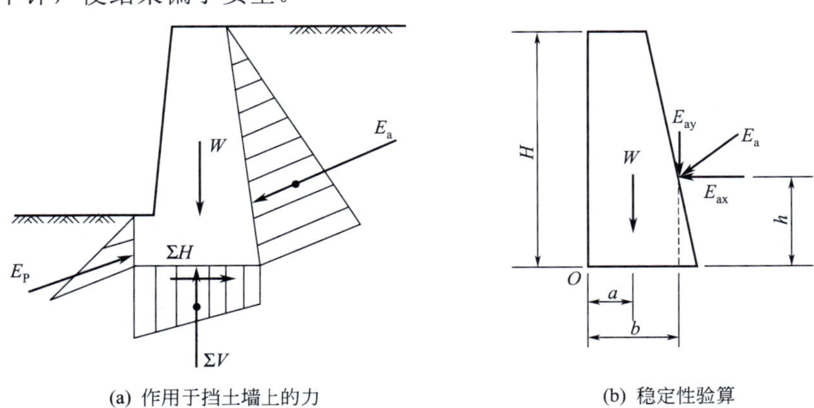


(a) 作用于挡土墙上的力　　(b) 稳定性验算

图8-26　挡土墙上抗倾覆稳定性验算

此外，若挡土墙排水不良，填土积水需计入水压力，对地震区还应考虑地震效应等。验算稳定性时，土压力及自重的荷载分项系数可取 1.0；当土压力作用为外荷载时，应取 1.2 的荷载分项系数。

### 3. 挡土墙稳定性验算

（1）抗滑稳定性验算

① 将作用在挡土墙上的土压力 $E_a$ 分解为两个分力。

② 水平分力 $E_{ax}$ 为使挡土墙滑动的力，$E_{ax}=E_a\cos(\delta+\alpha)$。

③ 竖向分力 $E_{ay}$ 和墙自重 $W$ 在墙底产生的摩擦力为抗滑力，$E_{ay}=E_a\sin(\delta+\alpha)$。

④ 抗滑力与滑动力的比值，称为抗滑稳定安全系数，记为 $K_s$，根据《建筑地基基础设计规范》规定 $K_s \geqslant 1.3$ 时，满足稳定要求。

⑤ 抗滑稳定验算公式［图 8-26（b）］：

$$K_s=\frac{抗滑力}{滑动力}=\frac{(W+E_{ay})\ \mu}{E_{ax}}\geqslant 1.3 \tag{8-47}$$

式中 $K_s$——抗滑稳定安全系数；

$E_{ax}$——主动土压力的水平分力，kN/m；

$E_{ay}$——主动土压力的竖向分力，kN/m；

$\mu$——基底摩擦系数，由试验测定或参考表 8-6。

表 8-6 挡土墙基底对地基的摩擦系数 $\mu$ 值

| 土的类别 | | 摩擦系数 $\mu$ |
|---|---|---|
| 黏性土 | 可塑 | 0.25 ～ 0.30 |
| | 硬塑 | 0.30 ～ 0.35 |
| | 坚硬 | 0.35 ～ 0.45 |
| 粉土 | $s_r\leqslant 0.5$ | 0.30 ～ 0.40 |
| 中砂、粗砂、砾砂 | | 0.40 ～ 0.50 |
| 碎石土 | | 0.40 ～ 0.60 |
| 软质岩石 | | 0.40 ～ 0.60 |
| 表面粗糙的硬质岩石 | | 0.65 ～ 0.75 |

注：对于易风化的软质岩石，$I_p\geqslant 22$的黏性土，$\mu$值应通过试验测定。

⑥ 若验算结果不满足式（8-47），则应采取以下措施来解决：

a. 修改挡土墙的断面尺寸，通常加大底宽增加墙自重 $W$ 以增大抗滑力；

b. 在挡土墙基底铺砂、碎石垫层，提高摩擦系数 $\mu$ 值，增大抗滑力；

c. 将挡土墙基底做成逆坡，利用滑动面上的部分反力抗滑，如图 8-27（a）所示；

d. 在软土地基上，抗滑稳定安全系数相差很小，采取其他方法无效或不经济时，可在墙踵后面加钢筋混凝土拖板。利用拖板上填土重增大抗滑力。拖板和挡土墙之间用钢筋连接，如图 8-27（b）所示。

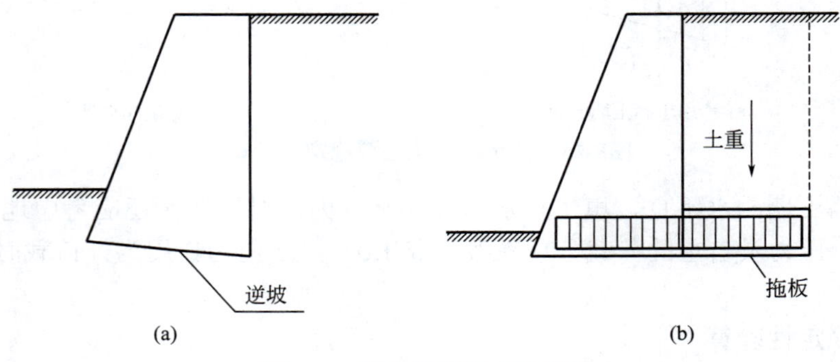


图8-27 增加抗滑稳定的措施

（2）抗倾覆稳定验算 挡土墙在满足抗滑稳定公式［式(8-47)］的同时，还应满足抗倾覆的稳定性。

① 抗倾覆稳定验算以墙趾 $O$ 点取力矩进行计算；

② 主动土压力的水平分力 $E_{ax}$ 乘以力臂 $h$ 为使墙倾覆的力矩；

③ 主动土压力的竖向分力 $E_{ay}$ 乘以力臂 $b$ 与墙自重 $W$ 乘以力臂 $a$ 之和为抗倾覆力矩；

④ 抗倾覆力矩与倾覆力矩之比称为抗倾覆稳定安全系数，记为 $K_t$。根据国家规范规定 $K_t \geqslant 1.6$ 为满足安全要求。

⑤ 抗倾覆稳定验算公式：

$$K_t = \frac{\text{抗倾覆力矩}}{\text{倾覆力矩}} = \frac{Wa + E_{ay}b}{E_{ax}h} \geqslant 1.6 \tag{8-48}$$

式中　$K_t$——抗倾覆稳定安全系数；

$a$，$b$，$h$——分别为$W$、$E_{ax}$、$E_{ay}$对$O$点的力臂，m。

⑥ 若验算结果不满足式（8-48）的要求，可选用以下措施来解决。

a. 修改挡土墙尺寸，如加大墙底宽，增大墙自重 $W$，以增大抗倾覆力矩。这种方法要增加较多的工程量，不经济。

b. 伸长墙前趾，增加混凝土工程量不多，需要增加钢筋用量。

c. 将墙背作用仰斜，可减小土压力，但施工不方便。

d. 做卸荷台，如图 8-28 所示，位于挡土墙竖向墙背上，形如牛腿。卸荷台以上的土压力，不能传到卸荷台以下。土压力呈两个小三角形，因而减小了总的土压力，减小了倾覆力矩。

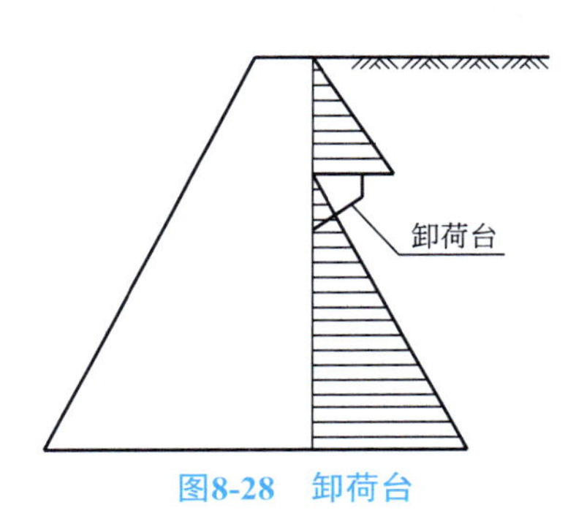

图8-28　卸荷台

（3）地基承载力验算　挡土墙地基承载力验算，与一般偏心受压基础验算方法相同，应同时满足下列两公式：

$$\frac{1}{2}(p_{max}+p_{min}) \leqslant f_a$$

$$p_{max} \leqslant 1.2f$$

式中　$p_{max}$，$p_{min}$——基底最大、最小压应力，kPa；

$f_a$——持力层地基承载力特征值，kPa。

同时应满足基底合力的偏心距不应大于 0.25 倍基础的宽度。具体计算内容见《建筑地基基础设计规范》（GB 50007—2011）。

## 三、重力式挡土墙的构造

### 1. 墙形的选择

如前所述，重力式挡土墙按墙背倾斜方式分为仰斜式、直立式和俯斜式三种形式，如用相同的计算方法和计算指标计算主动土压力，一般仰斜式最小，直立式居中，俯斜式最大。就墙背所受的土压力而言，仰斜墙背较为合理。

仰斜墙背墙身截面经济，墙背可以和开挖的临时边坡紧密贴合，但墙后填土较为困难，因此多用于支挡挖方工程的边坡。

俯斜墙背墙后填土施工较为方便，易于保证回填土质量而多用于填土工程。

直立墙背多用于墙前地形较陡的情况，如山坡上建墙，因为此时仰斜墙背为了保证墙趾与墙前土坡之间保持一定的距离，就要加高墙身，使砌筑工程量增加。

二维码 8.2

**2. 基础埋置深度**

挡土墙的基础埋置深度（如基底倾斜，基础埋置深度从最浅处的墙趾处计算）应该根据持力层土的承载力、水流冲刷、岩石裂隙发育及风化程度等因素进行确定。在特强冻胀、强冻胀地区应考虑冻胀的影响。在土质地基中，基础埋置深度不宜小于 0.5m；在软质岩石中，基础埋置深度不宜小于 0.3m。

**3. 断面尺寸拟定**

当墙前地面较陡时，墙面坡度可取（1∶0.5）～（1∶0.2），当墙高较小时，亦可采用直立的截面。当墙前地面较为平坦时，对于中、高挡土墙，墙面坡度可较缓，但不宜缓于 1∶0.4，以免增高墙身或增加开挖深度。仰斜墙背坡度愈缓，主动土压力愈小，但为了避免施工困难，仰斜墙背坡度一般不宜缓于 1∶0.25，墙面坡应尽量与墙背坡平行。俯斜墙背的坡度不大于 1∶0.36。

为了增加挡土墙的抗滑稳定性，可将基底做成逆坡。但是，基底逆坡过大，可能使墙身连同基底下的一块三角形土体一起滑动。因此，土质地基的基底逆坡坡度应不大于 0.1∶1，岩石地基基底逆坡坡度应不大于 0.2∶1。

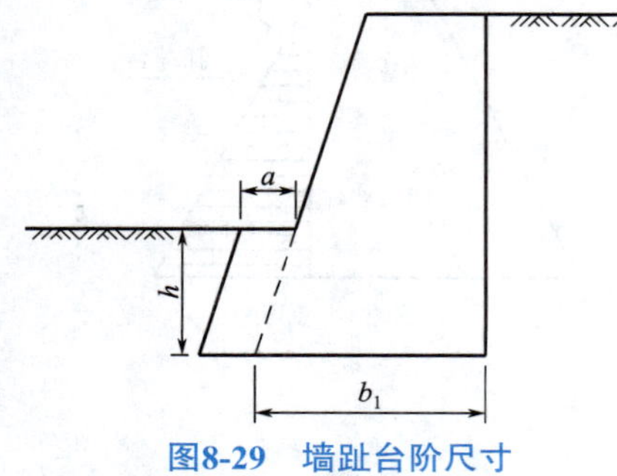

图8-29　墙趾台阶尺寸

当墙高较大时，为了使基底压力不超过地基承载力特征值，可加墙趾台阶，如图 8-29 所示，以便扩大基底宽度，这对墙的抗倾覆稳定也是有利的。墙趾台阶的高宽比可取 $h:a=2:1$，$a$ 不得小于 20cm，此外，基底法向反力的偏心距应满足 $e_1 \leqslant b_1/4$ 条件（$b_1$ 为无台阶时的基底宽度）。

挡土墙的顶部，对于块石挡土墙的墙顶宽度不宜小于 400mm；混凝土挡土墙的墙顶宽度不宜小于 200mm。重力式挡土墙基础底面宽为墙高的 1/3～1/2。重力式挡土墙应该每隔 10～20m 设置一道伸缩缝。当地基有变化时宜加设沉降缝。在挡土结构的拐角处，应采取加强的构造措施。

**4. 墙后排水措施**

在挡土墙建成使用期间，如遇雨水渗入墙后填土中，会使填土的重度增加，内摩擦角减小，土的强度降低，从而使填土对墙的土压力增大；同时墙后积水增加了水压力，对墙的稳定性不利。积水自墙面渗出，还要产生渗流压力。水位较高时，静、动水压力对挡土墙的稳定威胁更大。因此，挡土墙设计中必须设置排水。对于可以向坡内排水的支挡结构，应在支挡结构上设置排水孔，如图 8-30 所示。

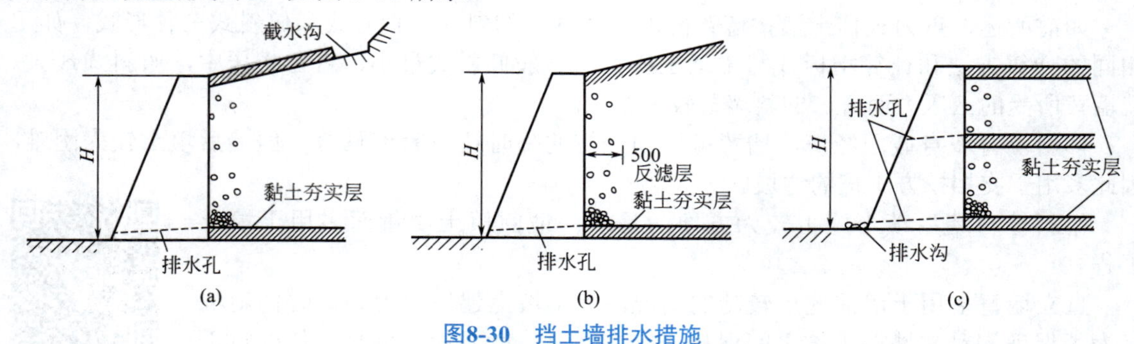

图8-30　挡土墙排水措施

排水孔应沿着横竖两个方向设置，其间距宜为 2～3m，排水孔外斜坡度宜为 5%，孔眼尺寸不宜小于 100mm。为了防止泄水孔堵塞，应在其入口处以粗颗粒材料做反滤层和必要的排水暗沟。为防止地面水渗入填土和一旦渗入填土中的水渗到墙下地基，应在地面和排水孔下部铺设黏土层并夯实，以利隔水。当墙后有山坡时，应在坡脚处设置截水沟。对于不能向坡外排水的边坡，应在墙背填土中设置足够的排水暗沟。

**5. 填土要求**

为保证挡土墙的安全正常工作及经济合理，填料的恰当选取极为重要，由土压力理论可知，填土重度越大，则主动土压力越大，而填土的内摩擦角越大，则主动土压力越小。所以，在选择材料时，应从填料的重度和内摩擦角哪一个因素对减小土压力更为有效这一点出发来考虑。

一般来说，选用内摩擦角较大、透水性较强的粗粒填料如粗砂、砾石、碎石、块石等，能显著减小主动土压力，而且它们的内摩擦角受浸水的影响也很小；当采用黏性土作填料时，宜掺入适量的碎石。在季节性冻土地区，墙后填土应选用非冻胀性填料，如炉渣、碎石、粗砂等。墙后填土必须分层夯实，保证质量。

**小　结**

本单元从介绍静止土压力、主动土压力和被动土压力的概念、形成条件和三者的关系入手，重点介绍了朗肯和库仑两种土压力理论的基础、假设条件、适用条件和具体的计算方法；最后介绍了挡土墙的类型和设计计算。

**1.静止土压力**

挡土墙静止不动，墙后填土处于弹性平衡状态。在填土表面以下，任意深度 $z$ 处水平向作用力即为静止土压力，可由弹性理论求解，数值上等于竖向的土的自重应力 $p_z$ 乘以侧压力系数（静止土压力系数）。

**2. 朗肯土压力**

朗肯土压力理论的假定前提为墙背垂直光滑、填土表面水平；墙后土体处于极限平衡状态。墙后土体达到朗肯主动破坏时，破裂面与水平面的夹角为 $45° +\varphi/2$，而达到朗肯被动破坏时，破裂面与水平面的夹角为 $45°-\varphi/2$。

**3. 库仑土压力**

库仑土压力理论假定破坏土楔体沿平面下滑或上滑，而破坏土楔体可视为刚性整体，在滑动面上土体处于极限平衡状态。

**4. 挡土墙设计**

挡土墙设计包括墙型选择、稳定性验算、地基承载力验算、墙身材料强度验算以及一些设计中的构造要求和措施。

## 能力训练

### 一、思考题

1. 何谓静止土压力、主动土压力和被动土压力？三者的大小关系以及与挡土墙位移方向的关系怎样？

2. 朗肯土压力理论的假设条件是什么？忽略墙背与土体之间的摩擦力对土压力的计算结果有什么影响？

3. 库仑土压力理论的假设条件是什么？假定破裂面为平面与实际情况有什么差别？

4.试比较朗肯土压力理论与库仑土压力理论的优缺点和各自的适用范围。

5. 挡土墙通常都设有排水孔，起什么作用？如何防止排水孔失效？

二、习题

1. 某挡土墙如图8-31所示，其高度$H$=4.0m，墙背竖直、光滑，墙后填土表面水平。填土为砂土，天然重度$\gamma$=18.0kN/m$^3$，饱和重度$\gamma_{sat}$=21.0kN/m$^3$，内摩擦角$\varphi$=36°。地下水位埋深2.0m。计算作用在此挡土墙上的静止土压力$E_0$（可取$K_0$=0.4）、主动土压力$E_a$和水压力$E_w$的数值，并绘出土压力分布图。

2. 已知某挡土墙高度$H$=4.0m，墙背竖直，挡土墙与墙后填土之间的摩擦角$\delta$=24°，墙后填土表面水平。填土为干砂，天然重度$\gamma$=18.0kN/m$^3$，内摩擦角$\varphi$=36°。计算作用在此挡土墙上的主动土压力$E_a$的数值。

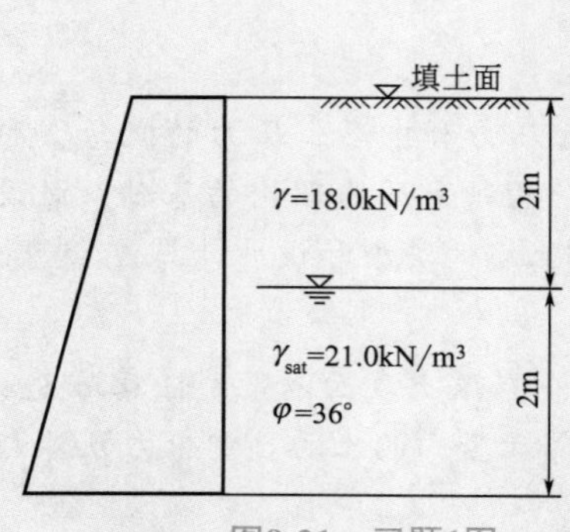


图8-31 习题1图

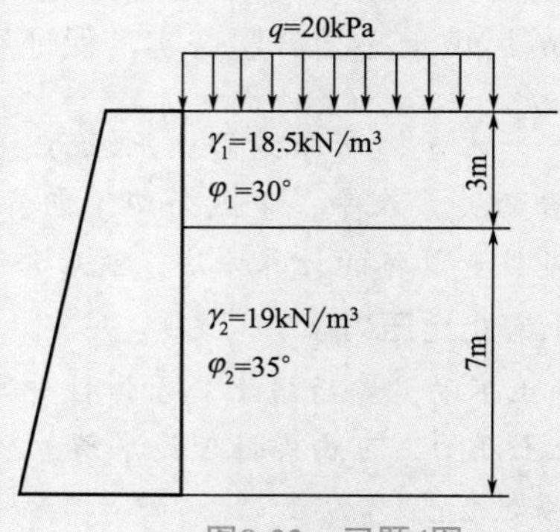


图8-32 习题4图

3. 某挡土墙高度$H$=5.0m，墙顶宽度$b$=1.5m，墙底宽度$B$=2.5m。墙面竖直，墙背倾斜，墙背与填土间的摩擦角$\delta$=20°，填土表面倾斜$\beta$=12°。墙后填土为中砂，重度$\gamma$=17.0kN/m$^3$，内摩擦角$\varphi$=30°。计算作用在此挡土墙上的主动土压力$E_a$和$E_a$的水平分力与竖直分力。

4. 某挡土墙高度$H$=10.0m，墙背竖直、光滑，墙后填土表面水平，如图8-32所示。填土上有均布荷载$q$=20kPa。墙后填土分两层：上层为中砂，重度$\gamma_1$=18.5kN/m$^3$，内摩擦角$\varphi_1$=30°，层厚$h_1$=3m；下层为粗砂，重度$\gamma_2$=19.0kN/m$^3$，内摩擦角$\varphi_2$=35°。试绘出主动土压力强度分布图，并求出土压力大小。

5. 某挡土墙高度$H$=4.2m，墙顶宽度$b$=0.8m，墙底宽度$B$=1.8m。墙背竖直、光滑，填土表面水平，$\gamma_1$=18.5kN/m$^3$，$c$=8kPa，$\varphi$=24°，挡土墙底摩擦系数$\mu$=0.4，砌体重度$\gamma_2$=22.0kN/m$^3$，试验算挡土墙的稳定性。

# 单元九

# 土坡稳定分析

## 知识目标

熟悉无黏性土土坡和黏性土土坡稳定分析的基本原理以及安全系数的确定方法。

掌握整体圆弧滑动法的基本原理。

了解条分法分析黏性土土坡稳定的基本思路。

熟悉滑坡的产生原因与防治。

## 能力目标

会演算土坡断面是否合理稳定的方法。

初步具有根据土坡高度、土的性质等已知条件设计出合理的土坡断面的能力。

对滑坡能提出合理可行的预防和防治措施。

土坡就是具有倾斜表面的土体。由于地质作用自然形成的土坡称为天然土坡，如山坡、江河的岸坡等。经过人工开挖及填土工程形成的坡通常称为人工土坡，如基坑、渠道、土坡、路堤等的边坡。土坡的外形和各部分名称如图 9-1 所示。在土体自重和外力作用下，坡体内将产生切应力，当切应力大于土的抗剪强度时，即产生剪切破坏，如靠坡面处剪切破坏面积很大，则将产生一部分土体相对另一部分土体滑动的现象，称为滑坡或塌方。土坡在发生滑动之前，一般在坡顶首先开始明显下沉并出现裂缝，坡脚附近的地面则有较大的侧向位移并微微隆起。随着坡顶裂缝的开展和坡脚侧向位移的增加，部分土体突然沿着某一个滑动面急剧下滑，造成滑坡。

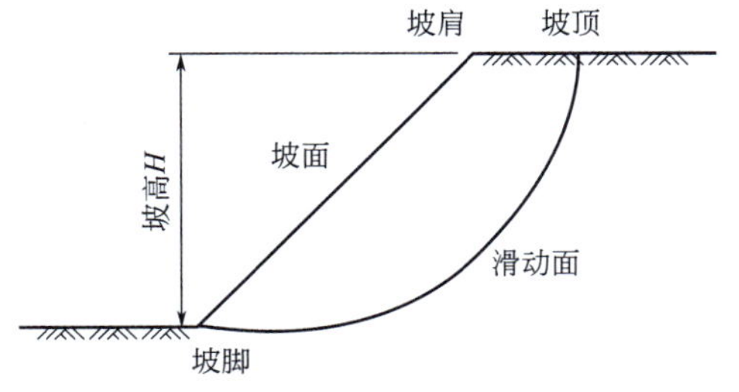


图9-1　土坡的各部分名称

二维码 9.1

边坡稳定性应在充分查明工程地质条件的基础上，根据边坡岩土类型和结构进行综合评价。对于土质较软、地面荷载较大、高度较大的边坡，应按现行有关工程标准进行地面抗隆起和抗渗流等稳定性评价。边坡稳定分析的目的在于根据工程地质条件确定合理的边坡容许坡度和高度，或演算拟定尺寸是否稳定、合理。

以下主要介绍土坡的稳定分析的有关内容。计算土坡稳定分析方法有很多，如根据土坡滑动的实际滑动面形状的静力平衡分析法及以散体极限平衡理论的解析法等。力学分析方法有直线法和圆弧法，本单元在分析土坡稳定时，通常将土坡视为简单土坡，即坡顶和坡底水平、土质均匀的土坡。按平面问题演算土坡稳定性，沿土坡方向截取单位长度。

# 任务一　无黏性土坡的稳定分析

## 一、无渗流作用时的无黏性土坡

由砂、卵石、风化砾石组成的无黏性土土坡，其均质的无黏性土颗粒间无黏聚力，对全干或全部淹没的土坡来说，只要坡面上的土颗粒能够保持稳定，那么，整个土坡便是稳定的。

有一无黏性土土坡，其土质均匀，土坡的横截面及受力状况如图 9-2 所示，不考虑渗流的影响，分析该土坡稳定。

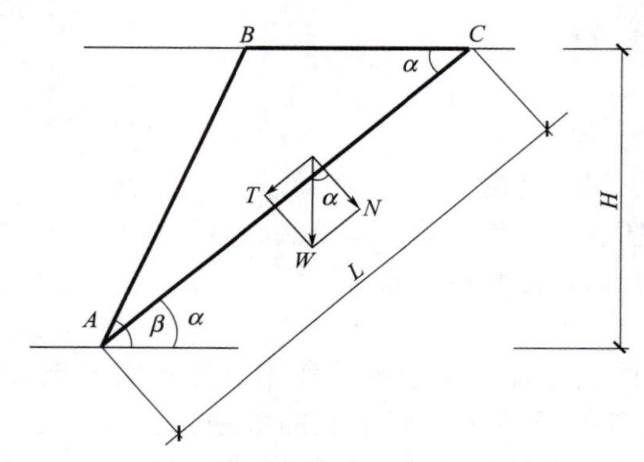


图9-2　无黏性土坡产生平面滑动示意图

此类问题通常假定其滑动面为一平面，即图中 $AC$ 面，现对此滑块 $ABC$ 进行受力分析。土坡的几何参数已示于土中，土的重度设为 $\gamma$，内摩擦角为 $\varphi$，黏聚力 $c=0$（无黏性土）。若整个滑块的重量为 $W$，则作用在滑动面上的下滑切向力 $T$ 和正压力 $N$ 分别为

$$T=W\sin\alpha，N=W\cos\alpha$$

相应的剪应力 $\tau$ 和正应力 $\sigma$ 分别为

$$\tau=\frac{T}{L}=\frac{W}{L}\sin\alpha=\frac{\gamma H}{2}（\sin\alpha\cos\alpha-\cot\beta\sin^2\alpha）$$

$$\sigma=\frac{N}{L}=\frac{\gamma H}{2}（\cos^2\alpha-\cot\beta\sin\alpha\cos\alpha）$$

其中，$W=\gamma\times\frac{1}{2}(\cot\alpha-\cot\beta)H^2$，$L=\frac{H}{\sin\alpha}$。当滑动面上的 $\tau$ 达到 $\tau_f$ 时，该楔形滑块就会沿滑动面向下滑移，即土坡发生破坏。则其稳定安全系数 $K_s$ 如下：

$$K_s=\frac{\tau_f}{\tau}$$

显然，当 $K_s>1$ 时，土坡稳定；$K_s=1$ 时，土坡处于临界状态；$K_s<1$ 时，土坡失稳。

上面所分析土坡的稳定安全系数为

$$K_s=\frac{\tau_f}{\tau}=\frac{\sigma\tan\varphi}{\tau}=\frac{\tan\varphi}{\tan\alpha} \tag{9-1}$$

由式（9-1）可见，当 $\alpha=\beta$ 时稳定安全系数最小，也即土坡面上的一层土颗粒是最易滑动的。因此无黏性土的土坡稳定安全系数为：

$$K_s=\frac{\tan\varphi}{\tan\beta} \tag{9-2}$$

式（9-2）表明，当 $\beta=\varphi$ 时，土坡处于临界状态；当 $\beta>\varphi$ 时，土坡就会发生滑动。稳定土坡的坡角一定是小于 $\varphi$ 的，即 $\beta<\varphi$，此时稳定安全系数 $K_s>1$。为了保证土坡有足够的安全储备，土坡设计时通常取 $K_s$ 为 1.1～1.5。

## 二、有渗流作用时的无黏性土坡

### 1. 渗流方向和坡面不一致时

暴雨中的土坡，挡水土坝下游坡，坑深低于地下水位的基坑边坡，土坡中均有渗流通过时，如图 9-3 所示，沿渗流逸出方向产生渗透力 $G_D=\gamma_w I$。此时，坡面的土颗粒（体积为 $V$）除受其自重作用外，还受到渗透力 $G_D$ 作用，这样就增大了该土块下滑的剪切力 $T$，同时减小了抗剪力 $T'$。因此，有渗流作用的无黏性土坡的稳定安全系数为

$$K=\frac{T'}{T}=\frac{[V\gamma'\cos\beta-I\gamma_w V\sin(\beta-\theta)]\tan\varphi}{V\gamma'\sin\beta+I\gamma_w V\cos(\beta-\theta)}$$

$$=\frac{[\gamma'\cos\beta-I\gamma_w\sin(\beta-\theta)]\tan\varphi}{\gamma'\sin\beta+I\gamma_w\cos(\beta-\theta)} \tag{9-3}$$

式中　$\gamma'$——土的浮重度，$kN/m^3$；

$\gamma_w$——水的重度，$kN/m^3$；

其他符号含义如图 9-3 所示。

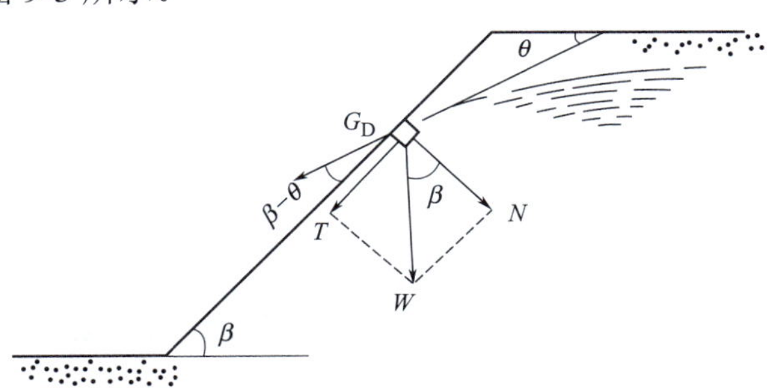


图9-3　有渗流作用的无黏性土坡

### 2. 顺坡面渗流情况

当有顺坡渗流时，此时有 $\theta=\beta$，按照水力学原理，其水力坡降 $I=\sin\beta$，此时式（9-3）变为

$$K=\frac{\gamma'\cos\beta\tan\varphi}{\gamma'\sin\beta+\gamma_w\sin\beta}=\frac{\gamma'\tan\varphi}{\gamma_{sat}\tan\beta} \tag{9-4}$$

由式（9-4）可知，在有渗流作用情况下，无黏性土坡的稳定性比无渗流情况的稳定性要

差，其安全系数约降低 1/2。这就是说，已稳定的无黏性土坡，在有渗流作用时，土坡必须变缓才能保持稳定。

【例9-1】 一均质无黏性土坡，其饱和重度$\gamma_{sat}$=19.5kN/m$^3$，内摩擦角$\varphi$=30°，若要求这个土坡的稳定安全系数为1.25，试问在干坡或完全浸水以及坡面有顺坡渗流情况下其坡角应为多少？

解 干坡或完全浸水时，由式（9-2）得

$$\beta=\tan^{-1}\frac{\tan\varphi}{K}=\tan^{-1}\frac{\tan30^\circ}{1.25}=24.8^\circ$$

有顺坡渗流时，由式（9-4）得

$$\beta=\tan^{-1}\frac{\gamma'\tan\varphi}{K\gamma_{sat}}=\tan^{-1}\frac{(19.5-9.81)\times\tan30^\circ}{1.25\times19.5}=12.9^\circ$$

由计算结果可知，有渗流时土坡的稳定坡角降低几乎一半。

# 任务二 黏性土坡的稳定分析

## 一、黏性土坡滑动面的形式

与无黏性土土坡不同，黏性土土坡由于剪切而破坏的滑动面大多数为一曲面。根据工程实践，黏性土简单土坡的滑动面可近似为一段圆弧。值得说明的是，实际上滑动体在纵向有一定的范围，并且为曲面，为了简化，稳定分析中通常假设滑动面为圆柱面，按平面问题进行分析。

圆弧滑动面的形式一般有三种。

① 圆弧滑动面通过坡脚 $B$ 点［图 9-4（a）］，称为坡脚圆；

② 圆弧滑动面通过坡面上 $E$ 点［图 9-4（b）］，称为坡面圆；

③ 圆弧滑动面发生在坡角以外的 $A$ 点［图 9-4（c）］，且圆心位于坡面中点的垂直线上，称为中点圆。

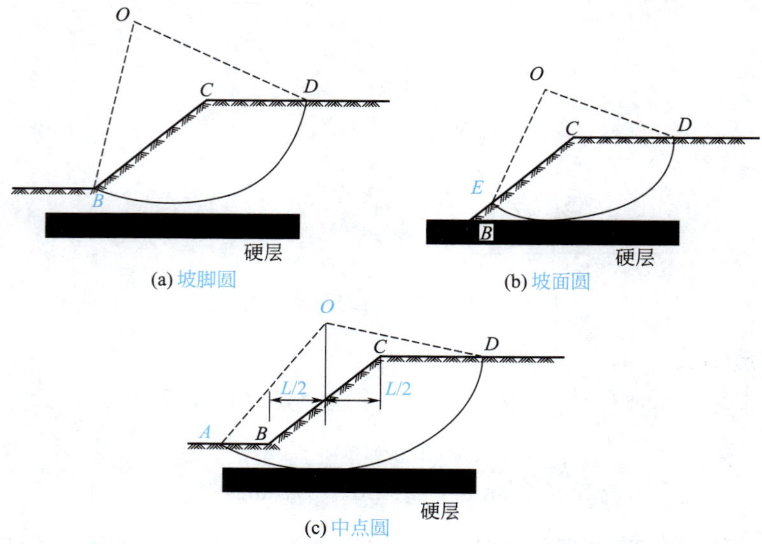


图9-4 黏土土坡的滑动面形式

圆弧滑动面的 3 种形式是同土的内摩擦角 $\varphi$ 值、坡角 $\beta$ 以及硬层的埋置深度等因素有关。当 $\varphi>3°$ 时，滑动面为坡脚圆；当 $\varphi=0°$ 且 $\beta>53°$ 时，滑动面也是坡脚圆；当 $\varphi=0°$ 且 $\beta<53°$ 时，滑动面可能是中点圆，也有可能是坡脚圆或坡面圆，它取决于硬层的埋藏深度。

常用的黏性土坡稳定分析方法有瑞典圆弧法、简化 Bishop 法、Spencer 法、Morgenstern-Price 法、Janbu 法等。这里主要介绍瑞典圆弧法、简单土坡条分法。

## 二、整体圆弧滑动法黏性土坡稳定分析（瑞典圆弧法）

许多工程实践表明，均质黏性土坡的滑动面接近圆弧或者成对数曲线的简单曲面。因这两种曲面计算的结果很相近，为简便起见，通常都假定破坏面为圆弧滑动面。对坡的高度较小（如坡高在 10m 以内）的均质土坡进行稳定分析时，常将滑动土体作为一个整体来考虑（即假设为整体滑动）。如图 9-5 所表示的为一简单土坡，$ADC$ 为假定的一个滑弧，圆心在 $O$ 点，半径为 $R$。假定土体 $ABCD$ 为刚体，在重力 $W$ 的作用下，将绕圆心 $O$ 旋转。假设土坡滑动时可能沿圆弧滑动面 $AC$ 滑动，产生滑动的力为滑动土体的总重量 $W$；而阻止滑动的力为滑动圆弧上的抗滑力，其数值等于土的抗剪强度与滑弧长度的乘积。将滑动力与抗滑力分别对圆心 $O$ 取力矩，可得

二维码 9.2

抗滑力矩为：　$M_R=\tau_f \widehat{L} R$

滑动力矩为：　$M_S=Wd$

取抗滑力矩与滑动力矩之比值为抗滑安全稳定系数 $K$，即

$$K=\frac{M_R}{M_S}=\frac{\tau_f \widehat{L} R}{Wd}=\frac{\tau_f R^2\theta}{Wd} \tag{9-5}$$

式中　$\widehat{L}$——滑动圆弧的长度，m；

$\tau_f$——抗剪强度，kPa；

$d$——重力 $W$ 对圆心 $O$ 的力臂，m；

$\theta$——滑弧 $AC$ 与圆心 $O$ 点夹角，以弧度计。

为了保证土坡的稳定性，安全系数 $K$ 必须大于 1.0。这是瑞典人彼得森于 1915 年提出的，故又称为瑞典圆弧法。

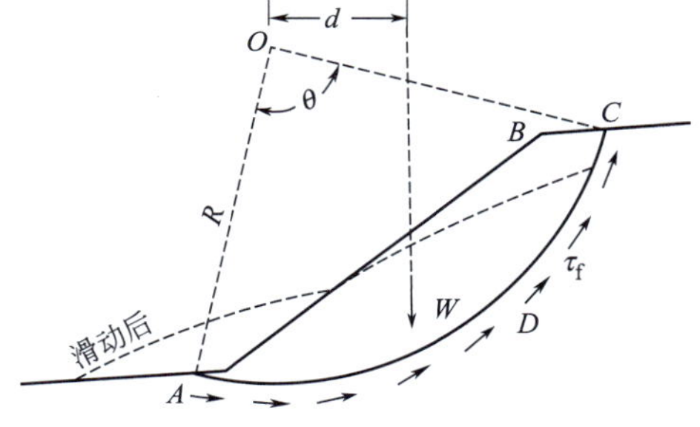

图9-5　圆弧法的计算图

上面是在任意假定一个滑动圆弧情况下计算出来的抗滑安全稳定系数。实际上土坡不一定沿着该滑动圆弧滑动，因此这就需要假定多个不同的滑动圆弧，经过试算找出多个相应的抗滑安全稳定系数 $K$ 的数值，只有其中最小的 $K$ 值所对应的滑动弧，才是土坡最危险的滑动圆弧，即土坡最可能沿着这个滑弧产生向下滑动。在评价土坡的稳定性时，最小抗滑安全稳定系数 $K$ 应符合有关规范的要求。一般 $K$ 值愈大表示土坡的稳定性愈好，因此，$K$ 的取值应根据工程性质、工程大小以及施工情况等选用。

这种求实际的最小安全稳定系数的方法，通常工作量很大，计算比较麻烦；所以目前国内外已广泛使用电子计算机来进行土坡的稳定性分析。这样不仅大大节省了计算工作量，而且还使一些复杂问题也较容易得到解决。

## 三、条分法黏性土坡稳定分析

对于外形比较复杂、$\varphi>0$ 的黏性土坡，特别是由不同土质构成的成层土坡，要确定滑动土体的重量与其重心的位置就比较困难。由于滑动圆弧各点上覆的土重不同，滑动圆弧各

点上由土重引起的法向压力也不一样。因此沿滑动圆弧分布的土的抗剪强度将随法向应力的不同而改变，这就造成滑动弧面上的抗剪强度不是均匀分布。为了解决这个问题，常将滑动圆弧内的土体分成若干等宽度的垂直土条，求出各土条对滑动圆弧圆心的抗滑力矩与滑动力矩，并分别求其总和，然后求出土坡的抗滑安全稳定系数 $K$ 值，这就是常用的条分法。

条分法由于对分条间作用力的考虑不同又可分为三种：

① 不考虑条间作用力的简单条分法；

② 只考虑条向水平力作用而不考虑条间竖向力作用的简化毕肖普法；

③ 同时考虑分条间竖向力作用与水平力作用的詹布法。

这里仅介绍目前在工程界使用最广泛的太沙基公式。即假定滑动面为圆弧、滑动体为刚体同时不考虑分条间作用力的简单条分法。

其具体步骤如下：

① 按比例绘出土坡剖面图。

② 以任意点 $O$ 为圆心画圆弧 $AD$，滑弧半径为 $R$，$AD$ 为假定滑动面。

③ 将滑动范围的土体分成若干垂直土条，如图 9-6 所表示的圆弧滑动面 $AD$，$O$ 为滑动圆心，$R$ 为滑动半径。将处于滑动范围内的土体分成若干垂直土条，为了简化计算工作，常将各分条宽度取为 $b$=0.1$R$，则 $\sin\alpha_i$=0.1$R$，并依次进行编号。编号时可将通过圆心 $O$ 的竖直线定位 0 号，逆滑动方向为正，依次编号 1、2、3、…，顺滑动方向为负，依次编号 −1、−2、−3、…。然后分别计算出各土条的重量 $W_i$。

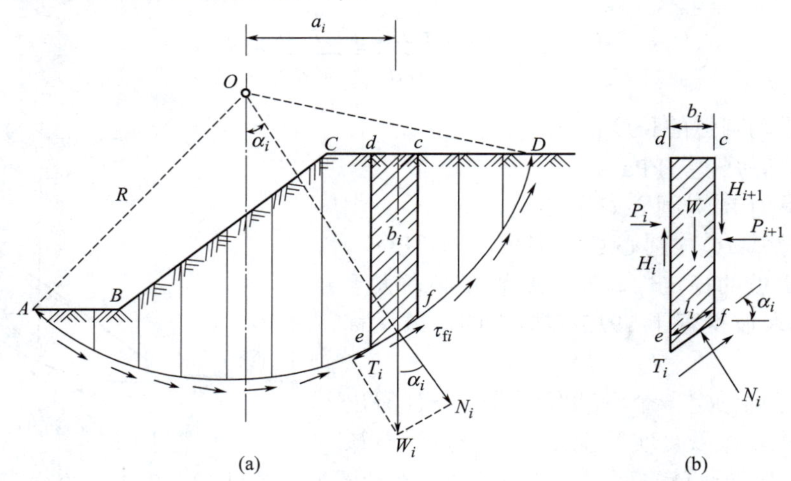


图9-6　条分法的计算图

④ 计算土条自重 $W_i$ 在滑动面 $ef$ 上的法向分力 $N_i$ 和切向分力 $T_i$

$$N_i=W_i\cos\alpha_i$$

$$T_i=W_i\sin\alpha_i$$

抗剪力
$$\tau_i=c_il_i+N_i\tan\varphi_i=c_il_i+W_i\cos\alpha_i\tan\varphi_i$$

⑤ 求土坡的安全系数 $K$

$$K=\frac{\text{阻止各土条滑动的抗滑力矩总和}M_{\mathrm{R}}}{\text{各土条的滑动力矩总和}M_{\mathrm{S}}}=\frac{\sum\tau_iR}{\sum T_iR}=\frac{\sum(c_il_i+W_i\cos\alpha_i\tan\varphi_i)}{\sum W_i\sin\alpha_i} \tag{9-6}$$

当已知土条 $i$ 在滑动面上的孔隙水应力 $u_i$ 时，式（9-6）可改写为如下有效应力进行分析：

$$K=\frac{\sum\tau_i R}{\sum T_i R}=\frac{\sum[c_i'l_i+(W_i-u_ib_i)\cos\alpha_i\tan\varphi_i']}{\sum W_i\sin\alpha_i} \tag{9-7}$$

式中 $\varphi_i$——土的内摩擦角，(°)；

$\varphi_i'$——土的有效内摩擦角，(°)；

$\alpha_i$——第 $i$ 土条弧面的切线与水平线的夹角，(°)；

$c_i$——土的黏聚力，kPa；

$c_i'$——土的有效黏聚力，kPa；

$l_i$——第 $i$ 土条的弧长，m；

$W_i$——第 $i$ 土条的重力，$W_i=\gamma\cdot b_ih_i$，kN；

$b_i$——第 $i$ 土条的宽度，m；

$h_i$——第 $i$ 土条的高度，m。

⑥ 确定最危险滑动面，即选择若干个通过坡脚的圆弧滑动面，然后按上述方法试算求得最小安全系数 $K_{min}$ 所对应的滑动面为最危险滑动面，并要求 $K_{min}>1.2$。

式（9-6）即为不考虑土条间两侧的推力作用计算土坡稳定安全系数的太沙基（1936 年）公式。计算经验表明，由式（9-6）算得的安全稳定系数值偏小（即偏于安全），但其误差一般不会超过 15%，因此，这种方法是最常用的计算方法。

由于太沙基公式没有考虑条间的推力，许多人为此进行了研究，试图在分析中考虑分条间的推力，并满足静力平衡条件，以便合理地确定每个分条的 $N_i$，从而使滑动面上的摩擦力较符合实际情况。

近几十年来条分法在理论上有了很大的发展，如简化的毕肖普方法（1955 年）考虑了条间水平分力作用的影响就是一个重要的发展；另有一些方法又同时考虑了条间竖向分力作用的影响，其中包括詹布方法，这是对条分法的更进一步的发展。

综上所述，对一般工程可用简单条分法，重要工程可用简化毕肖普方法，当需要验算非圆弧滑动时，才需采用詹布方法。关于后两种计算方法，可参阅有关参考文献。

# 任务三 滑坡的稳定分析与防治

## 一、滑坡的类型与特征

科学工作者根据不同的分类原则，提出了不同的滑坡分类方案。通常根据滑体的物质组成分类，也有根据主滑面的成因类型、滑体的厚度和体积、滑坡地形的发育过程和变化特征等进行分类的（表 9-1）。每一种分类都有各自的优缺点。

表 9-1 滑坡分类表

| 根据物质组成 | 根据主滑面成因 | 根据滑体厚度 | 根据滑体体积 | 根据滑坡发育过程 |
|---|---|---|---|---|
| 堆积层滑坡 | 堆积面滑坡 | 浅层滑坡（小于 6m） | 小型滑坡（小于 3 万 $m^3$） | 幼年期滑坡 |
| 黄土滑坡 | 层面滑坡 | 中层滑坡（6～20m） | 中型滑坡（3 万～50 万 $m^3$） | 青年期滑坡 |
| 黏土滑坡 | 构造面滑坡 | 厚层滑坡（20～50m） | 大型滑坡（50 万～300 万 $m^3$） | 壮年期滑坡 |
| 岩层滑坡 | 同生面滑坡 | 巨厚层滑坡（大于 50m） | 超大型滑坡（大于 300 万 $m^3$） | 老年期滑坡 |

为了能够正确地反映出各类滑坡的特征及其发生、发展的规律，便于在从事工程经济活动之前认识和预防滑坡，尽量减小其危害，在滑坡发生之后能够有效地进行整治，这里着重对以滑体物质组成为主要依据的分类与特征作一具体介绍。

**1. 堆积层滑坡**

这类滑坡是指除黄土、黏性土滑坡之外的、所有第四系地层中的松散堆积层滑坡，其中也包括人工堆积层滑坡，如路堤滑坡、堤坝滑坡、矿区的排土场滑坡等。它们多数都发生在河谷两岸缓坡地带的坡积、洪积成因的堆积层中。

堆积层滑坡往往有显著的地貌特征，后缘（甚至包含两侧）常为基岩陡壁，陡壁下方有一或大或小的缓斜坡，斜坡坡脚多半遭流水冲刷。由于这种地貌特征，缓坡地带常有较好的地表水汇集条件。此类滑坡的滑面主要在下述两个部位形成。

① 基岩顶面。相对堆积土的强透水性，基岩顶面是良好的隔水底板，且由于早期剥蚀作用，基岩顶面往往呈凹槽状或簸箕状，有利于地下水的汇集与储存。

② 不同时期、不同成因的堆积土界面。不同时期的堆积土由于成因不同可导致透水性的差异、相对隔水层顶面均有可能形成滑面。这种类型的滑面常可随开挖深度的加大而向下发展。

**2. 黄土滑坡**

黄土滑坡是发生在不同时期和不同成因的黄土层中的滑坡。由于黄土层具有多层结构，又相应地具有一个或多个含水层，受到地下水沿软弱结构面作用的结果，极易导致斜坡失稳而形成滑坡。这类滑坡的特点是多成群出现，多发生在高阶地的前缘斜坡上，多数中层和厚层滑坡的规模较大，变形急剧，滑动很快，具有崩塌性，破坏力很大。比较容易产生高速远程滑动是黄土滑坡的主要特点。由于黄土分布区干旱少雨，黄土滑坡发生后常可在较长时期内保持鲜明的外貌形态。

**3. 黏土滑坡**

黏土滑坡是指发生在尚未成岩或成岩不良的各种成因的黏土、砂黏土、黏砂土中的滑坡，其结构以黏性土层为主，可夹有或下伏有砂砾、碎石、卵石等粗碎屑物质的夹层及透镜体。

黏性土滑坡的外形多为横展式——即沿着滑动方向较短，而在垂直方向较长，具缓弧形后缘，且常连续或成群出现，产生于风化剥蚀残丘和侵蚀成低矮丘陵状的宽广堆积阶地区，滑体多沿基岩表面或软弱夹层滑动，滑床坡度平缓，一般规模较小，滑速较慢。

**4. 岩层滑坡**

岩层滑坡是指以各种基岩为主体的滑坡，山区分布较多。岩层滑坡最常见的是岩石层面滑坡，视岩层倾角的陡缓，滑体运动有快有慢。在地貌上，它们常产生于由软岩构成的凸形坡、上方有弧形陡崖或陡坡的直线形缓坡（岩层倾向与斜坡一致，常由软岩构成）、上方无陡崖或陡坡的较陡直线坡（岩层倾向与斜坡一致，软硬岩层理相互交错）、硬岩在上、软岩在下而又受河水冲刷的河流陡岸。

## 二、滑坡产生的原因及造成的地质灾害

**1. 产生滑坡的内部因素**

① 斜坡的土质：各种土质的抗剪强度、抗水能力是不一样的，如钙质或石膏质胶结的土、湿陷性黄土等，遇水后软化，使原来的强度降低很多。

② 斜坡的土层结构：如在斜坡上堆有较厚的土层，特别是当下伏土层（或岩层）不透水时，容易在交界上发生滑动。

③ 斜坡的外形：凸肚形的斜坡由于重力作用，比上陡下缓的凹形坡易于下滑；由于黏性土有黏聚力，当土坡不高时尚可直立，但随时间和气候的变化，也会逐渐塌落。

**2. 促使滑坡的外部因素**

① 降水或地下水的作用：持续的降雨或地下水渗入土层中，使土中含水量增高，土中易溶盐溶解，土质变软，强度降低；还可使土的重度增加，以及孔隙水压力的产生，使土体作用有动、静水压力，促使土体失稳，故设计斜坡应针对这些原因，采用相应的排水措施。

② 振动的作用：如地震的反复作用下，砂土极易发生液化；黏性土，振动时易使土的结构破坏，从而降低土的抗剪强度；施工打桩或爆破，由于振动也可使邻近土坡变形或失稳等。

③ 人为影响：由于人类不合理地开挖，特别是开挖坡脚；或开挖基坑、沟渠、道路边坡时将弃土堆在坡顶附近；在斜坡上建房或堆放重物时，都可引起斜坡变形破坏。

**3. 滑坡造成的地质灾害**

滑坡常常给工农业生产以及人民生命财产造成巨大损失，有的甚至是毁灭性的灾难。

滑坡对乡村最主要的危害是摧毁农田、房舍、伤害人畜、毁坏森林、道路以及农业机械设施和水利水电设施等，有时甚至给乡村造成毁灭性灾害。

位于城镇的滑坡常常砸埋房屋，伤亡人畜，毁坏田地，摧毁工厂、学校、机关单位等，并毁坏各种设施，造成停电、停水、停工，有时甚至毁灭整个城镇。

发生在工矿区的滑坡，可摧毁矿山设施，伤亡职工，毁坏厂房，使矿山停工停产，常常造成重大损失。

## 三、滑坡的防治

调查和研究滑坡的目的是为了避免滑坡灾害对人类造成损失，或使其损失降低到最低程度。对滑坡的防治应当采取以防为主、整治为辅；查明影响因素，采取综合整治方案；一次性根治，不留后患的原则。由于滑坡的整治投资大、费时长，而且常影响工程施工的安全与工期，因此对于大型的滑坡，一般都采取工程绕避的原则。但是对于无法绕避的滑坡，要进行技术经济比较，当确认技术可能、经济合理时，即可对滑坡进行综合治理。反之，宁可将工程搬迁。所以对于滑坡是绕避还是防治，关键是要确定滑坡的大小、滑坡的运动特征、滑坡对工程危害的程度，处理滑坡的技术可行性、处理滑坡的经济合理性以及工程本身的重要性，对症下药，综合治理。

在处理大型滑坡过程中，由于引起滑坡的原因往往是多方面的。应有针对性的采取相应措施，例如地表排水、地下排水、打防振孔或采取微差爆破，在此基础上进行抗滑桩或锚固处理，经过这样的综合治理，效果是比较好的。

另外，彻底根治以防后患也是滑坡整治过程中的一条宝贵经验。对于直接威胁工程安全的滑坡，应该尽量争取一次彻底根治，避免反复施工处理，或是工程建成后再对滑坡进行处理。因为这种反复施工处理会增加滑坡处理的费用，拖延处理时间，其次，滑坡在彻底整治之前某些不利因素的影响会导致滑坡变形的不断增长，有可能产生大的滑动，造成后患。即使不产生大的破坏，也会使滑坡的稳定性降低，从而增加滑坡整治的费用。

关于滑坡的防治，除以上经验外，主要有以下几种方法：截排水工程；卸荷减重工程；坡面防护工程；土质改良工程；支挡工程等。在治理滑坡的施工过程中，还必须注意科学的正确施工方法。卸荷减重的处理方案，必须是从上到下的卸荷，不能为了施工的速度和方便，而从下往上的施工，后一施工方法很可能导致土坡滑动。

### 1. 排水

① 排除地表水。排除地表水是整治滑坡不可缺少的辅助措施，而且应是首先采取并长期运用的措施。其目的在于拦截、旁引滑坡外的地表水，避免地表水流入滑坡区，或将滑坡范围内的雨水及泉水尽快排除，阻止雨水、泉水进入滑坡体内（图 9-7）。因此可在滑坡边界处设环形截水沟，滑坡内修筑树枝状排水沟。此外还应整平地面，堵塞、夯实滑坡裂缝，防止地表水渗入滑坡内。在滑坡体及四周植树种草等方法也有显著效果（图 9-8）。

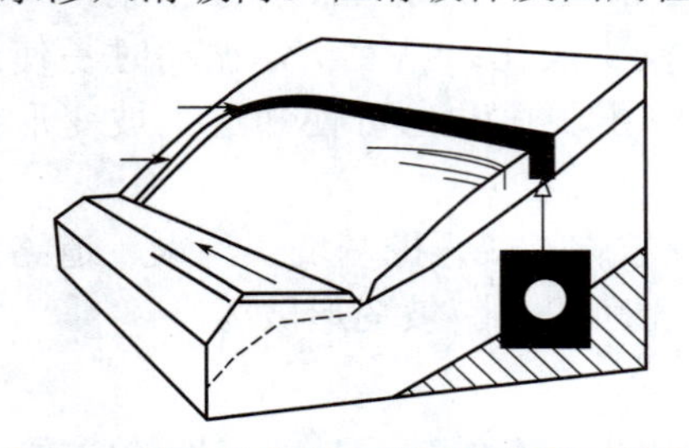

图9-7　地表排水沟和地下排水渠示意图

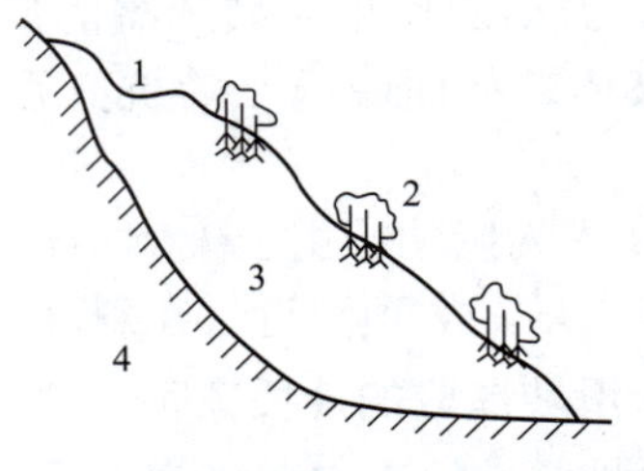


图9-8　滑坡体上造林

1—排水沟；2—坡面造林；3—滑坡体；4—不透水层

② 排除地下水。对于地下水，可疏而不可堵。其主要工程措施是采用截水盲沟，用于拦截和旁引滑坡外围的地下水。盲沟的迎水面应是渗水的，并作反滤层；背水面是隔水的，防止水渗入滑坡体内，为了防止地表水和泥砂渗入盲沟内，沟顶部可设隔水层。另外还可设置支撑盲沟，支撑盲沟即有支撑作用又有排水作用，这种方法一般在滑坡床较浅，滑坡体内有大量积水或地下水分布层次多的滑坡中采用。支撑盲沟常见的结构类型有拱形，“Y” 形和其他类型等。此外还有盲洞、渗管、渗井、垂直钻孔等排除滑体内地下水的工程措施，如图 9-9 所示。

### 2. 刷方减载

凡属头重脚轻的土坡以及有可能产生滑坡的高而陡的斜坡，可将土坡上部或斜坡上部的岩土体削去一部分，减轻上部荷载，这样可减小滑坡或斜坡上的滑动力，因而增加了稳定性。若将上部削除的岩土堆于坡脚处，还可以增加滑坡或斜坡内的抗滑力，进一步提高滑坡或斜坡的稳定性，如图 9-10 所示。

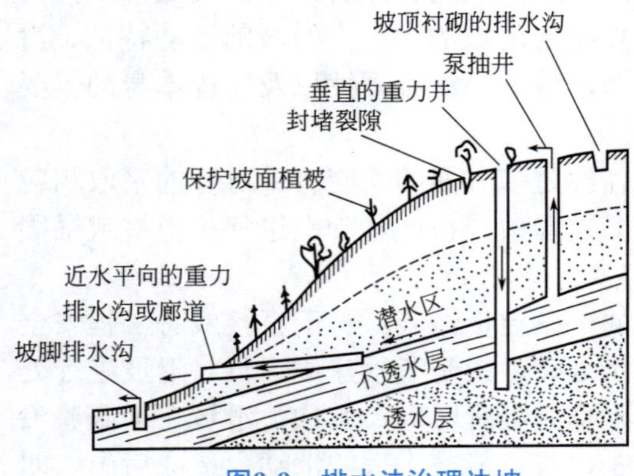


图9-9　排水法治理边坡

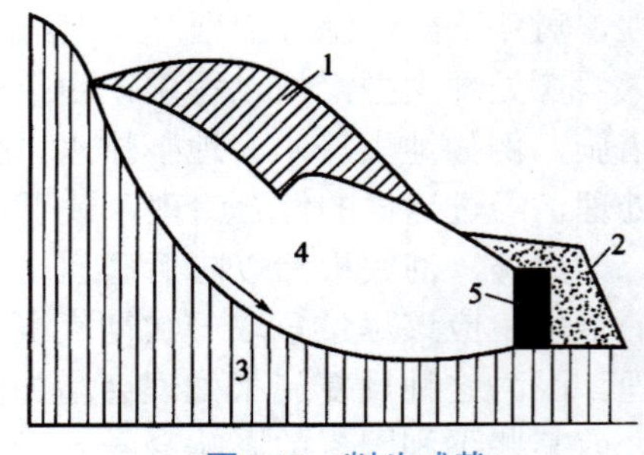


图9-10　削头减载

1—削土减重部分；2—卸土修堤反压；
3—渗沟；4—滑坡体；5—不透水层

### 3. 修建支挡工程

因失去支撑而引起滑动的滑坡，或滑坡床陡、滑动可能较快的滑坡，采用修筑支挡工程的办法，可增加滑坡的重力平衡条件，使滑体迅速恢复稳定。支挡建筑物种类主要有：抗滑挡墙、抗滑桩、锚固工程等。如图 9-11、图 9-12 所示。

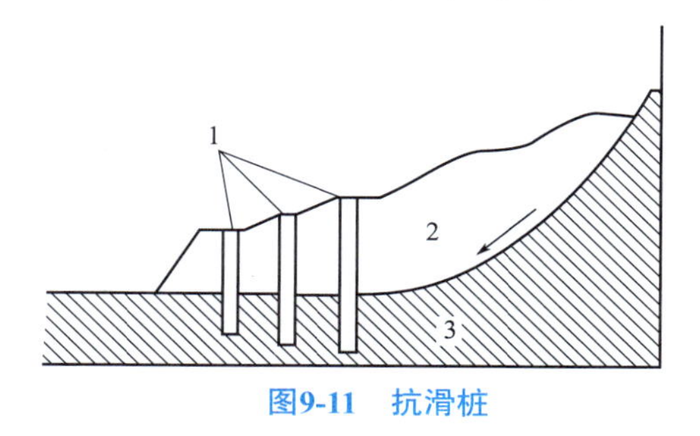


图9-11　抗滑桩

1—抗滑桩；2—滑坡体；3—不透水层

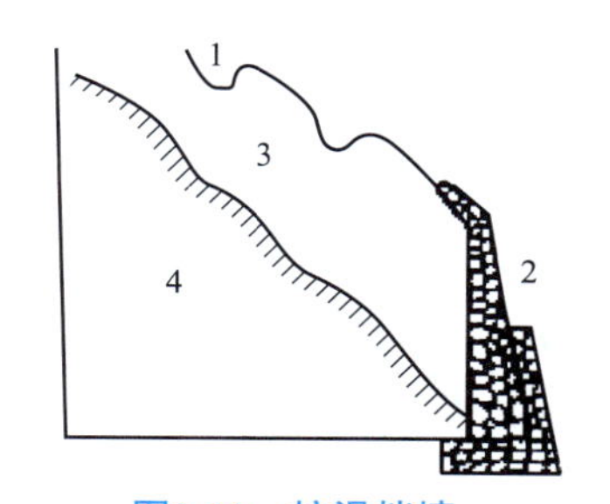


图9-12　抗滑挡墙

1—排水沟；2—抗滑挡墙并块石护坡；3—滑坡体；4—不透水层

抗滑挡墙应用广泛，属重型支挡工程，是防治滑坡常用的有效措施之一，常与排水等措施联合使用。它是借助于自身的重量来支挡滑体的下滑力的，因此采用抗滑挡墙时必须计算出滑坡的滑动推力、查明滑动面的位置，将抗滑挡墙的基础砌置于最低的滑动面之下，以避免其本身滑动而失去抗滑作用。

抗滑桩是用以支挡滑体下滑的桩柱，是近二十多年来逐渐发展起来的抗滑工程，已被广泛采用。桩材料多用钢筋混凝土，桩横断面可为方形、矩形或圆形。抗滑桩一般集中设置在滑坡的前缘附近。这种支挡工程对正在活动的浅层和中厚层滑坡效果较好。

锚固工程也是近三十多年来发展起来的新型抗滑加固工程，包括锚杆加固和锚索加固。通过对锚杆或锚索预加应力，增大了垂直滑动面的法向压应力，增加了滑动面的抗剪强度，从而阻止滑坡的发生。

### 4. 土质改良

土质改良的目的在于提高岩土体的抗滑能力，主要用于土体性质的改善。一般有电化学加固法、硅化法、水泥胶结法、冻结法、焙烧法、石灰灌浆法及电渗排水法等。土质改良的方法在我国应用尚不广泛，有待进一步研究和实践。

### 5. 防御绕避

当线路工程（如铁路、公路）遇到严重不稳定斜坡地段，处理又很困难时，则可采用防御绕避措施。

应该指出，防治滑坡的措施很多，但是具体采用哪种方法比较经济合理，则应考虑滑坡的具体的地质条件、滑坡的特征，分析滑坡产生的主要因素及次要因素，因地制宜地选用某种防治方法，才能达到处理滑坡的目的。

**小结**

本单元在介绍滑坡类型、特征及产生原因的基础上，讨论了土坡稳定分析的常用方法，并介绍了几种滑坡防治的方法。

土坡稳定性分析的实质就是土的抗剪强度问题的实际应用。影响土坡稳定的因素很多，如抗剪强度指标的选用、计算方法的选择、计算条件的选择等。目前对土坡稳定允许安全系数的数值，各部门尚无统一标准，选用时要注意计算方法、强度指标和允许安全系数必须相互配合，并根据工程情况，结合当地经验确定。

## 能力训练

### 一、思考题

1. 土坡稳定有何实际意义？如何防止土坡的滑动？

2. 砂土坡只要坡角不超过其内摩擦角，土坡便是稳定的，坡高 $H$ 可以不受限制。而黏性土坡的稳定性与坡高有关，试分析其原因。

3. 砂土及黏性土如何进行稳定性分析？具体演算方法是什么？

4. 滑坡的防治措施有哪些？

### 二、习题

1. 已知有一挖方土坡，土的物理力学性质指标为：$\gamma$=18.93kN/m$^3$，$c$=11.58kPa，$\varphi$=10°。（1）若将边坡开挖成 $\beta$=60°，试求相对于边坡稳定安全系数 $K_s$ 为 1.5 时，边坡的最大安全高度。（2）如挖方开挖高度为 6m，则相对于边坡稳定安全系数 $K_s$ 为 1.5 时，坡角最大能做成多大？

2. 有一无黏性土土坡，其饱和重度 $\gamma_{sat}$=19kN/m$^3$，内摩擦角 $\varphi$=35°，边坡坡度为 1∶2.5。试问：（1）当该土坡完全浸水时，其稳定安全系数为多少？（2）当有顺坡渗流时，该土坡还能维持稳定吗？若不能，则应采用多大的边坡坡度？

3. 有一均质的黏性土坡，其边坡坡度为 1∶2，坡高 $H$=20m，填土的重度 $\gamma$=18kN/m$^3$，$c$=10kPa，$\varphi$=20°。试用太沙基公式确定土坡稳定安全系数 $K_{min}$。

# 单元十

# 土的动力特性和土的压实性

## 知识目标

了解地基土中作用的动荷载类型。

熟悉土的动力特性的试验方法、动荷载下土的应力应变关系、动力特性参数以及土在动荷载作用下的强度特性。

熟悉土的振动液化机理、影响因素。

掌握振动液化的判别方法。

了解动荷载作用下土的压实机理及其在填土工程中的应用。

## 能力目标

会做土的动力特性的试验，并获得动荷载下土的应力应变关系以及动力特性参数。

会应用土的动力特性结合振动液化的机理对工程中的振动液化现象进行预防和治理。

能够基于土的压实机理，解决填土工程中的相关问题。

地基土中经常作用着动荷载。所谓动荷载是指荷载的大小、方向、作用位置随时间而变化，而且对作用体系所产生的动力效应不能忽略。车辆的行驶、风力、地震、爆炸以及机器的振动都可能是作用在土体的动荷载。这类荷载的特点，一是荷载施加的瞬时性，一般将加荷时间在10s以上者都看作静力问题，10s以下者则应作为动力问题；二是荷载施加的反复性，反复荷载作用的周期往往仅几秒、几分之一秒至几十分之一秒，反复次数几次、几十次乃至千万次。从土动力学的角度来看，动荷载具有不同的频幅变化和作用历时，会引起土体不同的反应。给工程建设带来不同的问题。为了更好地解决工程实际中的问题，必须探求动荷载作用下土变形强度特性变化的规律。

## 任务一　动荷载类型

实际工程中的荷载很少是静荷载，多数荷载的大小、方向、作用位置随时间而变化的，当荷载的动力效应很小时，忽略其动力效应，按静荷载计算。但是当荷载对作用体系所产生的动力效应不能忽略时，这种荷载就被称为动荷载。动荷载作用的基本要素有：振幅、频率、持续时间以及波形的变化。动荷载中，有的是荷载变化的速率很大，有的则是循环作用的次数很多，大致可分成如下三种类型。

### 一、周期荷载

以同一振幅和周期往复循环作用的荷载称为周期荷载，其中最简单的是简谐荷载。若干个振幅和周期各不相同的简谐荷载相叠加后，虽不再是简谐荷载，但其变化仍然是周期性的，属于一般性的周期荷载，可通过傅里叶级数展开，分解为若干简谐荷载的叠加，如图10-1所示。其中，简谐荷载随时间 $t$ 的变化规律可用正弦或余弦函数表示：

$$P(t)=P_0\sin(\omega t+\theta) \tag{10-1}$$

式中 $P_0$——简谐荷载的单幅值；

$\omega$——圆频率，rad/s；

$\theta$——初相位角，rad。

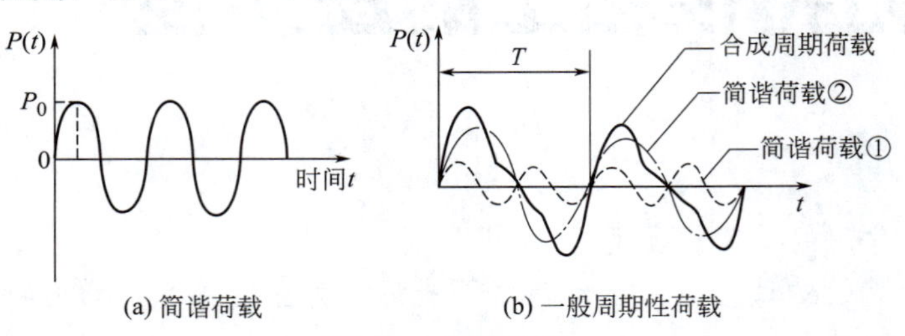


图10-1 周期荷载

$2\pi$ 弧度相当于一个加载循环。单位时间内所完成的循环数 $f=\dfrac{\omega}{2\pi}$，称为频率，即每秒内的循环次数，单位为赫兹（Hz）。完成一个循环所需的时间，称为周期，以 $T$ 表示，$T=1/f$。

简谐荷载是工程中常用的荷载，许多机械振动（电机、汽轮机等）以及一般波浪荷载都属于这种荷载，所以试验室中的动力试验也常采用这种荷载。

## 二、冲击荷载

冲击荷载的强度很大，但是持续的时间很短，如图10-2所示。例如爆炸荷载，打桩时的冲击荷载等，可表示为

$$P(t)=P_0\phi\left(\frac{t}{t_0}\right) \tag{10-2}$$

式中，$P_0$ 为冲击荷载的峰值；$\phi\left(\dfrac{t}{t_0}\right)$ 为描述冲击荷载时的无因次时间函数。

## 三、不规则荷载

荷载随时间的变化没有规律可循，即为不规则荷载。典型的不规则荷载，就是地震荷载。图10-3就是一种不规则荷载。

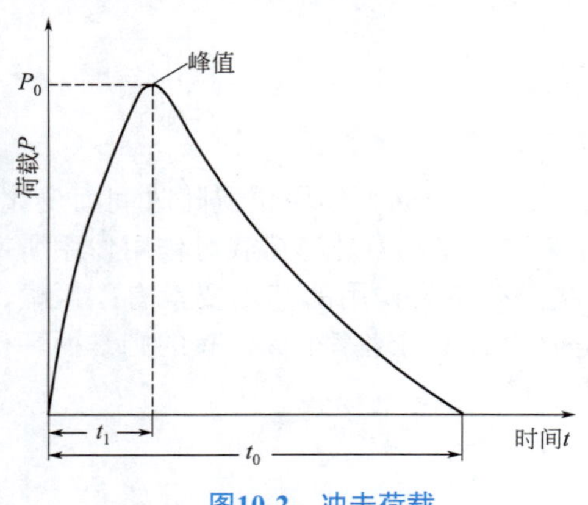


图10-2 冲击荷载

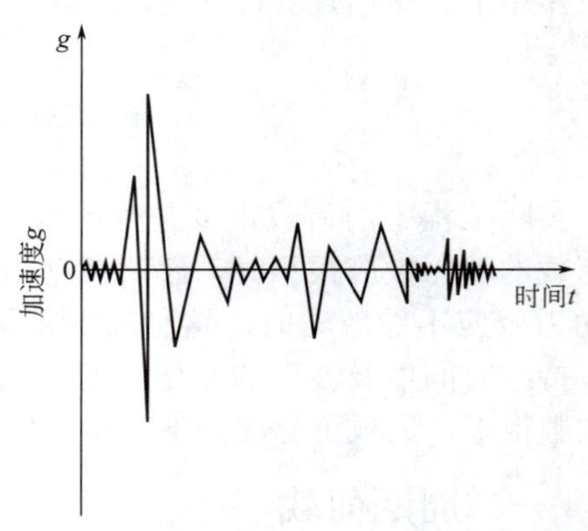


图10-3 不规则荷载

# 任务二　土的动力特性

不同种类的动荷载作用在土体上，其反应不同，给工程建设带来的问题也不尽相同。为了更好地解决工程实际中的问题，必须探求动荷载作用下土变形强度特性变化的规律。另一方面，进行动力反应分析时，必须要有土的动力特性指标，包括动模量、动阻尼和动强度等。而这些参数指标的获得，需要通过系统的、各种应力状态下的动力试验来获得。典型的土动力特性问题包括：在地震力作用下土的液化问题；动力机器运行引起的振动问题；动荷载作用下土的压实及沉降问题。

## 一、土的动力特性试验

土的动力特性试验主要有原位测试技术和室内试验两大类。所谓原位测试就是在土层原来所处的位置基本保持土体的天然结构、天然含水量以及天然应力状态下，测定土的工程力学性质指标。而室内试验则是将土的试样按照要求的湿度、密度、结构和应力状态制备于一定的试样容器之中，然后施加不同形式和不同强度的振动荷载作用，再量测出在振动作用下的试样的应力与应变，从而对土性和有关指标的变化规律作出定性和定量的判断。以下对动力试验的基本原理和常见的室内试验方法进行简单介绍。

### 1. 动力试验设备系统

动力试验种类很多，但是每一种动力试验基本上都包括成样系统、激振系统和测振系统三个部分。

① 成样系统是形成一个满足试验要求条件（湿度、密度、应力状态等）并具有代表性的试样。满足便于装样、饱和、密度控制、荷载控制以及应变和孔压的量测，并尽量消除各种边界的影响。比如振动台上圆筒样动力直剪试样、动力单剪试样、动三轴试样、空心圆筒扭剪试样。

② 激振系统是一种对试样产生动力荷载的系统。激振的基本原理就是向土样施加某种动荷载，使其尽可能地模拟实际的动力作用。动力试验采用的激振方法主要有以下四种。

a. 机械激振；

b. 电磁激振；

c. 电液激振；

d. 气动激振。

③ 测振是指将动力输入由数字信号转化为电信号进行闭环控制，同时测定振动作用过程试件实际的动应力时程和所产生的动应变时程和动孔压时程。需测振的参数总共有三大类。

a. 关于应力的；

b. 关于应变（位移）的；

c. 关于振动性状的（如阻尼、衰减等）。

测振系统的基本组成和工作流程如图 10-4 所示。

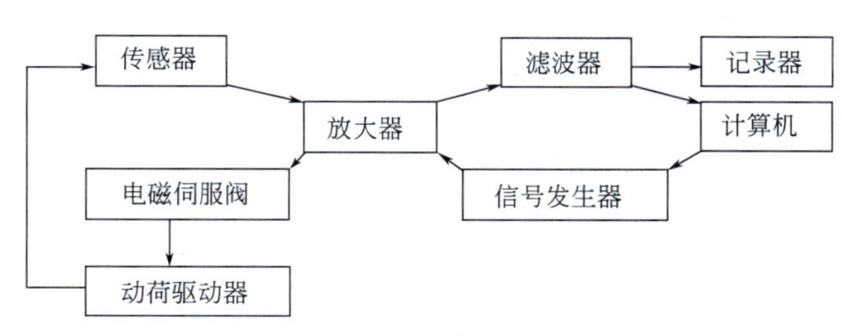

图10-4　测振系统组成关系图

### 2. 室内动力试验

室内动力试验主要有动三轴试验、振动剪切试验、共振柱试验、振动台

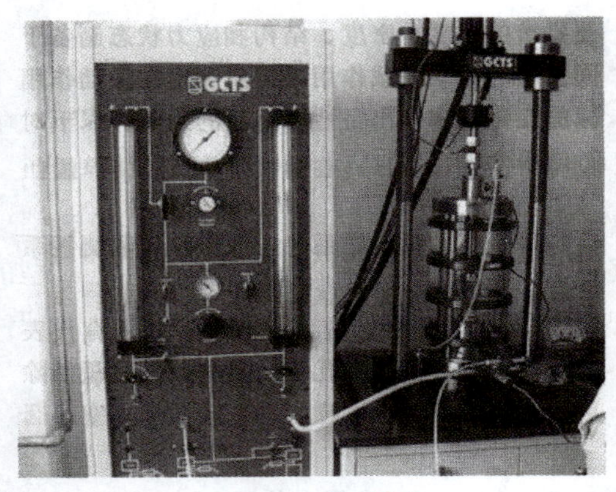


图10-5　动三轴仪

试验和离心模型试验等。

（1）动三轴试验　动三轴试验是将一定密度和含水率的试样在固结稳定后在不排水条件下作振动试验。设定某一等幅动应力作用于试样进行持续振动，直到试样的应变值或孔压值达到预定的破坏标准，试验终止。测试得到的动应力、动应变和动孔压时程曲线，可以得到饱和土的动孔压累计增长发展变化规律，破坏时的循环动应力及破坏振次，动应力动应变滞回曲线和动应力应变骨干曲线，以及给定静应力条件下的振陷变形曲线。动三轴试验测试的是在 $10^{-4}$～$10^{-2}$ 应变范围之间的动力特性。动三轴试验的设备为动三轴仪，如图 10-5 所示。

小应力作用时，用来确定剪切（动）模量和阻尼比（两者为双曲线关系）。施加逐渐增大（荷载率为 1）的各级荷载，记录每级荷载下应力-应变曲线或滞回圈，每级荷载振动尽可能少，模拟强震时 $n$ 为 10～15，考虑动力机器时 $n$ 为 50～60，当应变波形不对称或孔压较大时停止。

大应力作用时，用来确定土的动强度和抗液化强度。当应变达到 5% 或孔压达到侧压时停止。注意施加的荷载不能太小也不能太大，防止试样不能破坏或破坏太早。

（2）振动剪切试验　对实际地基来说，土的振动变形大部分是由于从下卧层向上传递的剪切波引起的，土体上存在初始的压应力，甚至存在初始剪应力，为了在试验室内真实模拟实际地基的这种应力条件，相继发展了多种振动剪切试验设备，大致上可分为两类，一类是振动单剪仪；另一类是振动扭剪试验仪。

振动单剪试验的试验仪器是振动单剪仪，如图 10-6 所示。试验时，在土样上施加垂直应力后，使容器的一对侧壁在交变剪力作用下作往复运动，以观测土样的动力特性。尽管单剪仪能很好地模拟地震时现场的应力状态，但由于它既不能直接测量又不能控制循环加荷过程中的侧向压力，因此不可能用这种仪器仔细地研究地震时土层中应力状态可能发生的变化。

为了能在循环加荷前和加荷过程中测量和控制侧向压力，人们设计了振动扭转剪切仪，如图 10-7 所示。试验时，对土样施加双向初始应力后，在土样上施加往复扭力，从而在试样的横截面上产生往复的剪应力，模拟地震时侧向压力的变化。

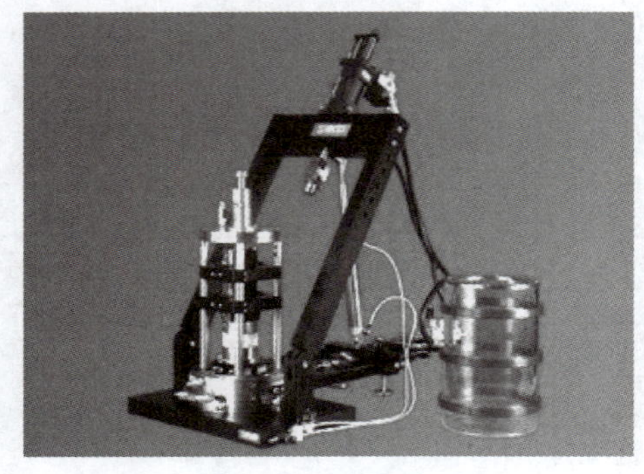

图10-6　振动单剪仪

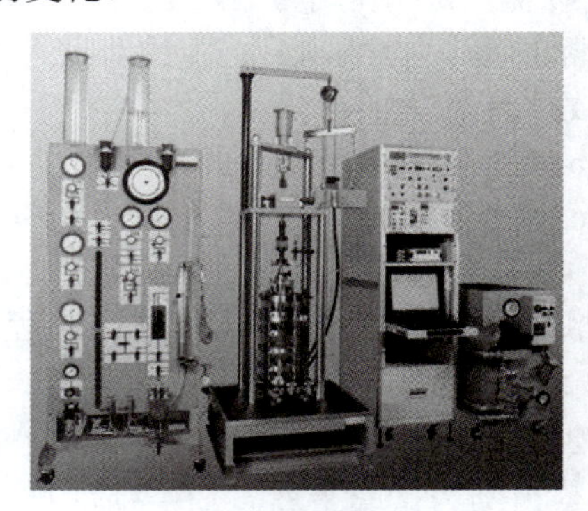

图10-7　振动扭转剪切仪

（3）共振柱试验　共振柱试验是根据共振原理在一个圆柱形试样上进行振动，改变振动频率使其产生共振，并借以测求试样的动弹性模量及阻尼比等参数的试验。在 $10^{-6}$～$10^{-3}$ 的应变范围内研究土的动力变形性质。常见的共振柱试验系统如图 10-8 所示。

试验时，试样的底端固定，在试样的顶端对试样施加垂直轴向振动或水平扭转振动。当土柱的顶端受到施加的周期荷载而处于强迫振动时，这种振动将由柱体顶端以波动形式沿柱体向下传播，使整个柱体处于振动状态。

共振柱试验是一种无损试验技术，它的优越性表现在试验的可逆性和重复性上，从而可以求得十分稳定可靠的结果。

（4）振动台试验　振动台试验是结合地震模拟振动台进行的，对土的液化性状进行研究的室内大型动力试验。圆筒振动试验装置如图 10-9 所示，用以研究砂土的振动液化现象。比起常用的动三轴和动单剪试验，振动台试验具有下述一些优点。

图10-8　共振柱测试系统

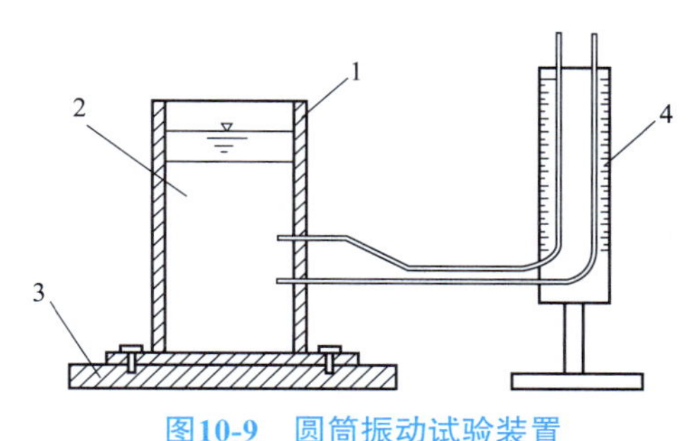


图10-9　圆筒振动试验装置

1—圆筒；2—土样；3—振动台面；4—测压管

① 可以制备模拟现场 $K_0$ 状态饱和砂的大型均匀试样。因为对于这样的大试样，所埋设仪器的惯性影响可以忽略。可测出土样内部的应变和加速度。

② 在低频和平面应变的条件下，整个土样中将产生均匀的加速度，相当于现场剪切波的传播。

③ 可以查出液化时大体积饱和土中，实际孔隙水压力的分布。

④ 在振动时能用肉眼观察试样。

但振动台实验制备大型试样时费用很高，而且不同的制备方法所造成的差异反映在应力比上可差 200%。

（5）离心模型试验　一般小比例尺模型由于其自重产生的应力远低于原型，因此不能再现原型的特性。从相似理论的分析得知，当原型结构的自重应力与室内模型相同时，模型才可能呈现与原型相似或者相同的应力应变关系，从而获得与原型一致的试验结果。土工离心模型是将 $1/n$ 比例尺的模型置于特质的离心试验机中，在 $ng$ 离心加速度的空间进行试验。由于离心加速度所产生的离心力场与重力场在一定条件下基本等效，且通常情况下加速度对工程材料性质的影响很小，从而使模型和原型的应力、应变相等，变形相似，破坏机理相同，能再现原型的特征。我国从 20 世纪 80 年代起，相继建立起一批土工离心模拟试验室，开展试验研究工作，并取得了不少研究成果。某科研机构建设的大型土工离心机如图 10-10 所示，图 10-11 为该试验机的主控台。

图10-10 大型土工离心机

图10-11 大型土工离心机主控台

土工离心模拟试验技术是岩土工程试验中的一项核心与关键技术，是验证数值分析的可靠手段，在岩土工程领域得到了广泛的应用。

## 二、动荷载下土的应力-应变关系及动力特性参数

土是由土颗粒所构成的土骨架和孔隙中的水及空气组成的。由于土颗粒之间连接较弱，土骨架结构具有不稳定性，故只有当动荷载及变形很小（如机器基础下的土体振动），土颗粒之间的联结几乎没有遭到破坏，而土骨架的变形能够恢复，并且土颗粒之间相互移动所损耗的能量也很小时，才可以忽略塑性变形，认为尚处于理想的弹性力学状态。随着动荷载的增大，土颗粒之间的联结逐渐破坏，土骨架将产生不可恢复的变形，并且土颗粒之间相互移动所损耗的能量也将增大，土越来越明显地表现出塑性性能。当动荷载增大到一定程度时，土颗粒之间的联结几乎完全破坏，土处于流动或破坏状态。

在外荷载作用下，土颗粒趋向新的较稳定的位置移动，土体因而产生变形。对于饱和土，当土骨架变形、孔隙减小时，其中多余的水被挤出。对于非饱和土，先是孔隙间的气体被压缩，随后是多余的气体和孔隙水被挤出。由于固体骨架与孔隙水之间的摩擦，使得孔隙水和气体的排出受到阻碍，从而使变形延迟，故土的应力变化及变形均是时间的函数。土不仅具有弹塑性的特点，而且还有黏性的特点，可将土视为具有弹性、塑性和黏滞性的黏弹塑体。

### 1. 土的动应力-应变关系模型

土的动应力-动应变关系，是表征土动态力学特性的基本关系，也是分析土体动力失稳过程一系列特性的重要基础。在有限元法解决土体内的应力及强度-变形稳定问题时，也是必不可少的基本关系。

在动三轴试验中，试件固结后加以均匀周期荷载，可以获得动应力-应变的时程曲线。受动荷载作用的土可视为黏弹性体，它对变形有阻尼作用。因此应变的发展滞后于应力的变化，表现为应变曲线总是落后于应力一定的相位，如图 10-12（a）所示。若选取一个应力循环，并在 $\sigma_d$-$\varepsilon_d$ 坐标上绘制这一循环内的动应力-应变关系，可以得到图 10-12（b）所示的滞回环。滞回环两顶点的连线的斜率就是该应力状态下土的平均动模量，可按式（10-3）计算：

$$E_d=\frac{\sigma_d}{\varepsilon_d} \tag{10-3}$$

理想的动弹性体，当应力幅值相同时，滞回环的形状和大小不因振次而变化。增加应力幅值，同样可绘制另一个滞回环。与小应力幅的滞回环相比，大应力幅滞回环的特点是：①端点连线的斜率减小，即土的动模量降低；②应变滞后于应力的相位增加，滞回环的宽

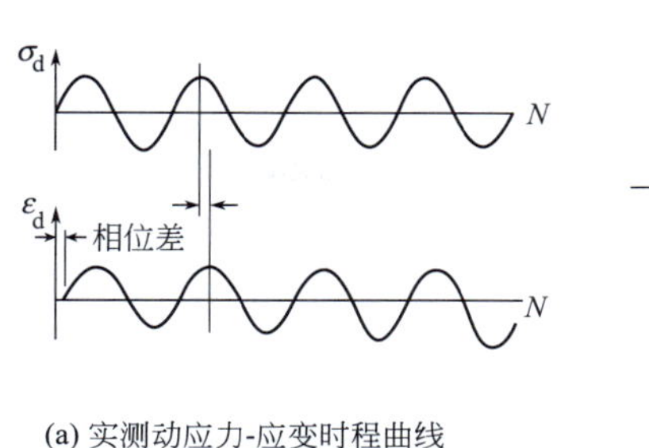

(a) 实测动应力-应变时程曲线

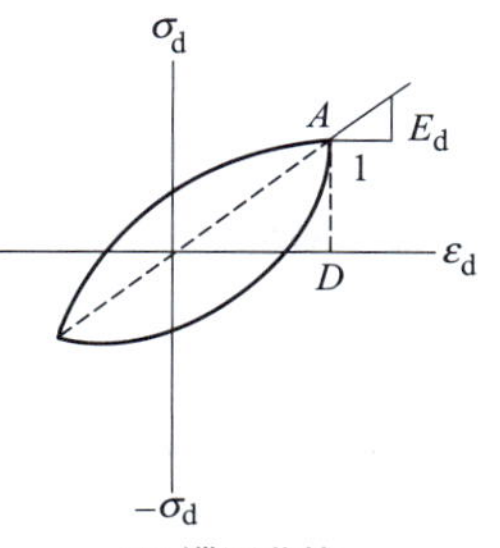

(b) 滞回曲线

图10-12　应变滞后与滞回曲线

度加大，面积和阻尼力也都加大。改变几种动应力幅值，可以绘制相应的几个滞回环，如图10-13所示。滞回环同侧诸端点的连线，称为动荷载的应力-应变骨架曲线。

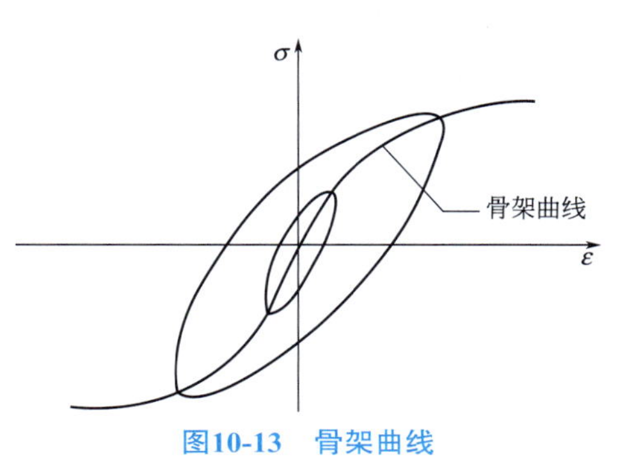

图10-13　骨架曲线

大量试验资料表明，骨架曲线大体上符合双曲线规律，可以表示为

$$\sigma_d=\frac{\varepsilon_d}{a+b\varepsilon_d} \tag{10-4}$$

式中　$\sigma_d$, $\varepsilon_d$——分别指周期应力和周期应变的幅值。

因此，动模量可表示为

$$E_d=\frac{\sigma_d}{\varepsilon_d}=\frac{1}{a+b\varepsilon_d} \tag{10-5}$$

地震通常被看成剪切波自基岩向上传播，因此在动力分析中直接计算土体的动剪应力和动剪应变，则对应的动剪切模量为

$$G_d=\frac{\tau_d}{\gamma_d}=\frac{1}{a+b\gamma_d} \tag{10-6}$$

动力试验所得的滞回曲线表示某一应力循环内各时刻剪应力与剪应变之间的关系，反映了应变对应力的滞后性，它们一起反映了应力-应变关系的全过程。由于土具有明显的各向异性（结构各向异性、应力历史的各向异性），加上土中水的影响，使土的动应力-应变关系表现得极为复杂。循环荷载作用下土的应力-应变关系表现出非线性、滞后性和变形积累三方面的特征。

土受力后的表现可以抽象为三个基本力学元件，即弹性元件、黏性元件和塑性元件，并且可用这三个元件的组合来近似地描述土的力学性能。弹性元件和塑性元件的应力-应变关系组合可得理想弹塑性模型。对于黏弹性模型，在土动力学中，只考虑滞后模型。另外还可组合成黏塑性模型和双线性模型。

### 2. 土的动力特性参数

土在动力荷载作用下的变形特性受很多因素影响。在微小应变范围内可视为弹性变形，用弹性波速法和共振柱试验测定动剪切模量与阻尼比；当应变在$10^{-4}$以上时，非线性变形性质显著，可用周期加载试验测定应力-应变关系曲线。

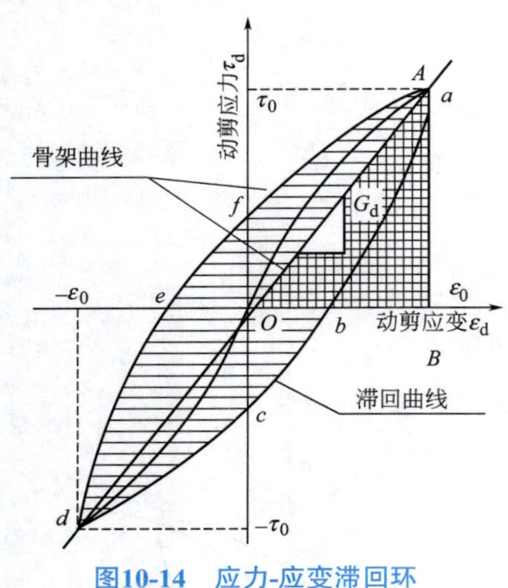

图10-14 应力-应变滞回环

影响土的动剪切模量与阻尼比的重要因素有剪应变幅值、平均有效应力、孔隙比和周期加荷次数，此外还有饱和度、超固结比、周期加荷频率、土粒特征、土的结构等一些次要的因素。

（1）动剪切模量　土的动剪切模量是指产生单位动应变时所需要的动剪应力，即动剪应力 $\tau_d$ 与动剪应变 $\varepsilon_d$ 的比值。如图 10-14 所示，它可由联结滞回环的顶部和根部的直线斜率来确定，即式（10-6）。

如前所述，试验所得的滞回环是试样在循环的动荷载作用下压缩与拉伸的结果，所以求得的模量是动压缩模量 $E_d$，而动剪切模量 $G_d$ 可按式（10-7）计算。

$$G_d=\frac{E_d}{2(1+\mu)} \tag{10-7}$$

式中，$\mu$ 为土的泊松比。

试验表明，砂土的剪切模量随着剪应变的增大而减小。黏性土的剪切模量除了与平均有效应力、孔隙比、剪应变有关外，还受超固结比和时间影响。黏性土试样在主固结完成后，若保持固结压力不变，随着时间的增长，剪切模量将继续增大，这种影响称为时间效应。黏性土的剪切模量也随剪应变的增大而下降，但是不同土的曲线下降梯度是不同的。

（2）阻尼比　地基或土工建筑物振动时，阻尼有两大类：一类是逸散阻尼，由土体中积蓄的振动能量以表面波和体波（包括剪切波和压缩波）向四周和下方扩散引起的；另一类是材料阻尼，由土粒间的摩擦、孔隙水和空气的黏滞性产生。在有限元法分析中，已考虑了土体中的振动扩散，故只需采用材料阻尼。

由物理学知，非弹性体对振动波的传播有阻尼作用，这种阻尼作用与振动的速度成正比关系，比例系数称阻尼系数。使非弹性体不产生振动时的阻尼系数称为临界阻尼系数。地基土体在地震时对地震波传播起的阻尼作用，主要是土粒间相互滑动时，由称为滞后作用的摩擦效应产生的。

土的阻尼比 $\lambda$ 是阻尼系数与临界阻尼系数的比值，它是衡量土体吸收地震能量的尺度。砂土的阻尼比受平均有效应力的影响明显，黏性土的阻尼比随着塑性指数 $I_p$ 的增大而降低，随着时间的增长而减小。各种土的阻尼比都随着剪应变的增大而增大。

土的阻尼比 $\lambda$ 可由图 10-14 所示的滞回环按式（10-8）计算。

$$\lambda=\frac{1}{4\pi}\times\frac{\Delta F}{F} \tag{10-8}$$

式中　$\Delta F$——滞回环*abcdefa*面积，表示在一个周期中所消耗的能量；

$F$——三角形 $AOB$ 的面积，表示把土当成弹性体时，加载至应力幅值所做的功，或弹性体内所储存的弹性能。

剪切模量和阻尼比是表示土动力特性的两个主要参数。每一个滞回环的特征将由这两个参数来定义。滞回环的形状将随着应变的大小而变化。动剪切模量 $G_d$ 随应变的增加而减小，而阻尼比则随应变的增大而增大，这是因为应变愈大，能量吸收愈多，$\Delta F$ 就增大。因此在动力分析中选择动力参数时，要考虑土的非线性特点，根据不同周数的滞回环确定相应于不同应变大小的动剪切模量和阻尼比。

### 三、土在动荷载下的强度特性

在周期性的循环荷载作用下，土的强度特性与静荷载作用下的强度不再相同，荷载的速度效应和循环效应对其应力 - 应变和强度都有较大影响。用加荷速度或相应的应变速度来考虑速度效应的影响；循环效应则是通过加荷的循环次数来反映。

土的动强度是指在一定动荷载作用次数下产生某一破坏应变所需的动应力大小。也可以通过抗剪强度指标 $c_d$、$\varphi_d$ 得到反映。黏性土的动强度指标是指黏性土在动荷载下发生破坏或产生足够大的应变时所具有的黏聚力和内摩擦角。它们是动力（如地震力）作用下进行地基土工设计，如挡土墙的土压力、地基承载力和验算边坡稳定等问题时需要用到的重要指标。

土的动强度（抗剪强度）不同于静强度，比静强度要复杂得多。在周期性循环荷载作用下，土的动强度可能低于静强度，也可能高于静强度，这取决于土的类别、所处的应力状态、加荷速度、循环次数（振次 $n$）等因素的影响。

（1）随着振次的增加，动强度均明显降低。对于非饱和黏土，当 $n>100$ 时，动强度基本上小于静强度，而对于饱和黏土，当 $n>50$ 时，动强度基本上小于静强度。对于不同的土类，振次影响的情况不同，它对饱和黏土的影响比对非饱和黏土的影响要大，这是因为饱和黏土中由于孔隙水压力的迅速上升，使得抗剪强度明显降低。

（2）如果对于给定的土样，在固结后施加动应力之前，先在轴向施加不同的静偏应力，然后再施加动应力。静偏应力愈大，动强度愈低，破坏时所需振次也愈少；随着静应力与静强度比值的增大，动强度明显降低；另外在相同的静偏应力条件下，随着振次的增加，动强度在减小，或者说土样达到破坏时的振次，随着动应力的增加而减少。

（3）土的动强度的降低幅度与振幅、振动加速度、固结度等有关。砂土的内摩擦系数随着振幅的增大而减少，并且频率愈高减少得也愈多。在动力加速度的条件下，土的动强度始终低于静强度，并且动强度随着振动加速度的增加而减小。

（4）一般黏土在地震或其他动荷载作用下，动强度与静强度比较并无太大变化。但是对于灵敏度较高的软黏土影响则较大。

## 任务三　土的振动液化

振动液化是饱和土在动荷作用下由于其原有强度的丧失而转变为一种类似液体状态的现象。它是一种以强度的大幅度骤然丧失为特征的强度问题。

地震、波浪、车辆行驶、机器振动、打桩及爆破等都可能引起饱和砂土的液化，其中以地层引起的液化面积广，所造成的危害最大。例如我国唐山地震时，发生液化的面积达 24000 平方公里。在液化区域内，由于地基丧失了承载力，造成建筑物大量沉陷和倒塌。此外，岸坡或坝坡中的饱和砂层因液化而丧失抗剪强度，会使土坡失去稳定，而产生滑坡。

### 一、液化的机理

砂土（特别是饱和砂土）在动荷载（振动）作用下表现出类似液体性状而完全失去承载能力的现象称为砂土的液化。地震时，在烈度比较高的地区往往发生喷水冒砂现象，这种现象就是地下砂层发生液化的宏观表现。

振动液化的机制是饱和砂土体在振动作用下有颗粒移动和变密的趋势，对应力的承受从砂土骨架转向水，由于粉土和细砂土的渗透力不良，孔隙水压力会急剧增大，当孔隙水压力大到总应力值时，有效应力就降到零，颗粒悬浮在水中，砂土体即发生液化。砂土液化后，孔隙水在超孔隙水压力下自下向上运动。如果砂土层上部没有渗透性更差的覆盖层，地下水即大面积溢于地表；如果砂土层上部有渗透性更弱的黏性土层，当超孔隙水压力超过覆盖层强度，地下水就会携带砂粒冲破覆盖层或沿覆盖层裂隙喷出地表，产生喷水冒砂现象。地基砂土液化可导致建筑物大量沉陷或不均匀沉陷，甚至倾倒，造成极大危害。地震、爆破、机械振动等均能引起砂土液化，其中尤以地震为广，危害最大。

## 二、影响砂土液化的主要因素

由砂土液化的机理可以看到，液化一般只能发生于饱和土中。在振动荷载作用下，土体是否发生液化受到很多因素的影响。一般情况下，土的性质、孔隙水压力及振动是产生液化的必要条件，但不是充分条件。因此，只有了解影响砂土液化的主要因素才能作出判断。

### 1. 土的种类和密度

（1）土的种类　黏性土由于具有黏聚力 $c$，即使孔隙水压力等于全部有效应力，抗剪强度也不会全部丧失，因而不具备液化的内在条件。粗粒砂土由于透水性好，孔隙水压力易于消散，在周期荷载作用下，孔隙水压力也不易积累增长，一般也不会产生液化。因此，只要没有黏聚力或黏聚力相当小的，并且处于地下水位以下的粉土或细砂土，渗透系数较小不足以在第二次荷载施加之前把孔隙水压力全部消散掉，才具有积累孔隙水压力并使强度完全丧失的内部条件。因此，土的种类是影响液化的一个重要因素。

（2）土的颗粒级配　因为级配良好的砂土容易得到比较稳定的结构，其密度也可以达到较大的数值，所以不容易发生液化。试验及实例资料都表明：级配均匀的砂土比级配良好的砂土易发生液化。

（3）土的密度　由于松砂在振动中体积易于缩小，使孔隙水压力上升，故松砂较密砂容易液化，而密砂由于具剪胀性，使土体产生负的孔隙水压力，负的孔隙水压力使土的有效应力增大，强度亦增大，因此不易发生液化。一般砂土的密实程度可用相对密度或与重度等指标来反映，相对密度愈大，砂土愈密实。

### 2. 土的初始压力状态

在地震力作用下，土中孔隙水压力等于固结压力是产生液化的必要条件。若其他条件相同，当固结压力愈大时，孔隙水压力愈不容易达到固结压力的值，土体就不容易产生液化。室内试验也表明，对于同样条件的土样，发生液化所需的动应力将随着固结压力的增加而增大，也就是说，埋藏越深的土，使之产生液化所需的地震剪应力也就越大。一般来说，地震剪应力随深度的增长不如自重应力随深度增长得快，所以浅层土的液化可能性比深层土要大。

### 3. 地下水位

土层完全饱和是发生液化的必要条件，因为液化总是与较高的地下水位联系在一起。另外，较高的地下水位使得砂土的有效覆盖压力减小，因此地下水位置也是影响砂土液化的一个主要因素。一般说来，地下水位低于 -10m 的地区，不具备发生液化的条件。

### 4. 振动的特性和振动历史

对于其他条件相同的砂土，地震时是否会发生液化，还取决于地震的强度和地震的持续时间。室内试验表明，对于同一土类和一定密度的土，在一定固结压力时，动应力较高则振动次数不多就会发生液化；而动应力较低时，需要较多振次才发生液化。

另外，先期振动历史的影响也不容忽视。如果在历史上曾经遭受一系列较小的先期振动，并没有引起液化，却使得砂土的密实性和结构性增强，从而提高了它的抗液化能力。然而，过强的振动，包括先期的液化使得土体的密度不均匀且土的结构性减弱，就会降低土体的抗液化能力，如某些场地在强震作用下，一经发生喷砂冒水，即使在后来较小的余震中，也会重复出现喷砂冒水的现象。

## 三、砂土地基液化可能性的判别

二维码 10.1

砂土发生振动液化的基本条件在于饱和砂土的结构疏松和渗透性相对较低，以及振动的强度大和持续时间长。是否发生喷水冒砂还与盖层的渗透性、强度，砂层的厚度，以及砂层和潜水的埋藏深度有关。因此，对砂土液化可能性的判别一般分两步进行。

首先根据砂层年代和当地地震烈度进行初判。一般认为，对更新世及其以前的砂层和地震烈度低于Ⅶ度的地区，不考虑砂土液化问题。

然后，对已初步判别为可能发生液化的砂层再作进一步判定。用以进一步判定砂土液化可能性的方法主要有三种。

（1）场地地震剪应力 $\tau_a$ 与该饱和砂土层的液化抗剪强度 $\tau$（引起液化的最小剪应力）对比法。当 $\tau_a>\tau$ 时，砂土可能液化（其中 $\tau_a$ 根据地震最大加速度求得，$\tau$ 通过土动三轴试验求得）。

（2）标准贯入试验法（见岩土试验）。原位标准贯入试验的击数可较好地反映砂土层的密度，再结合砂土层和地下水位的埋藏深度作某些必要的修正后，查表即可判定砂土液化的可能性。

（3）综合指标法。通常用以综合判定液化可能性的指标有相对密度、平均粒径 $d_{50}$（即在粒度分析累计曲线上含量为 50% 相应的粒径），孔隙比、不均匀系数等。

## 四、防止土体液化的工程措施简介

地震时因地基液化而造成建筑物毁坏的情况是极其普遍的，所以当判明建筑物的地基中有可液化的土层时，必须采取相应的工程措施，以防止震害。主要从预防砂土液化的发生和防止或减轻建筑物不均匀沉陷两方面入手。包括合理选择场地；采取振冲、夯实、爆炸、挤密桩等措施，提高砂土密度；排水降低砂土孔隙水压力；换土，板桩围封，以及采用整体性较好的筏基、深桩基等方法。

对于地基抗液化措施应根据建筑的重要性、地基的液化等级，结合具体情况综合确定。

**1. 地基的抗液化措施**

① 对于抗震设防为乙类的建筑，液化等级为严重的，应采取全部消除液化沉陷的措施；液化等级为中等的，可采取全部消除液化沉陷的措施，或部分消除，但对基础和上部结构应处理；液化等级为轻微的，可部分消除，或对基础和上部结构处理。

② 对于抗震设防为丙类的建筑，液化等级为严重的，可采取全部消除或部分消除液化措施且对基础和上部结构处理；液化等级为中等的，应采取基础和上部结构处理，或更高要求的措施；液化等级为轻微的，对基础和上部结构处理采取措施，亦可不采取措施。对于抗震设防为丁类的建筑，液化等级为严重的，应采取基础和上部结构处理或其他经济的措施；液化等级为中等和轻微的，可不采取措施。

**2. 全部消除液化的措施**

① 采用桩基础：桩基端部进入液化深度以下稳定土层的长度（不包括桩尖部分），应按计算确定，且对于碎石土、砾、粗、中砂、坚硬黏土和密实粉土不应小于 0.8m，对其他非岩石土不应小于 1.5m。

② 采用深基础：基础底面应埋入液化深度以下稳定土层中，深度不小于 0.5m。

③ 采用挤密法：挤密法包括振冲法、砂石桩法、强夯置换法、灰土或土挤密桩法等，处理深度应至液化深度下界，同时桩间土的标贯击数应大于液化判别标贯击数临界值。

④ 把液化土层全部挖除，用非液化土替换。

**3. 部分消除地基液化沉陷的措施**

① 处理深度应使处理后的地基液化指数减小，其值不宜大于 5；对独立基础和条基，不应小于基础底面下液化土特征深度和基础宽度的较大值。

② 采用挤密法加固时，其桩间土的标贯实测击数 $N$ 值应大于临界击数［$N$］值。

**4. 减轻液化影响可采用的综合措施**

① 选择合适的基础埋置深度；

② 调整基础面积，减小基础偏心；

③ 加强基础的整体性和刚度，如箱基、筏基或交叉条形基础，加设圈梁等；

④ 减轻荷载，增强上部结构的整体刚度和均匀对称性，合理设置沉降缝，避免采用对不均匀沉降敏感的结构等；

⑤ 管道穿过建筑物处应预留足够尺寸或采用柔性接头。

# 任务四　土的压实性

## 一、概述

在土木工程建设中，经常遇到填土或软弱地基。为了改善这些土的工程性质，常采用一些措施使土变得密实。工程中经常应用的方法有：夯实法、碾压法、振动法等。这些方法与排水固结是不完全相同的概念，它是指利用外部的夯压能，使土颗粒重新排列压实变密，从而增强土颗粒之间的摩擦和咬合力，并增加颗粒间的分子引力，使土在短时间内得到新的结构强度。

夯实法、碾压法、振动法所施加的夯压能都是以动荷载的形式作用于土体上，所以应从土动力学的角度来研究土的压实机理及压实上的力学特性指标。

## 二、土的压实原理

通常压实是指利用机械能将土中的空气和水排出。大量工程实践经验表明，湿度过大的土在压实时会出现软弹现象，土密度不会增加；而湿度过小的土也难以充分压实。只有在适当的含水量范围内才能压实。而试验研究表明，当土中含水量较小时，土粒表面的结合水膜很薄，颗粒间很大的分子力阻碍着土的压实；当含水量太大时，土孔隙中存在大量的自由水，压实时孔隙水不易排出，从而形成较大的孔隙压力，也将阻止土粒的靠拢，达不到很好的压实效果。只有当土中的含水量适当时，水在其中起润滑作用，并且也不占有太多的孔隙时，使土粒易于靠拢而形成最密实的排列。

土的压实程度用干密度来表示。当含水量 $w$=0 时，密度等于干密度；使压实土达到最大干密度时的含水量，称为土的最优含水量（或称最佳含水量 $w_{opt}$），相对应的干密度称最大干密度，记为 $\rho_{dmax}$。

## 三、击实试验

土的最佳含水量 $w_{opt}$ 可通过室内的击实试验测得。击实试验是在室内研究土压实性的基本方法。击实试验分重型和轻型两种。他们分别适用于粒径不大于 20mm 的土和粒径小于 5mm 的黏性土。试验的仪器和方法参见《土工试验方法标准》（GB/T 50123—2019）。图 10-15 是一简易击实试验装置。击实仪主要包括击实筒、击锤及导筒等。击锤质量分别为 4.5kg 和 2.5kg，落高分别为 457mm 和 305mm。试验时，将含水率由一定的土样分层装入击实筒，每铺一层（共 3～5 层）后均用击锤按规定的落距和击数锤击土样，试验达到规定击数后，根据容器内土的质量求出土的天然密度 $\rho$，测出土的含水量 $w$，按式（10-9）计算土的干密度 $\rho_d$。

$$\rho_d = \frac{\rho}{1+w} \tag{10-9}$$

改变土的含水量，反复进行上述试验，根据试验结果，以含水量 $w$ 为横坐标，以干密度 $\rho_d$ 为纵坐标，可以绘出图 10-16 所示的向上凸的曲线。这条曲线叫做击实曲线。击实曲线顶点处于密度最大值，叫做最大干密度 $\rho_{dmax}$，这时的含水量称为最优含水量 $w_{opt}$。

击实曲线具有如下特点：

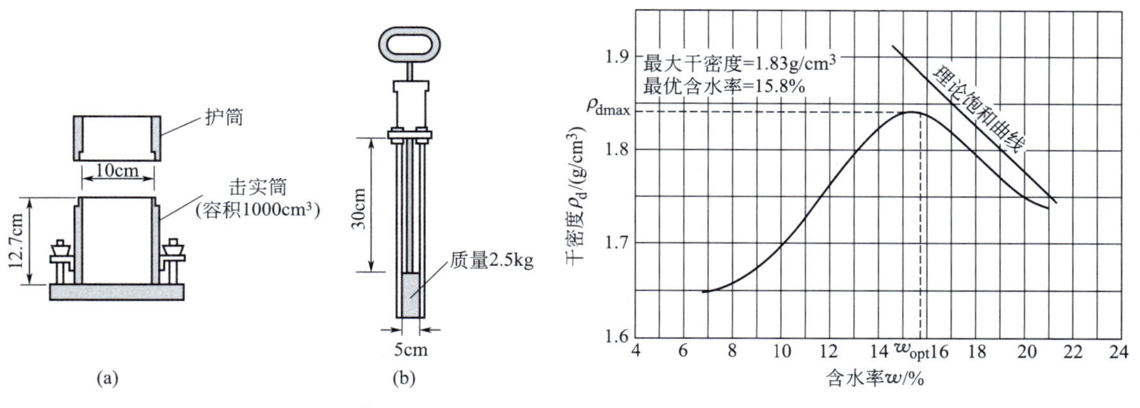


图10-15　击实试验装置　　　图10-16　击实曲线和最优含水量 $w_{opt}$

（1）曲线峰值。在一定的击实功能作用下，只有当含水量达到最佳含水量 $w_{opt}$ 时，土才能被击实至最大干密度，击实效果最好。

（2）击实曲线与饱和曲线的位置关系。理论饱和曲线表示当土处于饱和状态时的 $\rho_d$-$w$ 的关系。击实曲线位于理论饱和曲线左侧，表明击实土不可能被击实到完全饱和状态。试验证明，黏性土在最佳击实情况下（即击实曲线降值），其饱和度通常约为 80% 左右。这表明当土的含水量接近和大于最佳值时，土孔隙中的气体越来越处于与大气不连通的状态，击实作用已不能将其排出土外。

（3）击实曲线的形态。击实曲线在最优含水量两侧的形态不同，曲线左段比右段坡度陡，说明土的含水量处于偏干状态（含水量小于 $w_{opt}$）时，含水量对土的密实度影响更为显著。

二维码 10.2

## 四、影响击实效果的因素

大量的工程实践和试验研究表明，影响土的压实效果的主要因素是：土的含水量、压实功能、土的类别和颗粒级配等。

（1）含水量的影响。含水率的大小对土的压实效果影响极大。在同一压实功能作用下，当土小于最优含水率时，随含水率增大，压实土干密度增大，而当土样大于最优含水率时，随含水率增大，压实土干密度减小。究其原因为：当土很干时，水处于强结合水状态，土样之间摩擦力、黏结力都很大，土粒的相对移动有困难，因而不易被压实。当含水率增加时，水的薄膜变厚，摩擦力和黏结力减小，土粒之间彼此容易移动。故随着含水率增大，土的压实干密度增大，至最优含水率时，干密度达最大值。当含水率超过最优含水率后，水所占据的体积增大，限制了颗粒的进一步接近，含水率愈大，水占据的体积愈大，颗粒能够占据的体积愈小，因而干密度逐渐变小。由此可见，含水率不同，在一定压实功能下，改变着压实效果。

（2）压实功能的影响。压实功能是除含水量以外的另一个影响压实效果的重要因素。压实功能是指压实工具的重量、碾压的次数或落锤高度、作用时间等。夯击的压实功能与夯锤的重量、落高、夯击次数以及被夯击土的厚度等有关；碾压的压实功能则与碾压机具的重量、接触面积、碾压遍数以及土层的厚度等有关。

（3）不同土类和级配的影响。在同一击实功能条件下，不同土类的击实特性不一样。土的颗粒大小、级配、矿物成分和添加的材料等因素也对压实效果有影响。土颗粒越粗，最大干密度就越大，最优含水率越小，土越容易压实；土中含腐殖质多，最大干密度就小，最优含水率则大，土不易压实；级配良好的土压实后比级配均匀土压实后最大干密度大，而最优含水率要小，即级配良好的土容易压实。究其原因是在级配均匀的土体内，较粗土粒形成的孔隙很少有细土粒去填充，而级配不均匀的土则相反，有足够的细土粒填充，因而可以获得较高的干密度。

## 五、压实特性的工程应用以及压实度的检测与控制

### 1. 压实性的工程应用

工程上利用土的压实特性进行地基处理等工作，如强夯法、碾压法、振动法等。下面对强夯法做简要的介绍。

强夯法是采用80～400kN的重锤，从很高处（8～20m）自由落下，对土体进行强力夯实的方法，如图10-17所示。强夯法是用很大的冲击能，使土体中出现冲击波和很大的应力，致使孔隙被压缩，土体局部液化，夯实点周围产生裂隙，形成良好排水通道，土体迅速固结。其最大加固深度可达11～12m或更大。此法不仅能加固陆上土层，也能加固水中土层；强夯法适用于多种土类：粗粒土、低饱和度的细粒土、杂填土、素填土、湿陷性黄土；不仅能提高地基承载力，也可防止地基液化。对于饱和细粒土，要慎用。

图10-17 强夯法现场应用

### 2. 压实度的检测与控制

（1）压实度的现场检测方法　主要有灌砂法、环刀法、核子密度仪法等。下面重点介绍灌砂法。

灌砂法测压实度所用的检测工具有灌砂筒、基板、挖洞及从洞中取料的合适工具、标准砂、天平、台秤、盛砂的容器、含水量检测工具等。

① 首先要在试验地点选一块平坦表面，其面积不得小于基板面积，并将其清扫干净。将基板放在此平坦表面上，沿基板中孔凿洞，洞的直径 100mm，在凿洞过程中应注意不使凿出的试样丢失，并随时将凿松的材料取出，放在已知质量的塑料袋内，密封。试洞的深度应等于碾压层厚度。凿洞完毕，称此袋中全部试样质量，准确至 1g。减去已知塑料袋的质量后即为试样的总质量。

② 然后从挖出的全部试样中取有代表性的样品，放入铝盒，用酒精燃烧法测其含水量。

③ 最后将灌砂筒直接安放在挖好的试洞上，这时灌砂筒内应放满砂，使灌砂筒的下口对准试洞。打开灌砂筒开关，让砂流入试洞内。直到灌砂筒内的砂不再下流时，关闭开关，取走灌砂筒，称量筒内剩余砂的质量，准确至 1g。

④ 试洞内砂的质量 = 砂至满筒时的质量 − 灌砂完成后筒内剩余砂的质量 − 锥体的质量。

⑤ 挖出土的总质量除以试洞内砂的质量再乘以标准砂的密度可计算路基土的湿密度。

⑥ 干密度就等于湿密度 /（1+ 含水量）。

⑦ 压实度 = $\dfrac{\text{土的干密度}}{\text{土的最大干密度}}$。

（2）压实质量的控制　在路基施工过程中，为控制好路基压实质量，提高现场压实机械的工作效率，需要重点做好四方面工作：

① 通过试验准确确定不同种类填土的最大干密度和最佳含水量。

② 现场控制填土的含水量。实际施工中，填土的含水量是一个影响压实效果的关键指标，路基施工中当含水量过大时应翻松晾晒或掺灰处理，降低含水量；当含水量过低时，应翻松并洒水闷料，以达到较佳的含水量。

③ 分层填筑、分层碾压。施工前，要先确定填土分层的压实厚度。最大压实厚度一般不超过 200mm。

④ 加强现场检测控制。填筑路基时，每层碾压完成后应及时对压实度、平整度、中线高程、路基宽度等指标进行质量检测，各项指标符合要求后方能允许填筑上一层填土。

**小　结**

在地基土中作用的动荷载，根据其作用的特点有三种类型：①周期荷载；②冲击荷载；③不规则荷载。

土的动力特性的试验方法主要有原位测试技术和室内试验两大类。室内动力试验主要有动三轴试验、振动剪切试验、共振柱试验、振动台试验和离心模型试验等。在动三轴试验中，试件（土样）固结后加以均匀周期荷载，可以获得动应力 - 应变的时程曲线。受动荷载作用的土可视为黏弹性体，它对变形有阻尼作用。因此应变的发展滞后于应力的变化，表现为应变曲线总是落后于应力一定的相位，并在 $\sigma_d$-$\varepsilon_d$ 坐标上绘制这一循环内的动应力 - 应变关系，可以得到滞回环。剪切模量和阻尼比是表示土动力特性的两个主要参数。每一个滞回环的特征将由这两个参数来定义。

土的动强度是指在一定动荷载作用次数下产生某一破坏应变所需的动应力大小。也可以通过抗剪强度指标 $c_d$、$\varphi_d$ 得到反映。在周期性循环荷载作用下，土的动强度可能低于静强度，也可能高于静强度，这取决于土的类别、所处的应力状态、加荷速度、循环次数（振次$n$）等因素的影响。

砂土（特别是饱和砂土）在动荷载（振动）作用下表现出类似液体性状而完全失去承载能力的现象称为砂土的液化。一般情况下，土的性质、孔隙水压力及振动是产生液化的必要条件，但不是充分条件。因此，只有了解影响砂土液化的主要因素才能作出判断。

对砂土液化可能性的判别一般分两步进行。首先根据砂层年代和当地地震烈度进行初判，一般认为，对更新世及其以前的砂层和地震烈度低于Ⅶ度的地区，不考虑砂土液化问题。然后，对已初步判别为可能发生液化的砂层再作进一步判定，用以进一步判定砂土液化可能性的方法主要有三种。

通常压实是指利用机械能将土中的空气和水排出。土的压实程度用干密度度来表示。影响土的压实效果的主要因素是：土的含水量、压实功能、土的类别和颗粒级配等。

工程上利用土的压实特性进行地基处理等工作，如重锤法、碾压法、振动法等。压实度的现场检测方法主要有灌砂法、环刀法、核子密度仪法等。

## 能力训练

1. 动荷载的作用有何特点？动荷载有哪几种类型？
2. 土的动力特性试验方法有哪些？
3. 试述土的动应力-应变关系。
4. 土的动力特性参数有哪些？有什么物理意义？
5. 影响土体动强度的因素有哪些？
6. 简述砂土液化的机理及其影响因素。
7. 怎样判别砂土的液化？如何防止土体在动荷载下的液化？
8. 何谓最优含水量？影响填上压实效果的主要因素有哪些？

# 参考文献


[1] 建筑地基基础设计规范（GB 50007—2011）.

[2] 湿陷性黄土地区建筑规范（GB 50025—2018）.

[3] 土工试验方法标准（GB/T 50123—2019）.

[4] 公路土工试验规程（JTG E40—2007）.

[5] 公路桥涵地基与基础设计规范（JTG 3363—2019）.

[6] 公路桥涵设计通用规范（JTG D60—2015）.

[7] 公路路基设计规范（JTG D30—2015）.

[8] 陈仲颐，等. 土力学. 北京：清华大学出版社，1994.

[9] 高大钊，等. 土质学与土力学. 第3版. 北京：人民交通出版社，2006.

[10] 杨太生. 地基与基础. 第4版. 北京：中国建筑工业出版社，2018.

[11] 秦植海，等. 土质学与土力学. 北京：科学出版社，2004.

[12] 侍倩. 土力学. 第3版. 武汉：武汉大学出版社，2017.

[13] 刘增荣，等. 土力学. 上海：同济大学出版社，2005.

[14] 刘晓立. 土力学与地基基础. 第3版. 北京：科学出版社，2018.

[15] 陈书申，等. 土力学与地基基础. 第5版. 武汉：武汉理工大学出版社，2015.

[16] 梁钟琪. 土力学及路基. 第2版. 北京：中国铁道出版社，2006.

[17] 张向东，等. 土力学. 第2版. 北京：人民交通出版社，2011.

[18] 张丹青. 土力学与地基基础. 北京：化学工业出版社，2013.

[19] 何世玲. 土力学与基础工程. 北京：化学工业出版社，2015.

[20] 陈东佐. 基础工程. 北京：化学工业出版社，2010.